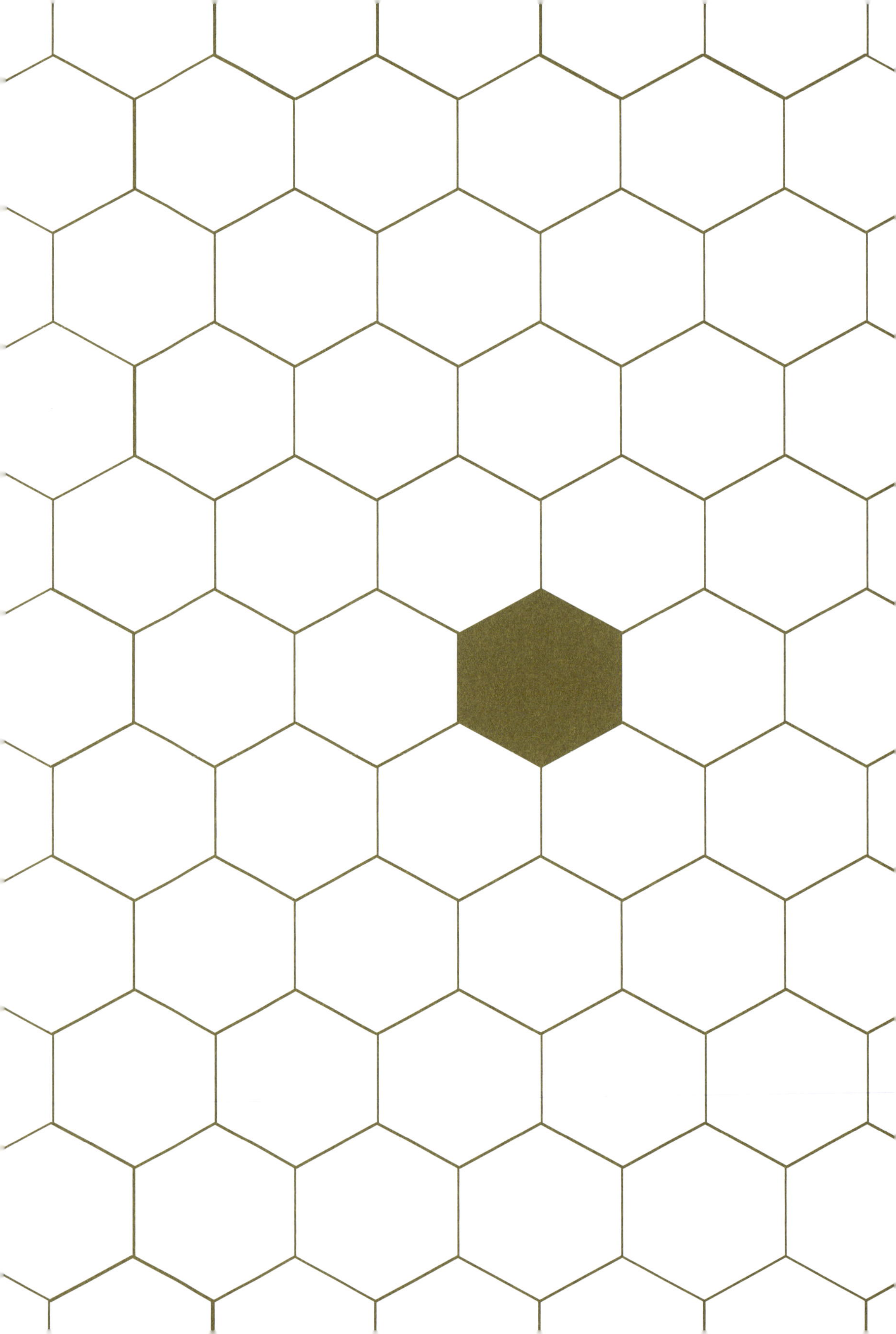

Torben Schiffer

Evolution der Bienenhaltung

Artenschutz für Honigbienen

Torben Schiffer

EVOLUTION DER BIENENHALTUNG

ARTENSCHUTZ FÜR HONIGBIENEN

INHALT

GELEITWORT 7

VORWORT 8

Wie ich zu den Bienen kam 8

Alternativlose Standardimkerei? 12

Wie konnte es so weit kommen? 13

Vom Styropor-Säure-Imker zum Artenschützer 14

Neue Wege für mehr Vielfalt 16

IST-ZUSTAND: BIENEN IN DER IMKEREI 19

Ganzheitlicher Fokus versus moderne Imkerei 23

Grundlagen Ökologie 25

Ökologische Nischen 25

Reproduktion 26

Variation 26

Genetische Re- bzw. Neukombination 26

Mutation 26

Natürliche Selektion 27

Natürliche Selektion unter unnatürlichen Lebensbedingungen 30

Die Baumhöhle – das perfekte Habitat 33

Propolis – ein ganz besonderer Stoff 44

Die Propolisschicht – das äußere Immunsystem 48

Nestduftwärmebindung 50

Johann Thür 1946 50

Neue wissenschaftliche Untersuchungen 51

Luftfeuchtigkeit und Kondensation 60

Beutenklimamessungen 62

Physikalisch ungeeignete Beutensysteme 68

Bienenkiste und Trogbeuten 68

Dünnwandige Holzbeuten 73

Niedrigenergiebeuten 74

Strohkorb (Stülper) 75

Die Standortwahl 79
Das Bienenvolk – eine berechenbare Größe! 80
Die Kistenhaltung – ein unnatürlicher Selektionsfaktor 85
Ein erstes Fazit 89

DER BÜCHERSKORPION – FEIND DER VARROAMILBEN 92
Die Symbiose von Bücherskorpionen und Bienen 94
Studie: Bücherskorpione als Varroabekämpfer 99
Wissenswertes über Pseudoskorpione 100
Die Mikrofauna im Bienenstock 100
Der Bücherskorpion – wichtiger Bioindikator 101
Biologie, Verbreitung und Lebensweise 101
Wie erkenne ich den Bücherskorpion? 107
Orientierung 108
Die Mundwerkzeuge (Chelizeren) im Detail 113
Die Füße (Tarsen) im Detail 115
Jagd- und Fressverhalten 116
Warum verschwanden Bücherskorpione aus unseren Bienenvölkern? 118
Milbenbekämpfungsmittel 118
Probleme in heutigen Beuten 118
Sammeln und Aufzucht 120
Das Hantieren mit Bücherskorpionen 120
Fangorte 120
Fangmethoden 121
Jahreszeiten 122
Ausrüstung & Werkzeug 123
Die Aufzucht von Bücherskorpionen 127
Bücherskorpione als Schädlingsbekämpfer 132
Beutetiere 132

SOLL-ZUSTAND: DAS ARTENSCHUTZPROGRAMM 135
Artgerechte Honigbienenerhaltung 137
Artgerechte, ertragsfreie Honigbienenerhaltung 138
Artgerechte Honigbienenerhaltung mit geringfügigem Ertrag 139
Die weltweit erste Baumhöhlensimulation – der SchifferTree 140
Biologie und Bienenverhalten in artgerechten Behausungen 152
Vorratssicherheit – Auslöser für natürliche Verhaltensweisen 154
Menschliche Zucht und Selektion – ein schleichender Ökozid! 177
Beekeeping (R)evolution 182
1: Citizens Science – Monitoring wildlebender Völker 182
2: Citizens Science – Monitoring artgerecht gehaltener Völker 182
Bienenkrankheiten und Seuchen 184
Varroamilbenbelastung und „Re-Invasion" 186
Amerikanische Faulbrut 188
Die aktuelle Gesetzgebung 192
Die Bienenseuchen-Verordnung 192
Die Bundesartenschutzverordnung 194
Kooperationspartner und Institutionen 198
„FreeTheBees" 198
Die Bienenbotschaft 198
Natural Beekeeping Trust 199
Nova-Ruder GmbH 201
Fazit und Ausblick 202
Monitoring der Wildpopulation 205
Kurse zur artgerechten Bienenhaltung 206
Ich habe eine Vision 206

SERVICE 209
Über den Autor 209
Baupläne SchifferTree 210
Register 218

GELEITWORT

Die Honigbiene erscheint uns Menschen heute zweigesichtig: Weniger bekannt als freilebendes Wildtier und allgemein im Bewusstsein als be-imkertes Nutztier. Als Wildtier sollte sie jeden Schutz genießen, als Nutztier bestmögliche Haltungsbedingungen vorfinden. Dabei kann bestmöglich bedeuten, möglichst nahe an der Natur der Honigbienen, so, wie sie in ihrem natürlichen Lebensraum, dem Wald, leben können.

Unzählige engagierte Imkergenerationen haben durch ihre Erfahrungen die Basis dafür gelegt, wie die Ziele des Imkers und die Bedürfnisse der Honigbienen in der Bienenhaltung vereinbart werden können. Die damit verbundene hohe Experimentierfreudigkeit der Imker als Markenzeichen prägt auch die Arbeit von Torben Schiffer. Seine Studien zum Nestklima an einem breiten Spektrum an Bienennest-Typen, zum Verhalten der Honigbienen, zur Bienengesundheit und weiteren relevanten Aspekten haben interessante Resultate erbracht, die Herr Schiffer in eine Art der Bienenbehausung umgesetzt hat, in der die Honigbiene eher als das Wildtier als das Nutztier abgebildet wird. Es geht dabei weniger darum, der „Nutztier-orientierten“ Imkerei eine weitere Möglichkeit der Bienenbehausung vorzuschlagen. Vielmehr liegt diesem Ansatz die Philosophie zugrunde, die Bienen in einer künstlich geschaffenen Unterbringung konsequent sich selbst überlassen zu können und ihnen zu ermöglichen, dabei ihr natürliches Instrumentarium zum Selbsterhalt zu aktivieren, was umso mehr zu erwarten ist, je näher eine künstlich geschaffene Bienenbehausung den Eigenschaften eines hohlen Baumstammes kommt. Schafft man eine ganze Population derart lebender Bienenvölker, ergibt sich eine weitreichende Perspektive: Anders als an be-imkerten Bienenvölkern kann an wildlebenden Honigbienen die natürliche Selektion angreifen und so der einzige Prozess ablaufen, der das Erbgut der Bienen auch an sich verändernde Umweltbedingungen anpassen kann. Solche Entwicklungen sollten in geeigneten Habitaten zugelassen werden, um parallel zur üblichen Imkerei ein Reservoir an Bienenerbgut verfügbar zu haben, falls in der Bienenhaltung zur Lösung von möglicherweise auftretenden heute nicht absehbaren Problemen darauf zurückgegriffen werden muss. Der Einsatz künstlich geschaffener naturnaher Bienenbehausungen, wie sie hier vorgestellt werden, ist bei Ermangelung natürlicher Baumhöhlen eine Lösung, die eine gezielte und kontrollierte Ansiedlung unbetreuter Bienenvölker erlaubt.

Prof. i. R. Dr. Jürgen Tautz

VORWORT

Wer dieses Buch in den Händen hält, der mag sich wundern, dass es keine Anleitung zu imkerlichen Tricks und Eingriffen enthält. Denn in diesem Buch geht es um Artenschutz und den Erhalt der ökosystemrelevanten Schlüsselspezies der Honigbienen und Wildbienen, die aufgrund ihrer Bestäubungstätigkeit einen unschätzbaren Beitrag für den Erhalt unseres Ökosystems leisten. So entstanden die höher entwickelten Blütenpflanzen vor rund 120 Millionen Jahren zusammen mit ihren Bestäubern, den solitären Bienen. Mit dem Auftreten der staatenbildenden Honigbienen vor etwa 45 Millionen Jahren kamen zahlreiche weitere Blütenpflanzen hinzu, die bis heute – insbesondere durch die Ausbildung von Pollen, Nektar und Früchten – die Lebensgrundlagen unzähliger Arten begründen. Die „Schlüssel-Schloss“-Beziehung zwischen den Blütenpflanzen und den Bienen hält bis heute das uns umgebende Ökosystem maßgeblich aufrecht. Der Artenschutz ist also weitaus bedeutender als die Imkerei, die sich allein um die wirtschaftliche Nutzung der Honigbienen mit all ihren manipulativen Methoden und Verfahren dreht. Im vorliegenden Buch geht es daher bewusst nicht darum, das Handwerk der Manipulationen zu vermitteln, sondern darum, Honigbienen gegen derartige Eingriffe zu schützen, um so den natürlichen Verhaltensweisen den notwendigen Raum zu geben – welche unter naturorientierten Bedingungen die vom Menschen unabhängige Überlebensfähigkeit erst ausmachen.

WIE ICH ZU DEN BIENEN KAM

Als mir während meines Studiums mein Großvater das Imkern beibrachte, ahnte ich noch nicht, wohin mich die Arbeit mit den Bienen führen würde. Zunächst erlernte ich dieses Handwerk ganz konventionell, mit Styroporbeuten, Absperrgittern und Ameisensäurebehandlungen.

Mein Biologiestudium an der Universität Hamburg ermöglichte mir jedoch relativ schnell, die etablierten und auch von mir angewandten Handlungsweisen der Imkerei infrage zu stellen. Auslöser hierfür waren unter anderem die erschreckenden Ausmaße der Nebenwirkungen des Standardverfahrens zur Milbenbekämpfung mittels Ameisensäure. Im Jahr 1977 wurde die Varroamilbe aus Ostasien nach Europa eingeschleppt. Dieser bei uns ursprünglich nicht heimische Bienenparasit gilt als die größte Gefahr für die Bienenvölker und wird seither in der Regel chemisch bekämpft. Die Varroamilben übertragen beim Biss

Viren und Bakterien auf ihren Wirt und führen – sofern ihre Anzahl überhandnimmt – zum Zusammenbrechen und Absterben der Völker.

Nachdem ich meine Honigbienenvölker mit Ameisensäureverdunstern ausstattete, um vorschriftsmäßig mit 60-prozentiger Ameisensäure gegen die Varroamilben vorzugehen, sah ich zahlreiche tote Jungbienen: mit dem Kopf aus ihren Zellen hängen. Nach ein paar Tagen fand ich nicht nur viele tote Milben in der Gemüllschublade (einer durch ein Gitter vom Bienenraum abgetrennten Schublade, in der sich der organische Abfall des Volks sammelt), sondern auch Hunderte abgerissener Fühler der Bienen selbst.

Diese empfindlichen und in ihrer Wahrnehmungsfähigkeit kaum zu übertreffenden Antennen gehören zu den wohl wichtigsten Werkzeugen der Bienen und zu den sensibelsten Instrumenten der Natur überhaupt. So können sie eine sehr geringe Zahl von Molekülen pro Kubikmeter Luft wahrnehmen, Temperaturunterschiede von 0,1 °Celsius unterscheiden, Hunderte verschiedener Stoffe auseinanderhalten, riechen, ob die Brut geputzt werden muss oder ob eine Larve Hunger hat, den Kohlendioxidgehalt feststellen, Feinde erkennen, untereinander kommunizieren und vieles mehr. Die Wahrnehmungssensibilität übertrifft bei weitem die besten Spürhundenasen der Drogenfahndung. Ermöglicht wird diese unglaubliche Fähigkeit durch ca. 60 000[1] hochsensible Sinneszellen, die in Porenfeldern verortet sind.

Jeder Imker, der Ameisensäurebehandlungen durchgeführt hat und dabei eine geringfügige Menge der Dämpfe in die Nase bekam, wird kaum vergessen haben, wie schmerzhaft das war. Wie also wird sich eine solche Behandlung für die Biene anfühlen, wenn sie sich anschließend ihre Antennen – diese über lebenswichtigen Werkzeuge – vom Kopf reißt?

Analog gesprochen wäre das so, als würde man sich bei Bewusstsein und ohne Betäubung mit einem Messer selbst die Nase aus dem Gesicht schneiden. Auch wenn dieser Vergleich natürlich sehr vermenschlicht ist, so wird doch klar, dass die Bienen durch die sogenannten „Standardverfahren“ erheblich geschädigt werden. Selbst wenn eine derartige sichtbare Verstümmelung unterbleibt, darf man keinesfalls davon ausgehen, dass bei einer solchen Behandlung die Sinneszellen der Bienen und ihre Wahrnehmungsfähigkeit in der Funktionalität ungeschädigt bleiben.

---

[1] https://www.uni-wuerzburg.de/aktuelles/pressemitteilungen/single/news/wie-bienen/

Auch ich hielt mich damals an die weitverbreitete Meinung, dass man zu diesen Maßnahmen gezwungen wäre, da die Bienen sich selbst nicht helfen könnten. Heute – und seit ich mehrjährige, gesunde wildlebende Völker in unseren

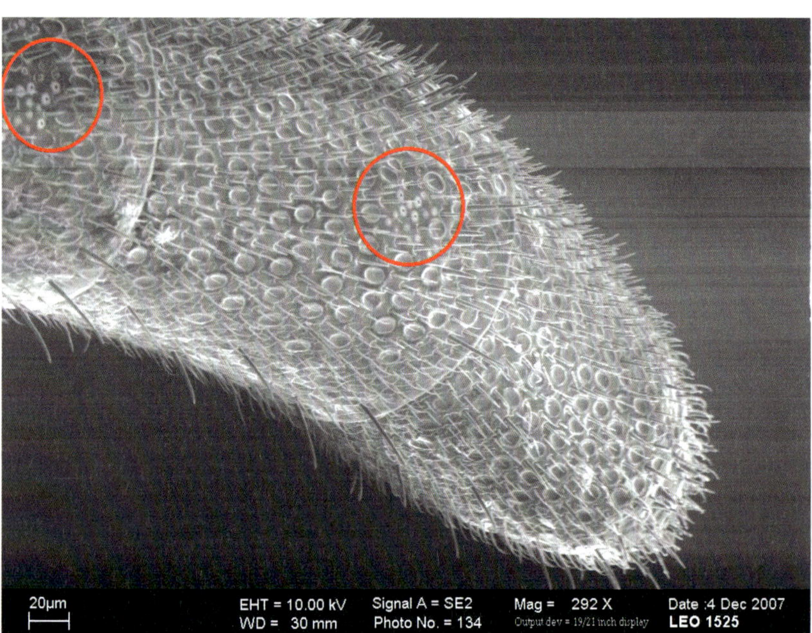

Elektronenmikroskopische Aufnahme des ersten und zweiten Gliedes der Antenne einer Arbeiterin. Zu sehen sind die in den roten Markierungen befindlichen Porenfelder. In jeder dieser Poren sitzen spezialisierte, hochsensible Sinneszellen.

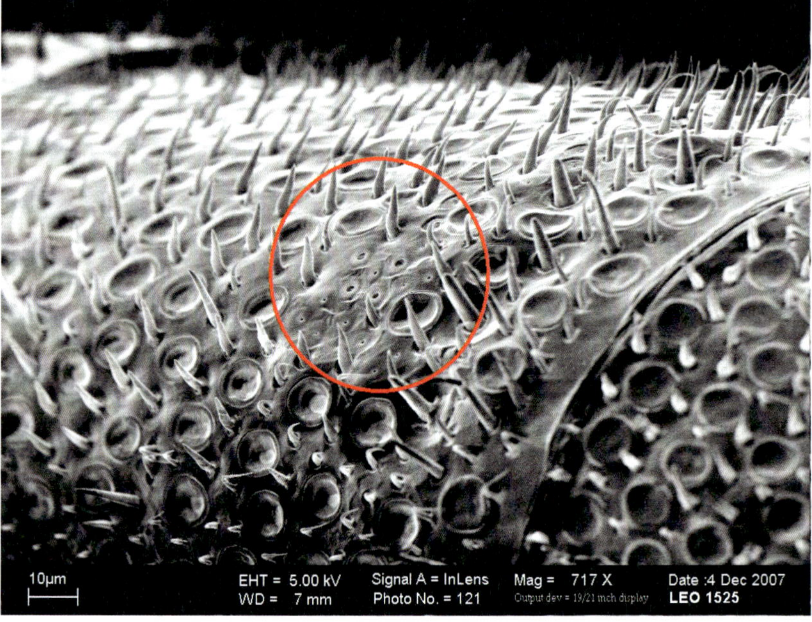

Elektronenmikroskopische Detailaufnahme des zweiten Gliedes der Antenne einer Arbeiterin mit den mittig verordneten Porenfeldern.

Wäldern beobachte und die natürlichen Lebensbedingungen in Baumhöhlen erforsche – macht es mich rückblickend immer wieder fassungslos, wie indoktriniert und kurzsichtig ich doch war.

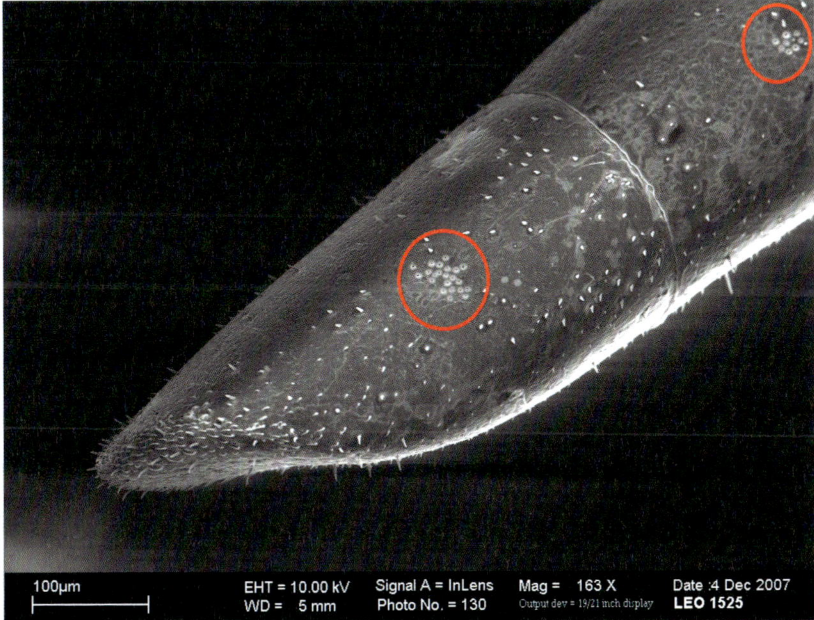

Elektronenmikroskopische Aufnahme des ersten Gliedes der Antenne einer Drohne. Aufgrund der geringeren Anzahl der Haare treten die Porenfelder noch deutlicher hervor.

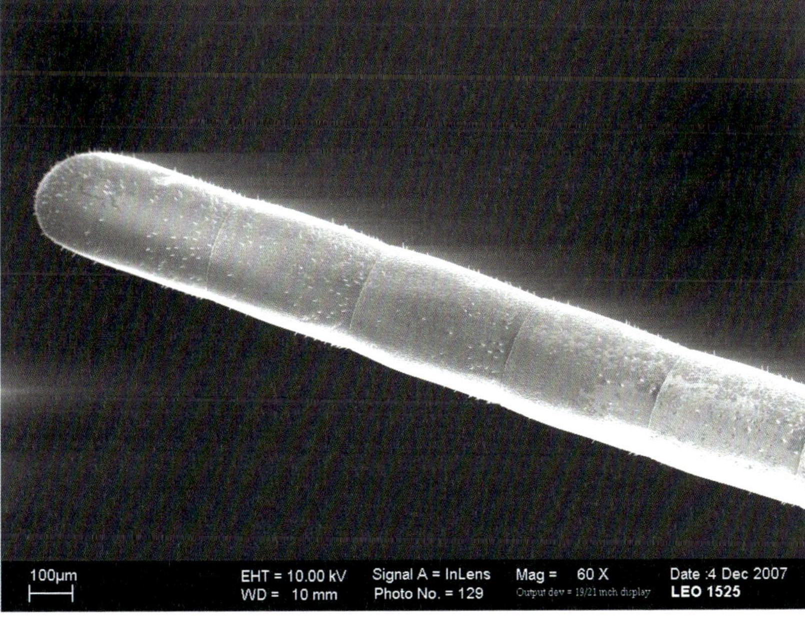

Elektronenmikroskopische Aufnahme des ersten bis fünften Gliedes der Antenne einer Drohne.

ALTERNATIVLOSE STANDARDIMKEREI?

Erstaunlicherweise wird die angebliche Alternativlosigkeit der etablierten Standardhaltung auch weiterhin propagiert, obwohl wir aus wissenschaftlichen Untersuchungen genau wissen: Honigbienen können die Varroamilben überleben. In weiten Teilen Großbritanniens etwa leben die Honigbienen seit Jahrzehnten behandlungsfrei. Albert Muller betreibt in den Niederlanden eine behandlungsfreie Bienenhaltung und bildet auch Imker in diesem Bereich aus. Alle wissenschaftlichen „Live and let die"-Versuche, wie zum Beispiel in Gotland, zeigen: Die Varroamilbenproblematik löst sich innerhalb von drei Jahren durch das Wirken der natürlichen Selektion von selbst. Bienen, wenn sie unbehandelt bleiben, sterben keinesfalls aus. Es gibt zahlreiche wissenschaftlich abgesicherte Fälle, bei denen Honigbienen ohne jegliche Behandlungen überleben[2]. Thomas Seeley, einer der derzeit bekanntesten Bienenforscher der Welt, führt in den USA seine Untersuchungen ebenfalls an wildlebenden und vitalen Bienenvölkern durch, während die konventionellen Imker dort gegen die Varroamilben vorgehen. Diese Beispiele zeigen auf: Eine behandlungsfreie Bienenhaltung ist ohne Zweifel möglich – unter Umständen sogar unter den fragwürdigen Bedingungen der Kistenhaltung.

In den Baumhöhlen herrschen jedoch weitaus bessere Überlebensbedingungen für ein Bienenvolk. Je mehr ich über das natürliche Verhalten der Honigbienen in natürlichen Geometrien lerne und je weiter die Baumhöhlenforschung voranschreitet, desto skurriler kommen mir die Haltungsformen und Handlungsweisen der modernen Imkerei vor. Jene haben nichts mehr mit den ursprünglichen Lebensbedingungen dieser bemerkenswerten Spezies zu tun – und erzeugen somit eine Vielzahl von gravierenden Nebenwirkungen, die behandlungsbedürftig sind und sich oftmals sogar letal (tödlich) auf die Bienenvölker auswirken. Zudem werden zahlreiche natürliche Verhaltensweisen der Bienen unterdrückt: Verhaltensweisen, die – wie wir sehen werden – die vom Menschen unabhängige Überlebensfähigkeit der wildlebenden Bienenvölker maßgeblich mitbestimmen.

Bezeichnenderweise ist dies den Imkern gar nicht bewusst, denn die Praktiken der Imkerei werden überwiegend als gegeben angesehen und kaum hinterfragt. Dabei sind die Analogien zur konventionellen Massentierhaltung mit all ihren Auswirkungen nur allzu offensichtlich.

Sogar die etablierten Bienenforschungsinstitute betreiben ihre Wissenschaft an ständig manipulierten, bewirtschafteten Bienen in der Kistenhaltung, einer

---

[2] https://link.springer.com/article/10.1007/s13592-015-0412-8

Betriebsweise also, durch die die Probleme der heutigen Imkerei erst hervorgerufen werden. Seit Jahrzehnten erforschen und observieren wir auf diese Weise Honigbienen. Das ist vergleichbar mit wissenschaftlichen Untersuchungen des „natürlichen“ Verhaltens von Tieren im Zoo. Doch wie viel natürliches Verhalten bekommen wir in diesen zoowissenschaftlichen Ansätzen wirklich zu Gesicht? Wenn wir nicht über die Zäune der Gehege hinausblicken und die Tiere in ihrer natürlichen Umgebung betrachten, werden wir ihr wahres Verhalten und Wesen niemals erfassen und ihre Potenziale stets verkennen.

WIE KONNTE ES SO WEIT KOMMEN?

Zunächst ging es schon immer darum, die Effizienz sowie die Ausbeute zu steigern. In diesem Punkt haben wir in den letzten Jahrzehnten sagenhafte Fortschritte gemacht. Erntete ein Imker vor wenigen Jahrzehnten noch durchschnittlich 10–15 Kilogramm Honig im Jahr, so sind es heute 40 bis 60 Kilogramm, manchmal sogar deutlich mehr. Erreicht werden diese Superlative durch eine Vielzahl manipulativer Eingriffe und durch die Unterbringung in Großraumbeuten oder erweiterungsfähigen Magazinbeuten, welche allesamt Volumina aufweisen, die mit der natürlichen und artgerechten Lebensweise in der Baumhöhle nicht in Einklang zu bringen sind. In jedem Kilo Honig stecken dabei etliche 10 000 Bienenarbeitsstunden. Je mehr wir aus den Stöcken herausholen, desto mehr müssen Bienen dafür arbeiten. Um die dafür notwendige Arbeitskapazität zu gewinnen, werden von den Imkern Räume erweitert, Brutfelder vergrößert und Schwärme verhindert. Die dabei auf ein letales Maß wachsende Varroamilbenpopulation und eine Reihe von Bienenkrankheiten sind die direkten Folgen.

Ich bekam im Jahre 2016, als wissenschaftlicher Mitarbeiter der Universität Würzburg und unter der Leitung von Professor Jürgen Tautz, erstmalig den Auftrag, die natürlichen Lebensbedingungen der Honigbienen in Baumhöhlen zu erforschen, diese mit den Lebensbedingungen in Kisten zu vergleichen und die potenziellen Auswirkungen auf die Bienengesundheit zu identifizieren. Diese Pilotforschung wurde bemerkenswerterweise noch nie zuvor durchgeführt. Somit wissen wir mehr über die natürlichen Lebensweisen fernöstlicher Schlangen, Reptilien, Spinnen und anderer Tiere, die wir in unseren Breiten in computergesteuerten Terrarien halten, als über die ökologisch gesehen wohl wichtigste Tierart unserer Erde.

Genau hier liegt auch die Antwort auf die Frage, wie es überhaupt so weit kommen konnte, dass wir die systemrelevante Schlüsselspezies der Honigbienen unter derartigen Bedingungen halten und die Beuten sich „förmlich“ in ihrer Artfremdheit überbieten. Es gab bislang schlichtweg zu wenig Daten und Erkenntnisse über das natürliche Verhalten aus den Baumhöhlenvölkern, aber insbesondere auch über die Baumhöhlen selbst. Daher gab es auch keinerlei Orientierung, was letztendlich dazu führte, dass die Betriebsweisen, Beuten und sogar die Wissenschaft sich beständig weiter von der evolutionären, natürlichen Lebensweise der Bienen entfernten.

Obwohl zahlreiche mehrjährige, behandlungsfreie und gesunde Völker vorwiegend in Hauswänden, Baumhöhlen oder ähnlichen Behausungen, ja sogar in einigen speziellen Formen der wirtschaftlichen Nutzung existieren, werden diese Bienenvölker immer noch als eine Art „Wunder" angesehen. Darüber hinaus wird ihre Existenz sogar von einigen bekannten Persönlichkeiten und Instituten in Abrede gestellt, welche die konventionelle Bienenhaltung als die einzig sinnvolle Haltungsform ansehen – oder von der jetzigen Betriebsweise mit ihren Nebenwirkungen profitieren. Ökonomisch und kurzfristig betrachtet mag diese Einstellung begründbar sein, jedoch hat sie rein gar nichts mit Nachhaltigkeit oder mit dem Schutz und Erhalt der Spezies zu tun. Zudem wird hier die Tatsache ignoriert, dass die wenigsten Menschen, die mit der Imkerei beginnen, tatsächlich finanzielle Interessen haben, sondern überwiegend idealistische Ziele verfolgen.

Dass darüber hinaus aus der Kistenperspektive der etablierten manipulativen Tierhaltungsform mit all ihren Nebenwirkungen Rückschlüsse auf die Überlebensfähigkeit der wildlebenden Völker gezogen werden, ist ähnlich absurd wie die Aussage, dass es keine Wildschweine mehr geben könne, da Schweine in der Massentierhaltung ja schließlich auch nicht ohne Antibiotika überleben. Hier wird offenbar, wie wenig wir uns mit den Geheimnissen der natürlichen Lebensweise der Honigbienen auseinandergesetzt haben und wie eingeschränkt unser Fokus bereits geworden ist. Es gelingt uns offenbar kaum noch, über den Rand unserer Beuten hinauszusehen oder hinauszudenken. Als gäbe es außerhalb des Zoos kein Afrika mehr, wird hier der Zoo selbst zur allumfassenden Realität.

VOM STYROPOR-SÄURE-IMKER ZUM ARTENSCHÜTZER

Wildlebende Honigbienenvölker zu studieren, bedeutet weit über den Horizont der konventionellen Imkerei hinauszuschauen und das wahre Wesen der Bienen kennenzulernen.

Es ist bei weitem die interessanteste Tätigkeit, der ich bislang in meinem Leben nachgehen durfte und die mich nun wahrscheinlich bis an meinen Lebensabend begleiten wird. Die Arbeit mit den Bienen hat mich nicht nur geprägt, sondern zutiefst berührt. Im Zuge jahrelanger Forschungen veränderten die Bienen meine imkerlich-zentrierte Sichtweise. So entwickelte ich mich schließlich von einem konventionellen Säure-Styropor-Imker zum Artenschützer. Die Schönheit dieser Insekten, mitsamt ihrer natürlichen Verhaltensweisen, ist atemberaubend. Kaum in Worte zu fassen sind die Momente, in denen ich vor dem Baum sitzend beobachte oder gar mit hochauflösenden Endoskopen in die Baumhöhlen einfahre, um einen Blick in die geheimnisvolle Organisation des Bienenstaates zu werfen, dabei buchstäblich die Luft anhalte und mit der größtmöglichen Behutsamkeit diesen vielzelligen Superorganismus beobachte. In jenen unbeschreiblichen Momenten der schutzlosen Begegnung, eingebunden in die denkbar intensivste Atmosphäre meiner selbst, voller Emotionen der Neugierde, Anspannung und einer tiefen wechselseitig empfundenen Achtung, in der mir die Bienen so manch urzeitliches Rätsel offenbaren, werde ich missioniert, ihnen zu helfen.

Welche Wandlung, welch Unterschied, welche Erweiterung, wenn ich bedenke wie es früher einmal war, als ich den Deckel aufriss, um Rauch in die Beute hineinzublasen, die Waben herauszuziehen und das Notfallverhalten der Bienen als positive Begegnung, ja sogar als schön empfand ... Der Unterschied könnte größer gar nicht sein ...

Wenn Bienen in artgerechten Geometrien und vor jeglichen Eingriffen bewahrt ihr volles Potenzial entfalten, treten erstaunliche, vielfältige Verhaltensweisen hervor, die in der modernen Imkerei unterdrückt bleiben. Die vielen Stunden der Observation gaben mir schließlich Einsicht und ein tiefes Vertrauen in diese bemerkenswerten Fähigkeiten. Gleich einem Tier, das man aus der Intensivtierhaltung in die Freiheit entlässt und dabei zusieht, wie es plötzlich Dinge tut, die noch nie zuvor beobachtet werden konnten!

Die innere Freude und Zufriedenheit, den Bienen bei ihren natürlichen Verhaltensweisen zuzusehen, ist ein besonders wichtiger Punkt, den ich vermitteln möchte! Wenn es mir gelingt, den Lesern dieses Buches auch nur eine Ahnung mitzugeben, wie gut sich das anfühlt und wie berührend es ist, dann wäre ein wichtiger Anfang getan. Denn die meisten Menschen halten Bienen, um die Natur und die Spezies zu schützen, aber auch, um sich an ihnen zu erfreuen und mit ihnen zu interagieren.

Letztendlich ist die Realität der Imkerei jedoch ein undankbares, ja für manchen Jungimker sogar erschreckendes und desillusionierendes Geschäft. Das Eingreifen in den Brutraum, das Zerquetschen und Verletzen zahlreicher Bienen, das bei größter Vorsicht allenfalls verringert, aber nicht verhindert werden kann, und das Einbringen der Säuren hinterlässt bei allen empathiefähigen Menschen ein entsprechend ungutes Gefühl. Dennoch hören wir nicht auf unsere innere Stimme und folgen der vermeintlichen Alternativlosigkeit. Dabei schenken wir den Menschen und Instituten Glauben, die behaupten, das alles geschehe zum Wohle der Bienen. Darüber hinaus ignorieren wir den gesunden Menschenverstand, unser Bauchgefühl sowie die wissenschaftlichen Erkenntnisse zum Thema.

NEUE WEGE FÜR MEHR VIELFALT

Es geht jedoch nicht etwa um den Versuch, die Imkerei zu verbieten, sondern vielmehr darum, die Ausbildungsvielfalt zu erhöhen. Es geht um das Recht, sich frei entscheiden zu dürfen. Derzeit gibt es keine nennenswerte Wahlfreiheit bezüglich der imkerlichen Ausbildung. So werden sinnloserweise auch die Menschen zu Imkern ausgebildet, deren idealistisches Streben es ist, der Natur und der Biene zu helfen. Diese Menschen wollen oftmals gar keinen Honig ernten und schon gar nicht im Bienenvolk herumwühlen, Brut herausschneiden und Säure verspritzen. Wenn wir die längst vorhandenen Bedürfnisse dieser Natur- und Artenschützer erfüllen, werden wir auch die Honigbienen erhalten können.

Wir leben in einer im wahrsten Sinne des Wortes entscheidenden Zeit, denn die kommenden Jahrzehnte werden zeigen, ob wir es schaffen, unsere Ökosysteme maßgeblich zu bewahren. Elementare Hauptproblemfelder wie die Erderwärmung, die Verschmutzung und Ausbeutung der Ozeane und das beschleunigte Artensterben, von dem auch die Insekten stark betroffen sind, müssen aufgehalten werden. In allen Bereichen wird bereits Pionierarbeit geleistet. So gibt es Konzepte, die sich damit auseinandersetzen, die Ozeane vom Plastikmüll zu befreien[3] und Treibhausgase wieder aus der Luft zu filtern[4]. Das wachsende Bewusstsein der Bevölkerung zeigt sich zudem in Massendemonstrationen, die unter anderem auch dem Erhalt der Bienen gelten.

Zu diesem Zweck wurde 2019 die „Beekeeping (R)evolution“ gegründet und das Konzept der artgerechten Honigbienenhaltung erstellt. Diese als öffentliche Bewegung geplante Vereinigung soll dazu dienen, den Menschen nicht nur die notwendigen Informationen für eine alternative Bienenhaltung zu geben, sondern auch die dafür erforderliche Hardware in Form einer Baumhöhlensimulation „Open Source“ bereitzustellen. Das Ziel ist es, in den kommenden Jahren einen Großteil des Genpools der Honigbienen wieder der natürlichen Selektion zu übergeben und so den zentral wichtigen und längst überfälligen Ausgleich zur menschlichen Selektion und Zucht wiederherzustellen.

---

[3] https://utopia.de/ratgeber/plastikmuell-im-meer-diese-projekte-tun-was-dagegen/

[4] https://reset.org/knowledge/co2-vom-klimakiller-zum-wertstoff-03202019

Dieses Buch fasst erstmalig die Ergebnisse der spannenden Pionierforschungen über Honigbienen in Baumhöhlen zusammen und gibt allen interessierten Personen die Möglichkeit, eine behandlungsfreie, artgerechte Bienenerhaltung aufzubauen. Damit werden die Bedürfnisse derjenigen Menschen adressiert, die sich als Arten- und Naturschützer verstehen und aus idealistischen Gründen den Bienen zuwenden. Hier liegt das Potenzial der Zukunft, denn diese Menschen bilden bereits jetzt die absolute Mehrheit!

Die jetzige konventionelle Form der wirtschaftlichen Nutzung von Honigbienen ist bei weitem nicht alternativlos!

Auch wenn sich die Aussagen auf wissenschaftliche Untersuchungen und Daten beziehen, ist dieses Buch gleichzeitig ein sehr persönliches, idealistisches und auch emotionales Werk. Zusammen mit gleichgesinnten Instituten und Kooperationspartnern entsteht eine beständig wachsende, internationale Bewegung, die es sich zum Ziel gemacht hat, die Honigbienen für das Ökosystem dieser Erde und für nachfolgende Generationen zu bewahren. Möge das vorliegende Buch ein Baustein für das Fundament dieser Bewegung sein ...

Wer baumhöhlenbewohnenden, bedrohten Tierarten ein artgerechtes Habitat bieten möchte, der findet ab Seite 210 die Pläne für den Bau des SchifferTrees (eine serielle Fertigung sowie der Vertrieb nur nach vorheriger Autorisierung durch den Autor).

Für meine Tochter Romy und für meine wundervolle Frau Nadine, die mir trotz aller Umstände, die diese Arbeit mit sich bringt, den Rücken freihält, meinen Wahnsinn erträgt und mir so dieses Engagement erst ermöglicht!

IST-ZUSTAND: BIENEN IN DER IMKEREI

Dass die Honigbienen die Bedingungen der modernen Imkerei überleben, ist im Grunde genommen ein Wunder, ein Beweis für die beispiellose Widerstandsfähigkeit dieses Organismus!

Bienen werden überwiegend in Kisten gehalten, die in der Regel einen enormen Energieverlust und zudem ein artfremdes Klima aufweisen. Allein ihre Bezeichnung als „Beute“ beschreibt sehr präzise den Nutzen dieser geometrischen Form: Es geht vordergründig darum, die Bienen wirtschaftlich zu nutzen beziehungsweise Beute zu machen.

Dafür wird das Bienenvolk im Laufe des Sommers scheibchenweise in Dutzende Rähmchen unterteilt, womit unter anderem ihre Kommunikation (die sie zum großen Teil über Schwingungen auf den Waben realisieren) entsprechend unterbrochen wird. Die Bienen werden meist auf eine Einheitsgröße gezwungen (in der Natur weist ein Bienenvolk eine hohe Variabilität der Zellgrößen auf), indem man ihnen entsprechend vorgeprägte Wachsplatten einlaminiert. Der Beutenraum hat regelhaft ein unnatürlich großes Volumen und wird zunehmend erweitert, womit auch die Brutmenge ein natürliches Maß weit übersteigt. So wird letztendlich eine Überreproduktion an Varroamilben ausgelöst, die in dieser Form und unter natürlichen Bedingungen gar nicht entstehen kann.

Diese Problematik wird zusätzlich verstärkt, da sogar die natürliche Fortpflanzung größtenteils verhindert und das Volk auf diese Weise gezwungen wird, den Sommer über durchzubrüten. Allein diese Praxis hat aufgrund der fehlenden Brutpause bereits dramatische Auswirkungen auf die Wachstumsrate der Varroamilbenpopulation im Stock, die zu einer unnatürlichen Stärke heranwächst – und sich unbehandelt meist letal auf die Bienen auswirkt.

Zusätzlich unterminiert die unnatürliche Stockbauweise die in der Natur vorkommende „Nestduftwärmebindung[5]“, welche eine sterile Atmosphäre beschreibt, in der antibiotische Bestandteile gebunden sind und die so pathogenes Wachstum von Bakterien oder Schimmel verhindert. Daher ist es kein Wunder, dass mit Einzug der heutigen Beutenformen und Rähmchen gleichzeitig auch die Bienenseuchen um sich gegriffen haben[6]. Diese Zusammenhänge sind zahlreich in alter Literatur beschrieben, wurden aber zugunsten einer grenzenlosen Manipulierbarkeit und zu Ungunsten der Bienengesundheit bis heute ignoriert.

Die seitdem regelmäßig in der Imkerei auftretenden Erkrankungen wie Faulbrut, Kalkbrut, Nosema und die massive, falls unbehandelt meist tödliche Überpopulation an Varroamilben, sind letztendlich die Symptome einer manipulativen Intensivtierhaltung, die jeglichen Kontakt zur natürlichen, evolutionären Lebensweise der Honigbienen verloren hat.

Selbst die idealistischen Imker verlieren sich im System der symptomatischen Behandlung von Nebenwirkungen der eigenen Haltungsform, da es bislang keine echten Alternativen zur jetzigen Ausbildung gab.

Die Völker werden meist den ganzen Sommer hinweg ihrem stärksten Instinkt nach Vorratssicherheit unterworfen. Solange der oben liegende Raum nicht mit Honig gefüllt ist, werden natürliche Verhaltensweisen, die der Vitalität und der vom Menschen unabhängigen Überlebensfähigkeit dienen, gar nicht erst ausgeführt. Dieser Zusammenhang wird eindrücklich in den Untersuchungen der letzten Jahre deutlich und in diesem Buch erstmalig publiziert.

Des Weiteren wird seit rund 150 Jahren züchterisch in den Genpool der Honigbienen eingegriffen, um Verhaltensweisen zu eliminieren, die erst dafür sorgten, dass die Bienen sich erfolgreich über 45 Millionen Jahre hinweg behaupten konnten.

Bienenköniginnen, deren Nachkommen nicht unserem imkerlichen Kriterienkatalog entsprechen, werden vielerorts totgequetscht und ersetzt. Die Reinzucht versorgt die Imker mit künstlich besamten Laborköniginnen, die größtenteils durch Geschwistervermehrung (Inzest) in dafür geschützten Ständen erzeugt werden. Ihnen wird zudem eine Art Verhaltenszeugnis ausgestellt. Die Kriterien für eine „gute Königin“ dienen allesamt der möglichst entspannten und ergiebigen Ausbeutung des Volks durch den Imker.

[5 und 6] u. a. Johann Thür: Nestduftwärmebindung (1946). Selbstverlag, S. 5–12.

Weitere gängige Praktiken sind das Herausschneiden der Drohnenbrut (um den Varroadruck zu verringern) und das damit verbundene Töten Tausender Stockbewohner, das wöchentliche Manipulieren und Kontrollieren sowie das Umhängen oder Entnehmen der Waben und des Vorrats. Am Ende des Sommers wird den Bienen oftmals gänzlich der nährstoffreiche, antibiotische Honig geraubt – der alle Bestandteile enthält, um gesund zu bleiben – und durch reines, nährstofffreies Zuckerwasser ersetzt.

Darüber hinaus werden die Bienen erheblich geschädigt, indem wir sie mit organischen Säuren verätzen. Durch die Behandlung besonders varroabelasteter Völker wird die Eliminierung der natürlichen Selektion vervollständigt. Die Beseitigung des Milbendrucks verhindert eine natürliche Anpassung und verschafft dem Erbgut einen Fortpflanzungsvorteil, welches – unter den Gesichtspunkten der natürlichen Selektion betrachtet – am ungeeignetsten ist.

Letztendlich werden die Bienen unter Bedingungen zum Überwintern gezwungen, bei denen ihre Vorratswaben verschimmeln und sie sich selbst mit den Schimmelpathogenen infizieren. Von Krankheitserregern zerstörtes oder angegriffenes Gewebe kann aber schlecht heilen, wenn die für die Zellerneuerung notwendigen Bestandteile wie Aminosäuren, Proteine, Vitamine, Mineralstoffe im als Honigersatz angebotenen Zuckerwasser fehlen. Ohne die notwendigen „Baustoffe", die über die Nahrung aufgenommen werden müssen, können auch keine Körperzellen reproduziert werden. Nicht einmal der normale, fortwährende Zellstoffwechsel kann unter diesen Bedingungen funktionieren.

Am Ende des Sommers wird dann mancherorts stolz die „Ausbeute" präsentiert. Wer am meisten Honig herausgeholt hat, ist der beste Imker – so scheint es ...

Wenn die Bienen den folgenden Winter nicht überstehen, wird die Schuld gern auf die Varroamilbe geschoben, auf das Wetter, das eine wirksame Behandlung nicht zuließ, oder gleich auf die Bienen selbst: Die wären nicht mehr die gleichen, die sie mal waren. Gerne wird auch mit dem Finger auf die Landwirtschaft gezeigt und auf die eingesetzten Pestizide.

Natürlich stellen letztere ein ernstzunehmendes Problem dar! Das Monitoring der Wildvölker zeigt uns aber deutlich, dass Bienen in artgerechten Geometrien – auch in landwirtschaftlich genutzten Gebieten – nicht die Probleme der Kistenvölker teilen. Gründe hierfür sind insbesondere der viel geringere Energiebedarf und die damit einhergehende sukzessive Einlagerung diverser Honigsorten. So finden wir auch im Frühjahr in den Baumhöhlen noch Frühjahreshonig aus dem Vorjahr. Der Sommerhonig macht nur einen Teil der Gesamtmischung in einer Baumhöhle aus. Mangelernährung aus Monokulturen und Ansammlungen von Pestiziden unterbleiben. Notfütterungen, wie in den energiehungrigen Kistenvölkern, sind obsolet.

Die Bienen in der modernen Imkerei sind aus den genannten Gründen kaum in der Lage, eine Resilienz zu entwickeln und sich anzupassen. Die natürliche Selektion wurde zugunsten der menschlichen Selektion und Zucht weit zurückgedrängt, vielerorts sogar ersetzt. Die fortwährenden manipulativen Eingriffe in die Bienenbiologie und die artfremde Stockbauweise haben zur Folge, dass wir in den heutigen Bienenkästen fast keine natürlichen Verhaltensweisen mehr beobachten können, sondern überwiegend Kompensationsverhalten einer im künstlichen Notstand befindlichen, gestressten Spezies.

Dies ist ganz vergleichbar mit anderen Nutztieren. Sobald man Tiere entsprechend artfremd hält, kommt es zu multiplen Problemen, die letztendlich nur mit weiteren Eingriffen sowie der Gabe von Medikamenten in den Griff zu bekommen sind. Jedoch käme niemand – wie bei den Bienen – auf die Idee, Schweine in einer Massentierhaltung dafür verantwortlich zu machen, dass sie Antibiotika benötigen. Allen ist klar, dass die Probleme nicht von der Art herrühren, sondern Symptome der nicht natürlichen Haltungsform sind.

Bereits der gesunde Menschenverstand sagt uns, dass die Lebensbedingungen in einer Baumhöhle ganz andere sein müssen als in einer dünnwandigen Holzkiste oder in einer Plastikkiste, die direkt auf dem Boden steht und zudem meist noch einen Gitterboden aufweist. Die aus den verschiedenen Behausungen gewonnenen realen Messdaten (siehe Abbildungen S. 43, 65–78) zeigen eindrücklich, dass eine Kiste keinesfalls ein artgerechtes Habitat für Honigbienen darstellt.

Die wesensgemäße Imkerei leistete in der Vergangenheit Pionierarbeit für verbesserte Haltungsbedingungen und das Erstellen bienenorientierter Standards. Sie stellt damit eine Haltungsform dar, bei der einige natürliche Aspekte durchaus Berücksichtigung finden. Die Bienen werden aber ebenfalls unter wirtschaftlichen Bedingungen gehalten, die mit der ursprünglichen Lebensweise in Baumhöhlen nichts gemein haben und es ihnen überwiegend nicht erlauben, behandlungsfrei zu überleben. Wesensgemäß ist also nicht mit artgerecht gleichzusetzen, auch wenn es oftmals so verstanden und kommuniziert wird!

GANZHEITLICHER FOKUS VERSUS MODERNE IMKEREI

Das Imkerhandwerk wurde im Laufe vieler Jahrhunderte perfektioniert. Dabei entwickelte sich ein ganz eigener Schwerpunkt, der sich überwiegend nicht an den Bedürfnissen des Biens (also dem Bienenvolk als Gesamtheit) orientiert, sondern die von den Menschen gewünschten Aspekte in den Vordergrund stellt.

Um imkerliche Tätigkeiten (beispielsweise das gezielte Eingreifen in die Genetik durch Zucht; die Verwendung von Milbenbekämpfungsmitteln; gängige Beutensysteme) in einem neuen Licht betrachten und bewerten zu können, müssen die Bienen in einem ganzheitlichen Fokus betrachtet werden. Dieser schließt nicht nur ihre 100 Millionen Jahre[7] lange Evolution mit ein, sondern auch das Fachwissen der Evolutionstheorie (*survival of the fittest* – Charles Darwin), genetische Aspekte und weitreichende ökologische Kenntnisse. Zudem wird die Habitatforschung an Bienen und ihrer Mikrofauna – inklusive der Bücherskorpione – mit berücksichtigt.

Über den Eingriff in das Erbgut und die imkerlichen Betriebsweisen hebeln wir die natürliche Auslese aus. Wir verändern den genetischen Code einer Spezies, die sich (solitäre Bienen als Vorfahren mit einbezogen) durch eine 100 Millionen Jahre dauernde Zeit der Erdgeschichte gekämpft und mittels der natürlichen Selektion perfekt an die jeweils herrschenden Umweltbedingungen angepasst hat.

Historisch gesehen hatte die menschliche Zucht und Selektion der Honigbienen keine Auswirkungen auf das Überleben der Spezies selbst. Der Hauptteil des Genpools (die Gesamtheit aller Gene einer Spezies) war in den Wäldern verortet und unterlag somit den natürlichen Selektionsprozessen. Diese Verhältnisse haben sich jedoch zu Ungunsten der natürlichen Balance umgekehrt. So liegt der Hauptteil des Genpools heutzutage in den Händen der Imkerschaft, welche die wirtschaftliche Nutzung der Völker forciert und willkürlich – und zudem gesetzlich unreglementiert! – züchterisch in den Genpool der wohl wichtigsten Spezies der Erde eingreift. Bedenklicherweise werden den Bienen in der modernen Imkerei insbesondere jene Verhaltensweisen abgezüchtet, die für das Überleben in der Natur unbedingt erforderlich waren und sind. Daher ist es auch nicht verwunderlich, dass bei Reinzuchten jeglicher Art regelmäßig die vom Menschen unabhängige Überlebensfähigkeit auf der Strecke bleibt.

---

[7] Älteste fossile Biene, gefunden in einem Bernstein-Einschluss im Jahr 2006 von George Poinar; 45 Millionen Jahre: älteste gefundene Honigbiene aus dem Eckfelder Maar (Bernstein-Einschluss)

Dies geschieht jedoch nicht etwa aus Boshaftigkeit, sondern ist vielmehr dem Aspekt geschuldet, dass sich das imkerliche Handwerk nicht an die Problematik des schwindenden Genpools in der Natur angepasst hat. Handlungsweisen, Handwerk und Traditionen, wie etwa menschliche Zucht und Auslese, werden von erfahrenen Imkern an Jungimker weitergegeben und fortgeführt, weil es eben „schon immer so gemacht wurde“. Um diesen Kreis zu durchbrechen, müssen wir uns zunächst mit den biologischen Grundlagen beschäftigen.

Bienenvolk in einem Kirschbaum: Mehrjährig bewohnte Baumhöhle mit einem Volumen von ca. 14 Litern. Die Bienen zeigen ein unterschiedliches Aussehen (Phänotyp), ein sicheres Zeichen, dass es sich hier nicht um eine unnatürliche Reinzucht handelt.

GRUNDLAGEN ÖKOLOGIE

Sobald wir die größeren Zusammenhänge der evolutionären Prozesse verstanden haben, welche die Bienen seit Jahrmillionen begleiten, werden uns auch die Methoden der modernen Imkerei in einer anderen Relation erscheinen.

Ökologische Nischen

Jede Spezies, ob Bakterien, Algen, höher entwickelte Pflanzen oder Tiere, hat sich im Laufe von Jahrmillionen an jeweils bestimmte ökologische Nischen angepasst. Diese bilden wiederum spezifische Lebensräume, die insbesondere durch die jeweiligen biotischen und abiotischen Faktoren bestimmt werden.

Die biotischen Faktoren umfassen dabei alle lebendigen Einflussfaktoren wie andere Lebewesen, Mikroorganismen, Pflanzen, Nahrung, Konkurrenten, Parasiten, natürliche Feinde, Symbionten usw., während die abiotischen alles nicht Lebendige beinhalten, das einen Einfluss auf den jeweiligen Organismus aufweist. Typische Beispiele für abiotische Faktoren sind insbesondere das Klima, Temperatur, Feuchtigkeit, Licht, Wind Bodenbeschaffenheit sowie alle umgebenden Stoffe.

Die Anpassung einer Spezies an ihre jeweilige ökologische Nische ist oftmals so stark ausgeprägt, dass bereits kleinste Veränderungen – beispielsweise des Klimas – große Auswirkungen auf die Gesundheit und sogar auf die Überlebenswahrscheinlichkeit der jeweiligen Lebensform aufweisen.

Wir kennen diesen Umstand auch von uns selbst. Obwohl wir uns mit unserer Kleidung, unseren Häusern und unseren Heizungen weitestgehend vom Wetter unabhängig gemacht haben, werden wir bei Wintereinbruch regelmäßig krank. So kommt es in den kalten Jahreszeiten in unseren Breiten wiederkehrend zu Grippewellen und zahlreichen anderen Erkrankungen, trotz all der schützenden Maßnahmen, die uns umgeben.

Die für eine Spezies besten Bedingungen zum (Über-)Leben werden in der Biologie als Optimum, die schlechtesten, die gerade eben so das Überleben zulassen, hingegen als Pessimum bezeichnet.

Honigbienen haben sich im Laufe ihrer vielen Jahrmillionen andauernden Evolution in den gemäßigten Klimazonen an das Leben in Baumhöhlen angepasst. Dieses spezielle Habitat zeichnet sich durch eine Vielzahl besonderer physikalischer Eigenschaften aus, die letztendlich einen signifikanten Einfluss auf das Überleben, die Biologie und das Verhalten der Spezies haben. Die natürlichen (evolutionären) Lebensbedingungen einer Spezies bilden daher die Grundlage für die Kriterien einer artgerechten Haltung.

Reproduktion

Die Individuen einer Population erzeugen immer mehr Nachkommen als notwendig wären, um die Art zu erhalten. Ein Honigbienenvolk erzeugt natürlicherweise mehrere Schwärme. So werden aus dem Muttervolk mehrere eigenständige Völker.

Variation

Die Nachkommen sind niemals gleich, sie unterscheiden sich in mehreren Merkmalen wie Aussehen und Verhalten. Verursacht werden diese Veränderungen (Variationen) durch die Rekombination und/oder Mutation des Erbguts.

Genetische Re- bzw. Neukombination

Die Rekombination vorhandener Gene ist ein wichtiger Evolutionsfaktor. Durch sie wird der Genpool (die Gesamtheit aller Genvariationen) einer Population nicht verändert, sondern nur die vorhandenen Gene in neuer Mischung kombiniert. Die dadurch verursachte genetische Variabilität ist wiederum Grundlage für die Anpassung an wechselnde Umweltbedingungen im Evolutionsprozess.

Beispiel Bienenverhalten:
Bienenvölker sind in ihrem Verhalten sehr unterschiedlich und die Ableger aus einem Muttervolk zeigen ganz unterschiedliche Eigenschaften. Dies liegt an der Neukombination (alter) vorhandener Gene. Die hervortretenden Unterschiede werden in einem weiteren Schritt von der Umwelt selektiert.

Mutation

Eine Mutation (lat. *mutare* = ändern) ist eine zufällige und ungerichtete Veränderung des Erbguts eines Organismus. Diese kann unter anderem durch äußere Einwirkungen – wie Radioaktivität oder UV-Strahlung, sogenannte Mutagene –, aber auch durch eine fehlerhafte Zellteilung entstehen. Die Mutation ist einer der bedeutendsten Faktoren in der Evolution, denn durch sie gelangen neue genetische Variationen in den Genpool einer Population. Die durch eine Mutation entstehenden Veränderungen können für das Individuum von Vorteil, von Nachteil oder aber auch ohne Bedeutung sein.

Beispiel Bienenstachel

Aus einem Eilegestachel wurde im Laufe der Evolution durch Mutationen ein Wehrstachel. Wenn etwas physiologisch vollkommen Neues entsteht, für das es im Genpool zuvor keinen Bauplan gab, dann kann dies nicht durch eine Rekombination vorhandener Gene entstanden sein, sondern nur durch eine oder mehrere Mutationen.

Beispiel Anpassung des Birkenspanners

Ein berühmtes Beispiel für eine Anpassung durch Mutation sind die Birkenspanner. Diese Schmetterlinge sind natürlicherweise weiß-schwarz gescheckt. Sie fallen daher auf den Rinden der Birken, die die gleiche Färbung haben, nicht auf: Setzt sich ein Birkenspanner auf eine Birke, verschmelzen seine Konturen visuell mit der Oberfläche des Baums. Auf diese Art ist er für Fressfeinde unsichtbar. Durch eine genetische Mutation jedoch veränderte sich das Aussehen hin zu einer sehr dunklen Färbung. Diese dunklen Birkenspanner waren nun zu Beginn des 20. Jahrhunderts in Gebieten starker Industrialisierung, in denen die Birkenstämme eine vom Ruß dunkle Färbung annahmen, vor Fressfeinden besser geschützt als die ursprünglich hell gezeichneten und konnten sich dort daher erfolgreicher vermehren. Somit war die Anzahl der dunklen Birkenspanner in jenen Gebieten größer. Dieses Beispiel –obwohl über die letzten Jahrzehnte stark kritisiert und neu untersucht – verdeutlicht anschaulich, wie durch eine genetische Mutation eine Anpassung an veränderte Umweltbedingungen stattfinden kann.

Natürliche Selektion

Im zuvor genannten Beispiel waren Fressfeinde die entscheidenden Selektionsfaktoren. Wenn Vögel die Birkenspanner gut sehen können, dann werden diese auch vermehrt gefressen. Damit gelangen überwiegend nur jene Falter zur Fortpflanzung, die den genetischen Code für ein unauffälliges Äußeres in sich tragen. Selektionsfaktoren können von anderen Lebewesen ausgehen (biotische Faktoren), aber auch von nicht lebenden Faktoren wie etwa dem Klima (abiotische Faktoren). Die Selektion durch diese Faktoren bedeutet also, dass überwiegend nur diejenigen Individuen, die am besten an ihre Umwelt angepasst sind, überleben und erfolgreich zur Fortpflanzung gelangen (Charles Darwin – *survival of the fittest*). Da die Individuen einer Population jedoch immer einen Überschuss an Nachkommen produzieren, ist das „Sterben / Selektieren“ kein Problem für das Fortbestehen der Art – ganz im Gegenteil! Die natürliche Selektion sorgt als Exekutive praktisch dafür, dass sich die für das Überleben in der Umwelt positiven Eigenschaften verbreiten und negative ausgeschaltet werden.

Das Verhalten, das die Honigbienen vor dem fortwährenden Eingriff des Menschen in die Genetik durch Zucht zeigten, war also das Ergebnis einer erfolgreichen, 45 Millionen Jahre andauernden Entwicklung – der Evolution.

Populationsdynamik

Während in der heutigen Imkerei das Sterben eines Bienenvolks als unerwünscht, ja sogar als „unnatürlich“ angesehen wird, offenbart ein Blick in die Natur, dass diese Auffassung eine höchst künstliche und rein menschliche Konzeption darstellt.

Die natürlichen Variationen der Gesamtanzahl von Individuen einer bestimmten Spezies und ihre räumliche Verbreitung werden unter dem Begriff der Populationsdynamik zusammengefasst und sollen hier kurz dargestellt werden.

Ob sich die Population einer bestimmten Spezies in einem Ökosystem (z. B. einem Wald) verringert oder ob sie an Stärke zunimmt, ist von multifaktoriellen Wechselwirkungen zwischen den Individuen der Population selbst sowie von den abiotischen und biotischen Faktoren der Umwelt abhängig. So können innerhalb einer Population Krankheiten oder Epidemien ausbrechen, die ein Absterben im größeren Maßstab nach sich ziehen; ein Waldbrand kann auftreten, der Teile des Lebensraums zerstört, oder eine wachsende Population natürlicher Feinde stellt einen entsprechenden Einfluss dar.

Das durch die Vielfalt der Faktoren sehr dynamische System können wir modellhaft zum Veranschaulichen bestimmter Aspekte in ein sehr vereinfachtes Modell übertragen.

Hierzu nehmen wir einen Wald als Beispiel, der Lebensraum in Form von Baumhöhlen für 100 Bienenvölker bietet und den Energiebedarf dieser Völker durch seine Vegetation zu decken vermag. Alle Baumhöhlen sind mit Bienenvölkern besetzt. Über den Winter sterben in unserem Beispiel 30 Prozent, also 30 Völker. Im nächsten Frühjahr werden die verbliebenen 70 Kolonien Schwärme abgeben, ihre Staaten also durch Teilung vermehren. Da die Baumhöhlen in der Regel kleinere Volumina haben als die meisten modernen Beuten, rechnen wir mit durchschnittlich 1,5 Schwärmen pro Volk. Auf diese Weise kommen also 105 Schwärme hinzu. Angenommen die Schwärme bilden sich alle zur gleichen Zeit, so steigt die Populationsgröße für eine kurze Dauer auf 175 Bienenvölker an. Da der Wald aber nur 100 Baumhöhlen zur Verfügung hat und auch nur 100 Bienenvölker ernähren kann, werden 75 der 105 Schwärme aufgrund der begrenzten Ressourcen sterben. Dadurch erreicht die Population wieder ihre Anfangsgröße. Die Wintersterblichkeit liegt in diesem Beispiel bei 30 Prozent, die Schwarmsterberate sogar bei 71,4 Prozent.

Natürlich ist dies nur ein Beispiel, denn die Anzahl der Baumhöhlen und die Nahrungsgrundlagen in Form von Nektarpflanzen unterliegen neben zahlreichen anderen Faktoren einer starken Dynamik. Dennoch verdeutlicht es anschaulich, dass hohe Sterberaten in der Natur vollkommen normal sind und zudem die Grundlage der Anpassung und Evolution der Arten bilden.

In der Fachwelt und der Imkerei wird oftmals über die „natürliche" Wintersterblichkeitsrate gesprochen. Hier gibt es Angaben, die sich regelmäßig im niedrigen Bereich zwischen fünf und 20 Prozent bewegen. Tatsächlich sind diese Zahlen jedoch irreführend, denn das würde bedeuten, dass jedes Jahr 80 bis 95 Prozent an Bienenvölkern dazukämen, vorausgesetzt, jedes Volk würde nur einmal pro Jahr schwärmen. Schon bald würden wir auf Bienen laufen und Schwärme säßen in jedem Baum ...

Wenn die Anzahl sterbender Völker mit der Anzahl überlebender Schwärme übereinstimmt, ist die Populationsgröße stabil. Die natürlichen Sterberaten liegen aufgrund der Tatsache, dass jedes Muttervolk mehrere Schwärme erzeugt, wesentlich höher. Es überleben die bestangepassten. Auf diese Weise ist das Erbgut dynamisch und adaptiert sich beständig an die jeweiligen örtlichen Umweltbedingungen. Gesundes, vitales und optimal angepasstes Erbgut ist die Folge.

Es geht also nicht darum, jedes Bienenvolk am Leben zu erhalten und das Sterben als unnatürlichen Prozess zu betrachten, sondern darum, dass Bienenvölker sterben dürfen, ja sogar müssen, damit sich der Genpool fortlaufend an die Umweltbedingungen anpassen kann. Die Populationsgröße, mitsamt ihrer sterbenden und neu gebildeten Bienenvölker, ist hierbei entscheidend, nicht das einzelne Volk.

Analog gesprochen geht es nicht darum, jede einzelne Biene eines Bienenvolks am Leben zu (er)halten: Es geht um das Volk selbst. Ein Bienenvolk wird geschädigte Individuen zum Wohle der Gemeinschaft ausstoßen. So werden kranke Bienen zum Sterben von ihren Artgenossen aus dem Brutnest geworfen. Die hier von den Bienen selbst ausgeübte Selektion dient der Gesundheit des gesamten Organismus.

Die Grundlage, dass Nachkommen quasi im Überschuss erzeugt werden, garantiert letztendlich, dass auch größere Sterberaten – ausgelöst durch ungewöhnliche Faktoren wie zum Beispiel eingeschleppte Parasiten – von den Nachkommen überlebender, angepasster Honigbienenvölker schnell wieder kompensiert werden können.

Thomas Seeley teilte zu diesem Punkt seine ganz eigenen Erfahrungen auf dem Weimarer Bienensymposium 2018. Bevor Ende der 1970er-Jahre rund um das US-amerikanische Cornell die Varroamilbe auftrat, hatte er dort in den Wäldern bereits Dutzende wildlebende Bienenvölker kartografiert und auch DNS-Proben gesammelt. Nachdem die Varroamilbe Einzug hielt und die konventionellen Bienenvölker in der Umgebung zusammenbrachen, befürchtete Seeley, dass die meisten Höhlen bei seiner nächsten Expedition leer sein könnten.

Als er sich aufmachte, um die bereits bekannten Baumhöhlen aufzusuchen, wirkte es zunächst so, als sei dort gar nichts passiert. Die Baumhöhlen waren in gewohnter Anzahl von Bienen besiedelt. Spätere genetische Untersuchungen zeigten jedoch, dass ein Großteil der Bienenvölker nach Einzug der Varroamilbe zunächst zusammengebrochen war, jedoch im Anschluss von den überlebenden genetischen Linien durch Schwärme wieder ersetzt wurde[8].

Dieser Vorgang wird sich auch in den Wäldern anderer betroffener Länder nachvollzogen haben. Da hier ebenfalls kein Mensch mit Medikamenten eingreift, um nicht angepasstes Erbgut künstlich zu erhalten, werden entsprechende Linien entstanden sein.

Die vielen Meldungen wildlebender Völker und das Monitoring von zahlreichen mehrjährigen Völkern in Baumhöhlen deutscher Wälder verdeutlichen diese Tatsache[9].

Diese Völker existieren, obgleich sie von Imkereien und landwirtschaftlich genutzten Flächen umgeben sind. Bislang wurde immer angenommen, dass eine derartige Anpassung unter diesen Bedingungen nicht möglich sei, da ein wechselseitiger Austausch der Gene zwischen den Völkern in der Imkerei und den wildlebenden durch den Drohnenflug unvermeidlich ist. Hierbei werden aber unweigerlich auch an die Varroamilbe angepasste Gene auf die Bienen der Imkerei übertragen, wenn auch aufgrund der geringeren Anzahl im kleineren Verhältnis.

Natürliche Selektion unter unnatürlichen Lebensbedingungen

Die beste Genetik bleibt jedoch wirkungslos, wenn die Tiere unter artfremden, lebensfeindlichen Bedingungen gehalten werden. Allein die Kistenhaltung, zusammen mit den imkerlichen Manipulationen, stellen signifikante, unnatürliche Selektionsfaktoren dar, denen Bienenvölker zum Opfer fallen. Ganz gleich, ob sie die genetischen Informationen, die ihnen in der Natur ein Überleben ermöglichen würden, in sich tragen.

Hierfür gibt es zahlreiche Beispiele, eines davon sei hier aufgeführt:
Ein Bienenvolk in unserem Monitoring lebt bereits seit acht Jahren unangetastet in der Steinmauer einer Scheune. Dieses Volk gab dem dort lebenden Imkermeister seither in jedem Jahr einen Schwarm: „Leider haben diese Schwärme jedoch nicht die Eigenschaften des Muttervolks“, erklärte er uns. „Sie entwi-

[8] Weimarer Bienensymposium 2019 – Vortrag Prof. Thomas Dyer Seeley

[9] u. a. beenature-project.com ; www.beetrees.org ; https://link.springer.com/article/10.1007/s13592-015-0412-8 – Natural Varroa mite-surviving Apis mellifera honeybee populations 2015

ckeln in den Kisten die gleichen Probleme wie die anderen Bienenvölker auch und müssen entsprechend behandelt werden (...)".

Fazit: Der Schwarm wird von der Altkönigin begleitet, welche die Mutter aller in der Mauer und im Schwarm lebenden Bienen ist. Ihre Genetik bestimmt die Eigenschaften des Volks. Da sie es ist, die in der Kiste ein neues Volk aufbaut, können sich die Genetik und die Eigenschaften gar nicht verändert haben. Was sich jedoch verändert, ist die Behausung und die Tatsache, dass die Biene durch imkerliche Eingriffe zum Nutztier gemacht wird. Solche Beispiele lassen keine anderen Schlüsse zu, als dass die auftretenden, typischen Symptome der Haltungsform und Betriebsweise geschuldet sind.

Umso fragwürdiger erscheinen die derzeitigen Ansätze, Honigbienen, die in absolut unnatürlichen Bedingungen (Standardbeuten) leben und zudem manchmal gleichzeitig wirtschaftlich genutzt werden, der „natürlichen Selektion" zu übergeben.

Denn dabei treten regelmäßig horrende Verluste auf. Das System ist vergleichbar mit der Idee, in der konventionellen Intensivtierhaltung die Medikation einzustellen. Obwohl eine solche Selektion offenbar in einigen Regionen möglich ist, bedeutet dies nicht, dass die aus dieser Selektionsform stammenden Bienenvölker auch in der Natur und unabhängig vom Menschen überlebensfähig sind.

Ein weiterer Punkt ist, dass Bienen, die in Kisten die Selektion durch die Varroamilbe überstehen, oftmals nicht die imkerlich gewünschten Kriterien aufweisen. Ein gutes Beispiel hierfür ist das Gotlandprojekt. Im Jahr 1999 wurden 150 Bienenvölker verschiedener Abstammung auf die Insel Gotland gebracht und sich selbst überlassen. Die Bienen waren in einzargigen, dünnwandigen Standardkisten aus Holz und auf Rähmchen untergebracht (eine Zarge entspricht einer Kiste eines erweiterungsfähigen Bienenstocks). Im Mai 2004 waren gerade noch sieben der Völker am Leben. Zwei Jahre später war die Population wieder auf 13 Völker gestiegen. Die Sterberate war von über 75 Prozent im Jahre 2002 auf nur zehn bis 20 Prozent in den Jahren 2004 bis 2006 gesunken[10].

Das Bienenforschungsinstitut in Stuttgart-Hohenheim berichtete über Versuche mit Gotlandköniginnen und bestätigte die Überlebensfähigkeit der unbehandelten Völker, die auf einem Truppenübungsplatz in Münsingen (Schwäbische Alb) aufgestellt wurden. Hier zeigte sich, dass die Gotlandvölker – bei vergleichbarer Startinfektion im Frühjahr – im Spätsommer weniger stark mit Var-

---

[10] Varroa und Bienen – ein Fall für die Dauerbehandlung (Bericht Gotland SBZ 2007)

roamilben belastet waren als die Vergleichsvölker. Ihr Verhalten lasse sich aber beim besten Willen nicht unter dem Begriff „Sanftmut" einordnen[11] (...) Bei den Vergleichsvölkern war der Varroabefall im August 2004 mit rund 10 000 Milben etwa doppelt so hoch wie bei den Gotlandvölkern, was in erster Linie mit deren „schlechteren" Volksentwicklung erklärt wurde. Weiterhin wurde bestätigt, dass die Inselvölker zäher seien und auch aus einer Handvoll Bienen wieder ein starkes Volk bilden konnten.

Als Ergebnis wird vermerkt, dass die geringere Volksstärke zwar eine effektive Überlebensstrategie darstelle, dies unter imkerlich-wirtschaftlichen Gesichtspunkten jedoch nicht sehr viel weiterhelfe.[12]

Dieses bemerkenswerte Fazit zeigt auf, dass es hierbei primär nicht um den Erhalt der Honigbienen geht, sondern in erster Linie um ihre wirtschaftliche Nutzbarkeit. Natürliches Verhalten, das sich auf die Wirtschaftlichkeit auswirkt, ist offenbar unerwünscht, auch wenn es eine behandlungsfreie Überlebensfähigkeit ermöglicht. Das Ziel der heutigen Selektionsverfahren ist es, die Bienen in der jetzigen artfremden Haltungsform varroaresistent zu züchten, ohne dabei die Betriebsweise oder das Maß an Ausbeutung zu verändern.

Diese Auffassung mag zwar mit den Anforderungen von Berufsimkern konform sein, jedoch reflektiert diese Einstellung nicht die Mehrheit der Freizeitimker, welche bei weitem den größten Teil ausmachen. Die Imkerei in Deutschland zählt aktuell (mit Stand 2019) etwa 130 000 Imker, von denen nur etwa 500 als Berufsimker gemeldet sind[13]. Der überwiegende Anteil der Bienenhalter verfolgt jedoch idealistische Ziele und möchte den Bienen und der Natur helfen. Die hier für eine Minderheit zugrunde gelegten Kriterien bilden daher keine Mehrheitsmeinung und gehen am Zeitgeist vorbei.

Ob es die erhofften „Wunderbienen" irgendwann geben wird, sei dahingestellt. Betrachtet man die Gesamtarbeitskapazität eines Bienenvolks und berechnet, wie viel dieser Kapazität durch die imkerliche Betriebsweise gebunden wird, so scheint die Rechnung nicht aufzugehen. Darüber hinaus wäre es unter biologischen Gesichtspunkten naheliegend, dass solche künstlich erschaffenen Völker unter naturorientierten Bedingungen gar nicht mehr zurechtkämen und weiterhin auf menschliche Manipulationen angewiesen wären – wie etwa Raumerweiterungen. So sahen wir bereits Wirtschaftsvölker, die sich durch die Verhonigung des Brutfeldes (das Brutfeld wird dabei durch den übermäßigen

[11] Hohenheim aktuell 2005/10 / Gotlandversuch 1
[12] Hohenheim aktuell 2007/10 / Gotlandversuch 2
[13] https://de.wikipedia.org/wiki/Imkerei_in_Deutschland

Eintrag an Nektar so stark verkleinert, dass das Volk die für den Fortbestand erforderliche Nachwuchsmenge unterschreitet) selber abschafften, als wir keine Raumerweiterung vornahmen.

Wenn wir die Honigbienen jedoch als wildlebende und vom Menschen unabhängig überlebensfähige Spezies erhalten wollen, dann kann dies nur geschehen, indem man ihnen zunächst naturorientierte, artgerechte Lebensbedingungen ermöglicht und sie dann der natürlichen Selektion übergibt. Die Bienen müssen hierbei von allen unnatürlichen Fesseln wie der Rähmchen- und Kistenhaltung, der wirtschaftlichen Nutzung sowie vom menschlichen Kriterienkatalog befreit werden. Dass ein Bienenvolk sämtliche Eigenschaften aufweist, um unabhängig überlebensfähig zu sein, ist alles worauf es ankommt!

Diese Forderung wird insbesondere durch das Monitoring der wildlebenden Bienenvölker untermauert, die zu ganz anderen Verhaltensweisen in der Lage sind als ihre Artgenossen in der Kiste.

Die Baumhöhle – das perfekte Habitat

Baumhöhlen weisen überwiegend eine zylindrische Form auf (hoch, kleiner Durchmesser, dicke Wandstärken). Die von den Bienen erzeugte Wärme konzentriert sich somit auf einen kleinen Durchmesser (warme Luft steigt aufgrund der geringeren Dichte nach oben) und staut sich dann von oben sukzessive nach unten zurück, während sie auf dem Weg nach unten zunehmend an Temperatur verliert. Auf diese Weise bleibt die Wärme für die Bienen nicht nur erhalten, sondern umgibt die Bienen mitsamt ihren Waben und bleibt hervorragend isoliert (siehe Abbildung S. 35).

Baumhöhlen in der Natur sind stets unterschiedlich, dennoch haben sich im Laufe der Evolution bestimmte Präferenzen bei den Bienen entwickelt. Ihre Auswahlkriterien sind ein Ergebnis der natürlichen Selektion. Bienenvölker, die sich im Laufe von Jahrmillionen für bestimmte Geometrien und Höhen entschieden, überlebten erfolgreicher und gaben somit diese Informationen an ihre heute lebenden Nachfahren weiter. Thomas Seeley machte ausgiebige Untersuchungen zu ihren Auswahlkriterien[14]:

- Gibt man Bienenschwärmen die Wahl zwischen einer Geometrie mit zehn Liter Volumen und einer mit 40 Liter, entscheiden sie sich für die 40 Liter;
- gibt man ihnen die Wahl zwischen zehn Liter und 100 Liter, entscheiden sie sich für die zehn Liter Volumen;

[14] The live of bees, Thomas D. Seeley p. 99–139; Vortrag Seeley Weimarer Bienensymposium 2018 & Learning from the bees conference Berlin 2019

- gibt man ihnen die Wahl zwischen zehn Liter und 25 Liter, entscheiden sie sich für die 25 Liter Volumen;
- lässt man sie zwischen einer Höhe von einem und fünf Meter wählen, entscheiden sie sich für die fünf Meter.

Thomas Seeley ermittelte experimentell, dass Volumen zwischen 30 Liter und 60 Liter bevorzugt werden. Selten zogen Schwärme in ein Volumen von nur 20 Liter ein. Besonders bezeichnend ist ihre Auswahl bezüglich der 100-Liter-Geometrie, welche sie stets ablehnten. So bevorzugen sie sogar ein Volumen von nur zehn Liter gegenüber 100 Liter, obwohl zehn Liter offensichtlich von der Größe ebenfalls ungeeignet sind. Dieses wird deutlich, da wiederum Volumina zwischen 25 Liter bis 60 Liter gegenüber zehn Liter bevorzugt werden.

In einem weiteren Versuch zur Überlebensfähigkeit von Bienenvölkern in unterschiedlichen Volumina fielen die Ergebnisse ebenfalls beeindruckend eindeutig aus. Seeley richtete hierbei im Jahre 2012 zwei Bienenstände in einigen Hundert Metern Abstand ein. Die Bienenvölker kamen alle von einem Züchter und waren sich genetisch ähnlich. Zwölf Bienenkolonien wurden auf jeweils einer Zarge mit dem Volumen von 40 Liter gehalten, während die zwölf Vergleichsvölker an dem anderen Standort auf drei Zargen, also in einem Volumen von 120 Liter, gehalten wurden. Im folgenden Sommer (2013) schwärmten zehn der zwölf Völker aus den 40-Liter-Stöcken, aber nur zwei von zwölf Bienenvölkern aus den großvolumigen Kisten. Am Ende des Sommers lag die Varroamilbenparasitierung in den großen Völkern bei 6,2 ± 3,5 auf 100 Bienen, während die Belastung in den kleinen Völkern nur bei 1,1 ± 1,6 Milben auf 100 Bienen lag. Darüber hinaus konnten in einem Drittel der großen Völker Bienen mit deformierten Flügeln festgestellt werden, während keines der kleineren Völker solche Symptome aufwies. Über den Winter 2013/2014 starben zehn der zwölf großvolumigen Völker, jedoch nur zwei der kleinvolumigen Bienenkolonien[15].

Wie kann es also sein, dass ausladende Großraumbeuten mit weit über 100 Liter oder geometrisch ungünstige, besonders wärmeverströmende Bienenkisten mit über 90 Liter Rauminhalt als besonders „wesensgemäß" propagiert werden, wenn die natürliche Selektion über Jahrmillionen bewiesen hat, dass das „Wesen der Bienen" in solchen Volumina gar nicht leben möchte, ja sogar weniger überlebensfähig ist? Wie kann es überhaupt gerechtfertigt werden, dass fast alle Beuten im Laufe des Sommers standardmäßig auf weit über 100 Liter, ja sogar manchmal bis zu 200 Liter erweitert werden und man dabei noch von „naturgemäß oder wesensgemäß" spricht?

---

[15] Thomas D. Seeley, The lives of bees – the untold story of the honey bee in the wild. Princeton University Press, 2019. ISBN 978-0-691-16676-6

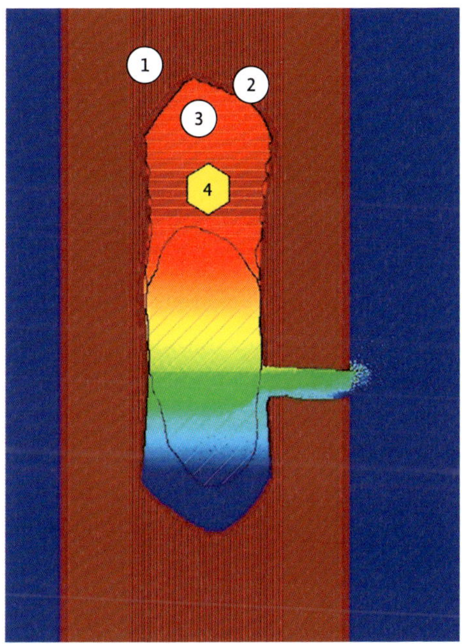

1. *Die offenen Holzkanäle absorbieren und resorbieren Feuchtigkeit aus der umgebenden Atmosphäre. Ist die umgebende Luft trockener als das Holz, wird Wasser aus dem Holz an die Atmosphäre abgegeben und umgekehrt. Der gesamte Stamm funktioniert dabei wie ein großes Reservoir für Feuchtigkeit und Temperatur. Im Resultat sind die klimatischen Bedingungen innerhalb der Baumhöhlen extrem stabil, ganz anders als in imkerlichen Standardbeuten.* **2.** *Die Propolisschicht gibt flüchtige antibiotische Substanzen an die Baumhöhlenatmosphäre ab: Dadurch werden pathogene Keime wie Schimmelsporen und Bakterien sterilisiert. Kondensationswasser, das sich direkt auf dem Propolis bildete, zeigte im Labor ebenfalls antibiotische Eigenschaften. Wenn Bienen dieses Kondenswasser wieder aufnehmen, trinken sie ihre eigene Medizin.* **3.** *Die von den Bienen erwärmte Luft konzentriert sich auf einen kleinen Durchmesser und erwärmt ebenfalls die Vorratswaben, die diese Wärme speichern. Jede Wabengasse formt einen geschlossenen Raum, in dem die Wärme gehalten wird. Die massiven Wände isolieren sehr gut und verhindern so, dass die Wärmeenergie nach außen dringt. Zeitgleich speichern sie auch die Temperaturverhältnisse der Umgebung. Dadurch entsteht ein wetterunabhängiges, stabiles Innenklima. Die Luft staut sich sukzessive von oben nach unten zurück und verliert dabei zunehmend an Temperatur.* **4.** *Das Bienenvolk ernährt sich während der Wintermonate von dem eingelagerten Vorrat. Durch die hervorragende Isolation und Geometrie beträgt der Winterbedarf eines Baumhöhlenvolks nur etwa 2–4 Kilogramm während der sechsmonatigen Winterzeit.* **5.** *Das CO_2, das von den Bienen ausgeatmet wird, ist schwerer als Luft und sinkt daher zum Höhlenboden. Dort wird es durch das relativ kleine Flugloch (durch Prozesse der Diffusion sowie leichte Luftbewegungen) mit frischer Luft ausgetauscht. Auf diese Weise geht nur in geringem Maße Wärmeenergie verloren.* **6.** *Der Höhlenboden ist der kälteste Teil und erreicht in der Winterzeit fast Außentemperaturen. Während der Sommerzeit ernährt sich eine vielfältige Mikrofauna, bestehend aus Hunderten verschiedener Arten, von dem organischen Bienengemüll.* **7.** *Die äußeren Wetterbedingungen werden vom gesamten Stamm als Durchschnitt gespeichert. Kurzzeitige Wetterveränderungen zeigen daher ähnlich wie bei einem See, der ebenfalls über eine große Masse verfügt, keine Auswirkungen in der Baumhöhle im Innern.*

Baumhöhlen zeichnen sich darüber hinaus durch eine Vielzahl besonderer physikalischer Eigenschaften aus. Diese erschaffen in ihrer Summe eine bemerkenswerte und wetterunabhängige Klimastabilität, ganz ähnlich wie in unseren Häusern. Temperaturunterschiede, die sich im Laufe des Tages zeigen, haben somit meist keinen Einfluss auf das Klima im Baum. Die Gründe liegen nicht nur in der zylindrischen, eher runden Geometrie, dem Volumen und den

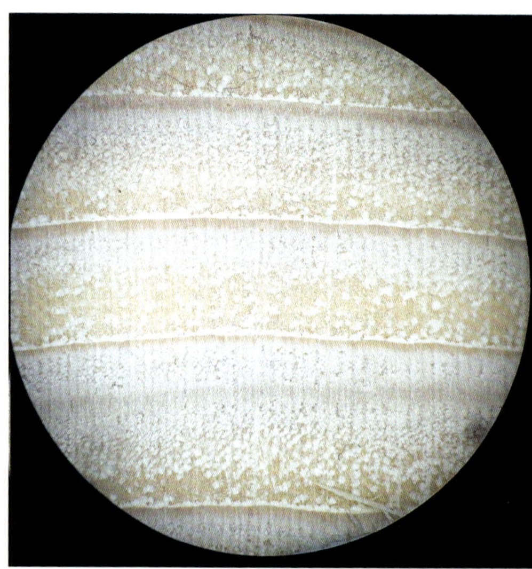

Jahresringe einer Fichte (Stirnholzansicht). Die Nadelhölzer gehören von ihrer Holzmorphologie (vom inneren Aufbau) zu den unporigen Hölzern. Das bedeutet, sie bestehen überwiegend aus fragilen Leitbahnen, welche den Baum versorgen.

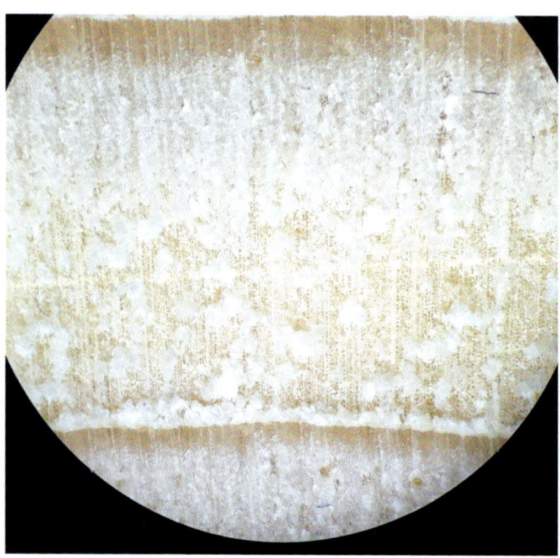

Zwischen den dichten (festen) Jahresringen befindet sich ein leichtes, schwammartiges Gewebe (die ehemaligen Leitbahnen). Durch den hohen Luftanteil isoliert Nadelholz gut. Auch die Wasseraufnahmekapazität ist ähnlich die eines Schwammes.

Aufsicht auf Holzkanäle einer Eiche im Detail; gut zu sehen die transparenten Gefäßverschlüsse (Verthyllung). Der Baum sorgt mit einem durchscheinenden, schnell aushärtenden Sekret dafür, dass die Kanäle im Falle eines Druckabfalls geschlossen werden. Auf diese Weise wird das Leck im System gestopft und verhindert, dass die Versorgung des Blattwerks größere Einschränkungen erfährt. Die auf diese Weise geschlossenen Poren sorgen letztendlich dafür, dass die Feuchtigkeit, die im Inneren der bienenbesetzten Baumhöhlen entsteht, im Vergleich zu offen-porigen Hölzern nur sehr langsam absorbiert werden kann. Dies führt zu sehr feuchten Bedingungen im Inneren.

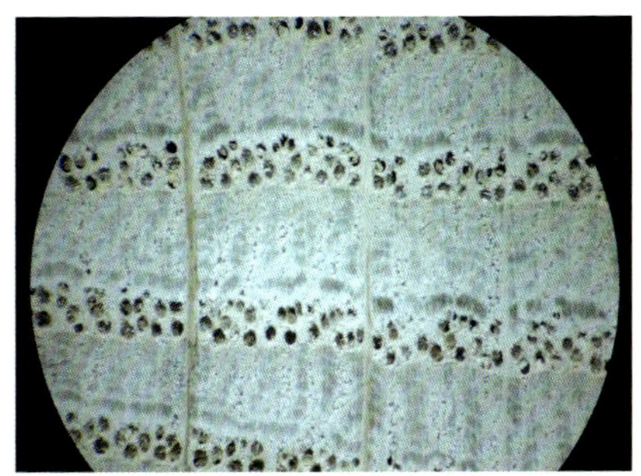

Aufsicht auf die Holzkanäle einer Eiche (Ringporer).
Ringporige Bäume (z. B. Eichen, Ulmen oder Eschen) bilden im Frühjahr wenige, aber dafür relativ große und deutlich sichtbare Versorgungskanäle aus. In der restlichen vegetativen Phase wird festes Stützgewebe produziert, daher sind diese Hölzer sehr dicht und schwer.

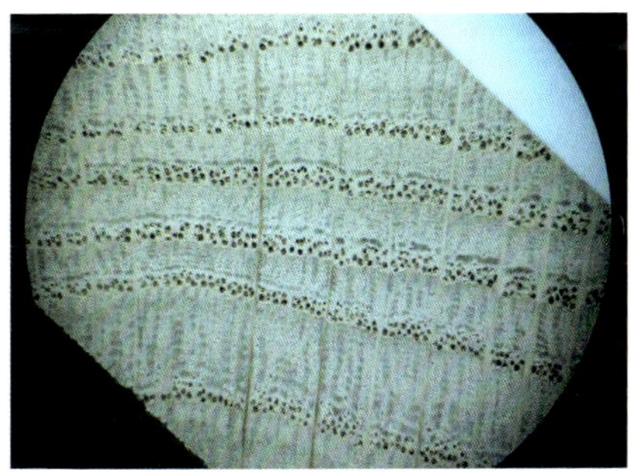

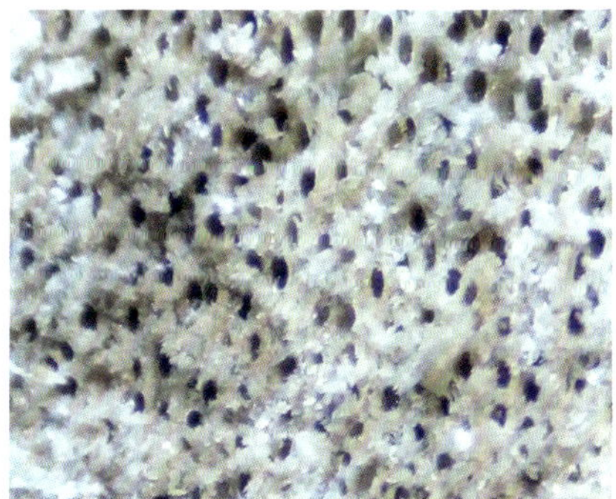

Stirnholzkanäle einer Buche (Zerstreutporer).
Zerstreutporige Hölzer (z. B. Linde, Buche oder Pappel) bilden in der vegetativen Phase des Sommers vielzählige, regelmäßige Leitbahnen aus. Anders als bei unporigen Hölzern befindet sich umliegend jedoch festes Stützgewebe, sodass die Holzdichte gegenüber Nadelhölzern deutlich erhöht ist.

Holzkanäle der Buche angeschnitten.
Die Kanäle durchziehen das gesamte Holz und steigern die Absorptionskapazität für Feuchtigkeit erheblich. Gegen die Faser ist das Holz jedoch sehr dicht (Fassprinzip). Aus einem Holzfass läuft nichts aus, da die Bretter mit der Faser gesägt sind und die Kanäle keine Verbindung nach außen haben.

Wandstärken, sondern auch in der Holzmasse, die ähnlich wie ein See die Umgebungstemperatur speichert. Darüber hinaus spielt die Holzmorphologie (also der innere Aufbau des Holzes) ebenfalls eine wichtige Rolle.

Mikroskopisch betrachtet und vereinfacht ausgedrückt handelt es sich bei einem Stück Holz um ein Bündel mikroskopisch kleiner, zusammengewachsener Holzkanäle. Diese Leitbahnen versorgen den Baum mit Nährstoffen und Wasser.

Dabei verhält sich insbesondere das Stirnholz wie ein Schwamm, der nicht nur die Umgebungstemperatur, sondern auch die Feuchtigkeit speichert. Dieser Vorgang wird mit dem Begriff Holzausgleichsfeuchte betitelt. Die Holzfeuchte drückt hingegen aus, wie viel Wasser prozentual zum Holzgewicht vorhanden ist. Dabei passt das Holz die eigene Feuchte dem jeweiligen Klima der Umgebung an (Holzausgleichsfeuchte).

Wenn es in der umgebenden Atmosphäre sehr feucht wird, dann führt das somit auch zu einer Änderung des Wassergehalts im Holz. Ähnlich einem Schwamm, der Feuchtigkeit aufnimmt und dabei zeitgleich an Volumen zunimmt, expandiert ein Holzstück bei der Aufnahme.

Wird die umgebende Atmosphäre wieder trockener, gibt auch das Holz die eingelagerte Feuchtigkeit bis hin zur Holzausgleichsfeuchte wieder an die Atmosphäre ab. Dieser Vorgang ist parallel mit einer Kontraktion des Holzes verbunden.

Eine Baumhöhle weist im Inneren zahlreiche offene Holzkanäle auf. Diese nehmen unter anderem die von den Bienen bei der Verstoffwechselung des Honigs erzeugte Feuchtigkeit auf. Das Holz speichert in der Winterzeit also nicht nur die durchschnittlich niedrigen Temperaturen der umgebenden Atmosphäre, sondern auch die relativ hohe Umgebungsfeuchte ein. Wenn nun im Frühjahr die ersten warmen Tage kommen, bleibt es auf diese Weise im Innern der Baumhöhle klimatisch stabil. Die Holzmasse sorgt dafür, dass schnelle Temperatursprünge unterbleiben. Auch zügige Veränderungen der Luftfeuchtigkeit in der umgebenden Atmosphäre werden durch den Effekt der Holzausgleichsfeuchte im Innern der Baumhöhlen nicht nachvollzogen. Fallen die Werte der relativen Luftfeuchtigkeit in der Umgebung ab, gibt das Holz zunächst ebenfalls kontinuierlich Feuchtigkeit an die Umgebung ab (auch an die Luft innerhalb der Baumhöhlen), sodass keine sprunghaften Veränderungen vorkommen. Wird es in der umgebenden Atmosphäre hingegen feuchter, so nimmt auch das Holz wiederum Feuchtigkeit auf.

Baumhöhle in einer Linde bei Kiel. Mitte 2016 begann unsere bis dato beispiellose Messreihe an wildlebenden Honigbienenvölkern. Hierbei wurden die klimatischen Verhältnisse (Temperatur und Feuchtigkeit) außerhalb und im Inneren der Baumhöhlen erfasst.

Übersicht des Baumstammes mit angebrachter Messtechnik.

Einblick in eine geheimnisvolle Welt, am Ende des Kabels befindet sich ein geeichter Sensor. Auf Funkübertragungstechnik wurde bewusst verzichtet, da Bienen sensibel auf elektromagnetische Wellenstrahlung reagieren.

Ein Walnussbaum bei Krefeld. Das in diesem Baum lebende Bienenvolk wird technisch überwacht.

Der angebrachte Außensensor mit dem darunterliegenden Innensensor. Um diesen im oberen Bereich der Höhle zu platzieren, wurde eine 12 cm tiefe Bohrung vorgenommen.

Ein typisches Beispiel für den sogenannten Wirrbau. Die Bienen verschließen mit einer Wabe den Eingangsbereich des Fluglochs. Dieses Verhalten tritt regelmäßig dann auf, wenn das Flugloch in der Höhle im oberen Bereich liegt und die Wärme aufgrund ihrer geringeren Dichte aus der Höhle strömen würde. So verhindern die Bienen einen ungünstigen Wärmeverlust. Diese Fähigkeit wird den Bienen in der modernen Imkerei aufgrund der Rähmchen und dem vom Menschen vorgegebenen Wabenbau genommen.

Die Schildwaben werden stark propolisiert, um pathogenes Wachstum (z. B. Schimmel) zu verhindern. Da im Ausgangsbereich warme und feuchte Luft aus dem Inneren des Bienennests auf den kälteren Außenbereich trifft, bildet sich hier oftmals Kondensation, die das Schimmelwachstum begünstigt. Deutlich zu sehen ist die von den Bienen selbst gebaute Öffnung, welche hier deutlich kleiner ausfällt, um den Wärmeverlust entsprechend zu minimieren. Ferner verschließen die Bienen mit ihrem Körper die Öffnung und verringern somit zusätzlich das Ausströmen von warmer Luft. Schildwaben und eigene Fluglochgeometrien werden in der modernen Imkerei und Stockbauweise physikalisch verhindert.

Einige Baumhöhlen weisen nur einen Innendurchmesser von zehn Zentimetern auf, die Länge ist dafür mit 1,40 Meter beachtlich. Auch dieses Bienenvolk hat den Winter überlebt. Die Färbung des Wabenbaus ließ vermuten, dass die Bienen bereits mehrjährig in dieser Baumhöhle leben, obwohl die Geometrie nur ein Gesamtvolumen von etwa elf Litern aufweist. Die Untersuchungen von Thomas Seeley zeigen eindrücklich, dass Bienen eine solch kleine Geometrie einem großen Volumen von 100 Litern vorziehen. Diese Präferenz stammt aus der natürlichen Selektion und drückt somit aus, dass Bienen kleinere Geometrien mit einer höheren Wahrscheinlichkeit überleben als zu große Volumina, was vermutlich auf den Wärmehaushalt zurückzuführen ist.

Blick in das unten liegende Flugloch einer bienenbesetzten Baumhöhle. Die Waben sind tiefbraun, ein Zeichen dafür, dass dieses Bienenvolk bereits seit längerer Zeit die Kavität bewohnt. Da hier kein nennenswerter Wärmeenergieverlust auftritt, bleibt die Wabe unpropolisiert.

1 *Massiver Eichenstamm; diese ehemalige „Klotzbeute" steht auf dem Kopf, sodass das Flugloch, welches in der Zeidlerei traditionell oben liegt, nun für einen besseren Wärmeenergiehaushalt unten positioniert ist (siehe Pfeil). Die von Menschen geschnitzte Kavität wurde mit mehr als einem Dutzend Bohrungen versehen, sodass das darin lebende Bienenvolk auf allen Ebenen sensortechnisch erfasst werden kann. Darüber hinaus können die Zugänge, welche mit Korken versiegelt werden, unter anderem auch für endoskopische Expeditionen und zur Probenentnahme verwendet werden.*

2 *Die Öffnung, durch welche die Höhle geschnitzt wurde zeigt die Länge der Höhle und ist mit einem dreigeteilten massiven Brett verschlossen. Die Ritzen und Spalten wurden mit einer Hanf-Lehm-Mischung gefüllt. Die roten Kreise zeigen die verschiedenen Zugänge sowie die kabelgebundenen Sensoren. Da der Verschluss eine geringere Stärke aufweist als der Rest des Stammes, entsteht hier auf ganzer Länge eine Kältebrücke. Dieser Bereich ist somit kälter als der Rest der Höhle, was dazu führt, dass die Nestduftwärmebindung ihre antibiotische Wirkung etwas einbüßt und sich ansatzweise Schimmelwachstum zeigt, wohingegen ein paar Zentimeter weiter keine entsprechenden Pathogene nachgewiesen werden konnten. An diesem Beispiel wird deutlich, wie wichtig eine gleichmäßige Wärmeverteilung für die Wirksamkeit der antibiotischen Stockatmosphäre ist. Alle heutigen Standardbeuten weisen rechtwinklige Formen auf, was eine gleichmäßige Verteilung der Wärme verhindert und somit das Schimmelwachstum begünstigt.*

3 *Das in der Zeidlerei übliche große viereckige Flugloch wurde ebenfalls mit Lehm verengt (kleiner roter Kreis). Aus dieser Messanordnung gewannen wir wertvolle Daten und Informationen darüber, wie Bienen den Innenraum einer Baumhöhle erwärmen und wie es ihnen gelingt, eine lineare Klimastabilität zu erzeugen.*

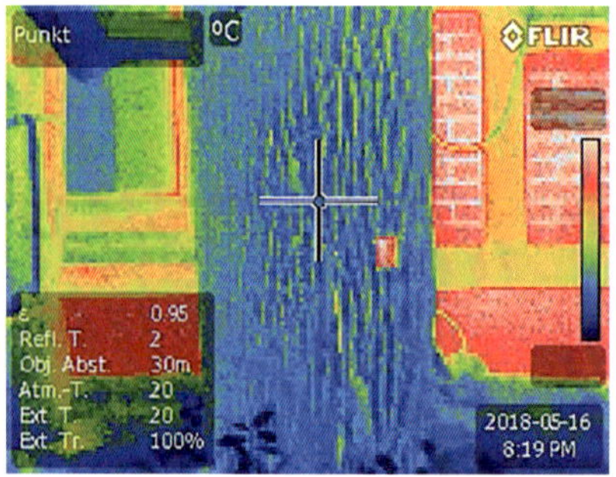

Der Blick durch die Infrarotkamera zeigt den massiven, von Bienen besetzten Messstamm im Mai 2018. Die blaue Farbe zeigt einen bemerkenswert geringen Wärmeverlust. Das rote Viereck markiert das Einflugloch in die Bienenhöhle, in der eine Temperatur von 36 °Celsius herrschte. Im Hintergrund leuchtet mein „Niedrigenergiehaus" in allen Farben, obwohl die Innentemperatur 12 °Celsius unter der der Eichenkavität lag. Die Natur verfügt hier offensichtlich über ein besseres Modell.

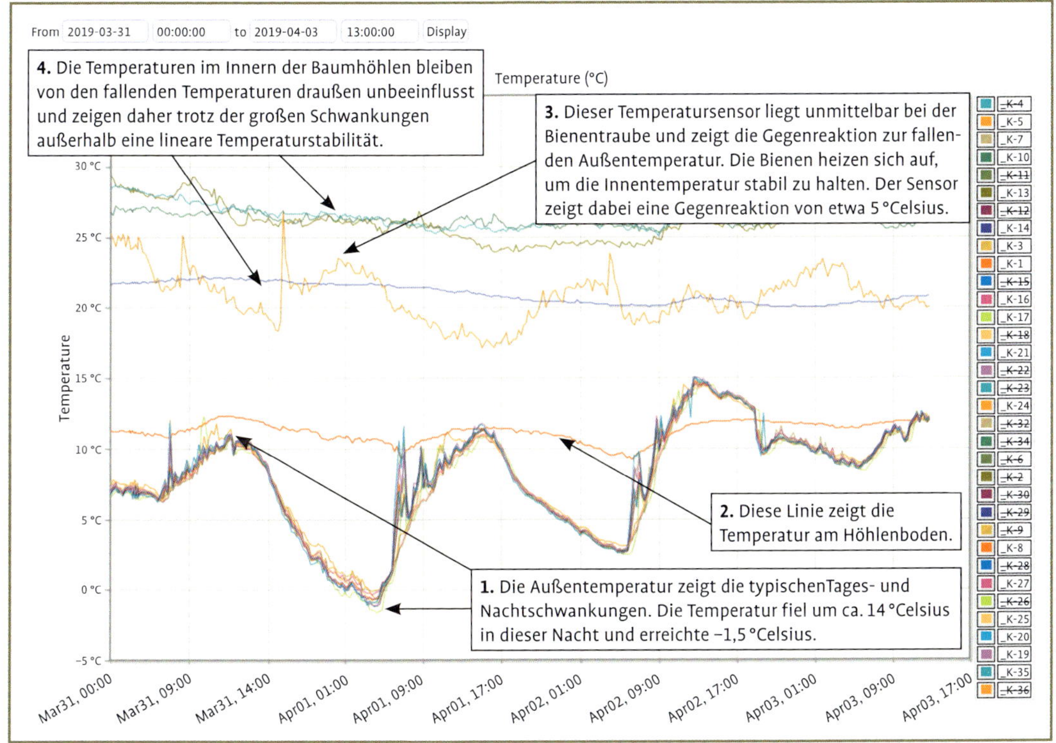

Detailansicht: Die Temperaturregulation der Bienen in Baumhöhlen unter Frostbedingungen Messreihe aus derselben Eichenkavität im Winter 2018/2019. Obwohl die Außentemperaturen stark variieren und sogar Minustemperaturen erreichen, bleibt die Temperatur im Inneren stabil. Der geringe Wärmeverlust sowie der im Vergleich zu den Beuten geringe Höhlendurchmesser und die dicken Wände erlauben eine wetterunabhängige Klimastabilität im Inneren: Bedingungen, die in keiner Standardbeute der modernen Imkerei zu finden sind.

Die daraus resultierende, bemerkenswerterweise fast lineare Klimastabilität wird durch das Mikroklima des Waldes noch verstärkt. Die Honigbienen sind evolutionär gesehen Waldlebewesen. In einem Wald herrscht ein eigenes, stabiles Mikroklima. Im Sommer wird es hier nicht so heiß und trocken, im Winter nicht so kalt. Der Wind wird durch zahlreiche Äste sowie das Blattwerk gebrochen und die Stämme, welche die Baumhöhlen beherbergen, sind in der Regel vor direktem Sonnenlicht und Regen geschützt. Ein einziger Baum entwickelt dabei eine schattenspendende Blattoberfläche von Hunderten, manchmal Tausenden von Quadratmetern, die jeden Tag Hunderte Liter an Wasser verdampfen, welche die Umgebungsatmosphäre nicht nur befeuchten, sondern auch kühlen (Verdunstungskälte). Siehe hierzu auch S. 78/79 (Standortwahl).

Hinzu kommt die Propolisierung der Innenflächen von bienenbesetzten Baumhöhlen. Diese sehr gründlich aufgetragene Propolisschicht sorgt nicht nur für sterile Bedingungen, die regelmäßig in der modernden Imkerei auftretende Bienenkrankheiten ursächlich verhindern. Sie weist zudem auch einen klimatischen Effekt auf (Propoliseffekt; siehe beenature-project.com).

PROPOLIS – EIN GANZ BESONDERER STOFF

Anders als bislang angenommen dient Propolis nicht nur der Stockhygiene, sondern weist zudem einen klimatischen Effekt auf. Die von Bienen aufgetragene Propolisschicht lässt Wasserdampf fast ungehindert passieren (ist wasserdampfdurchlässig), sie hält jedoch flüssiges Wasser zurück. Dieses Verhalten bedingt, dass die von den Bienen beim Verstoffwechseln des Honigs entstehende Feuchtigkeit zwar von den überwiegend oben und unten liegenden offenen Holzkanälen aufgenommen werden kann, die daraus resultierende Holzfeuchte jedoch nur verlangsamt wieder in die Baumhöhle zurück diffundiert. Durch diesen Effekt bleibt das Innenklima entsprechend propolisierter Baumhöhlen im Vergleich zu unpropolisierten etwas trockener. Bisher wurde angenommen, dass dadurch das Wachstumsrisiko pathogener Keime wie etwa Schimmel minimiert würde. Neuere Untersuchungen zeigen jedoch, dass Kondenswasser in Baumhöhlen (ganz anders als in Bienenstöcken) aufgrund der sterilisierenden Atmosphäre gar nicht zu pathogenem Wachstum führt und das Wasser für die Bienen sogar von Vorteil ist.

Links: Zwei Plexiglasgefäße mit identischen Ausmaßen werden jeweils mit einem aus dem selben Stammabschnitt stammenden Holzstück ausgestattet. Das eine wurde den Bienen zum Propolisieren in den Bienenstock gegeben, das andere blieb unbehandelt. Die durch die Bohrung eingeführten Stecker wurden daraufhin mit geeichten Temperatur- und Feuchtigkeitssensoren ausgestattet.
Rechts: Die beiden „künstlichen Baumhöhlen" während der Testung. Die im Inneren der Gefäße befindlichen und mit einer Glühbirne ausgestatteten Becher dienen als Wärmequelle (künstliches Bienenvolk) und Wasserreservoir (ein Bienenvolk produziert bei der Wärmeerzeugung Wasser). Mit einer kleinen Kanüle wurde Wasser in die Becher injiziert, das durch die Wärme der Glühbirne verdampfte. Die Stromleistung der Wärmequelle war so justiert, dass im Bereich des Sensors eine Durchschnittstemperatur von 24 °Celsius erreicht wurde. Die erfassten Daten wurden graphisch ausgewertet.

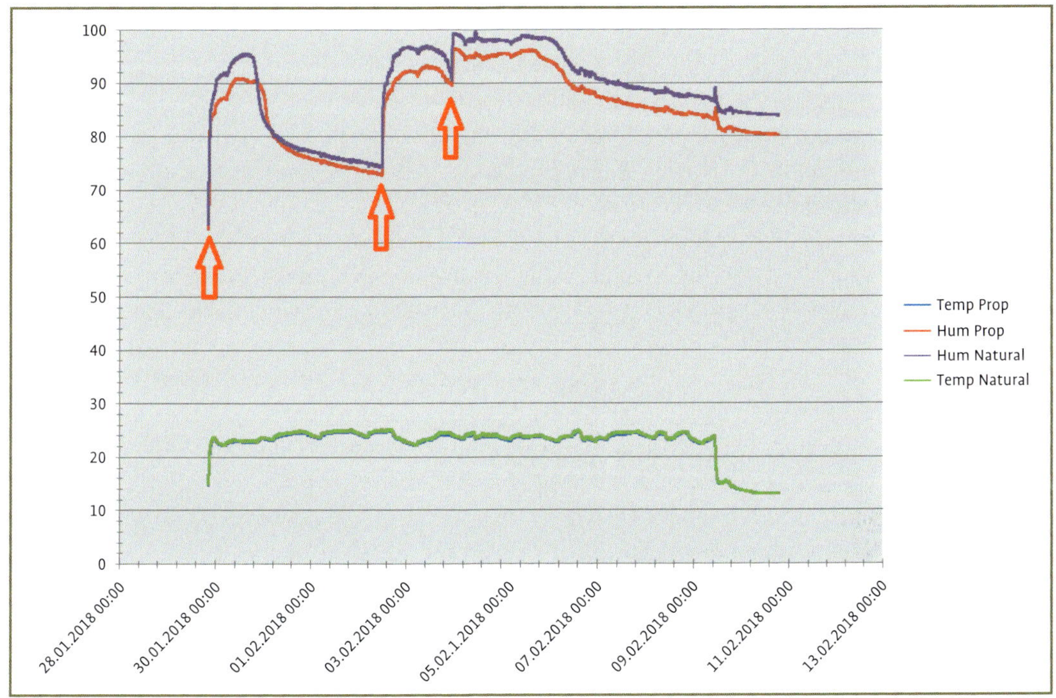

Versuchsverlauf: Der Temperaturverlauf (blaue und überlappende grüne Linie) war in beiden Gefäßen nahezu identisch und zeigte im Gesamtdurchschnitt nur eine Differenz von 0,2 °Celsius. Für die Feuchtigkeitsmessung wurden insgesamt drei Injektionen (Pfeilmarkierungen) in die Becher gegeben. Die ersten beiden enthielten jeweils 1 ml Wasser, die dritte 0,5 ml. Die Luftfeuchtigkeit im Inneren der beiden Zylinder erwies sich, nachdem eines der Hölzer von den Bienen propolisiert worden war, als unterschiedlich: Im Zylinder mit dem propolisbeschichteten Holzstück zeigte sich im Durchschnitt eine um drei Prozent geringere Luftfeuchtigkeit. Dieser Effekt wird wahrscheinlich dadurch erzeugt, dass das in den Holzkanälen kondensierte Wasser von der Propolisschicht zurückgehalten und somit eine Re-Befeuchtung der Zylinderatmosphäre verlangsamt wird. Ob dieser Effekt Auswirkungen auf die Bienen hat, ist bislang unerforscht.

Zur Erläuterung: Die durch das Verstoffwechseln des Honigs entstehende Feuchtigkeit wird von den Bienen als Wasserdampf ausgeschieden. Der Wasserdampf durchdringt (durch den entstehenden Dampfdruck) die Propolisschicht und wird in den Holzkanälen des Stirnholzes eingelagert. Dort kondensiert er und sammelt sich durch die Adhäsionskräfte in flüssiger Form an den Kapillarwänden an. Da das Wasser in flüssiger Form die Propolisschicht aber nicht durchdringen kann, wird dieses praktisch durch diese gegen den Innenraum versiegelt. Dies ist deshalb so auschlaggebend, weil je nach Holzsorte bis zu 90 Prozent der Oberfläche des Stirnholzes aus Öffnungen der Holzkapillaren bestehen. Bei einer Fasersättigung (Faser mit Wasser gefüllt) würden demnach rund 90 Prozent der Oberfläche der Baumhöhlendecke aus Wasser bestehen, welches direkt zum Innenraum ansteht. Dauerhaft sehr feuchte Bedingungen wären die Folge.

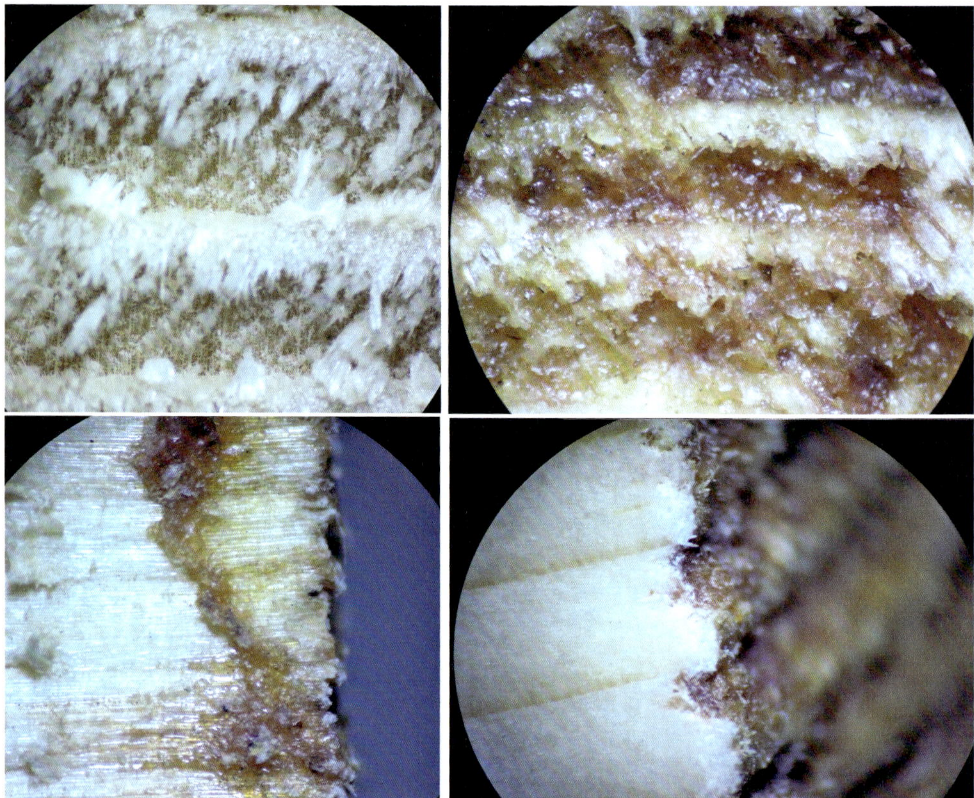

Oben links: Aufsicht Holzkanäle unpropolisiert / Ausschnittvergrößerung der Holzkanäle.
Oben rechts: Aufsicht Holzkanäle – von den Bienen regelhaft extrem gründlich propolisiert.
Unten links: Seitenansicht Holzkanäle – die Bienen haben die Schicht bis über die Schnittkannte aufgetragen.
Unten rechts: Seitenansicht Holzkanäle – ein gerader Schnitt lässt den offenporigen Auftrag erahnen.

Propolis besteht überwiegend aus Baumharzen. Diese Harze dienen den Bäumen eigentlich zum Wundverschluss und weisen eine hohe antibiotische Wirkung auf. Ein gutes Beispiel hierfür ist Bernstein, der im Grunde genommen nichts weiter darstellt als viele Millionen Jahre altes Baumharz. Überwiegend finden wir Bernstein im Meer; weder Wasser noch Bakterien oder Pilze waren in der Lage, diese Harztropfen in ihrer unglaublich langen Überdauerungszeit aufzulösen.

Interessant ist jedoch, dass nur die von Bienen aufgetragene Propolisschicht flüssiges Wasser zurückhält, aber gasförmiges Wasser passieren lässt. Das Geheimnis liegt in der besonderen Art und Weise, wie das Propolis von den Bienen aufgetragen wird, und konnte schließlich durch rasterelektronenmikroskopische Aufnahmen entschlüsselt werden.

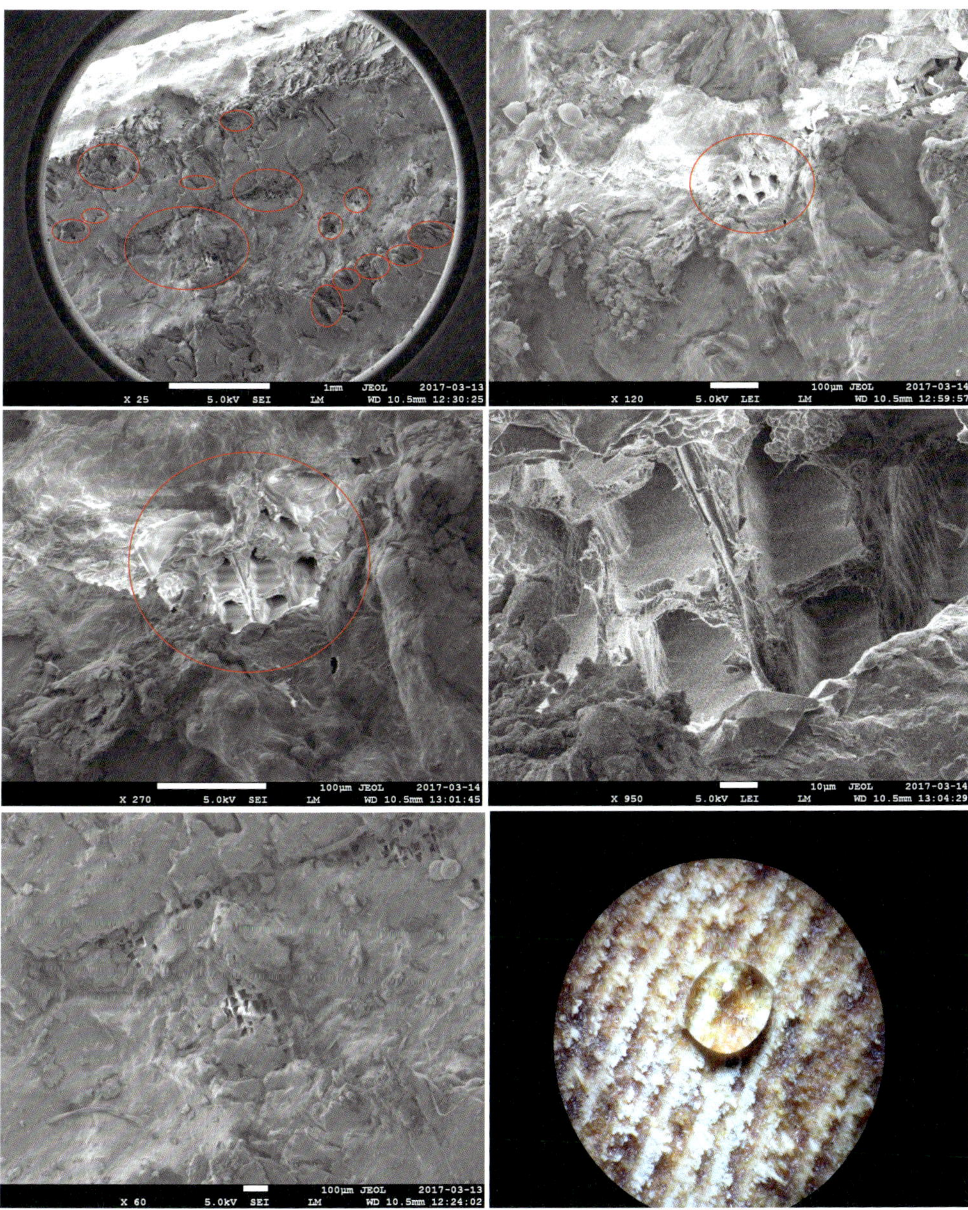

Der scheinbar geschlossene Propolisauftrag erweist sich bei elektronenmikroskopischer Betrachtung als lückenhaft (siehe rote Kreise). Allerdings sind die entstehenden Zwischenräume so klein, dass Wasser sie in flüssiger Form – aufgrund der Oberflächenspannung – nicht zu passieren vermag: ähnlich wie einige atmungsaktive Regenjacken, die analog zum Propolis zwar Wasserdampf durchlassen (atmungsaktiv sind), jedoch regenwasserdichte Eigenschaften aufweisen.

Die Propolisschicht – das äußere Immunsystem

Im letzten Jahrzehnt wurden hierzu einige bedeutende wissenschaftliche Untersuchungen durchgeführt, die in der Imkerei jedoch unverständlicherweise kaum Beachtung finden. Die Ergebnisse zeigen auf, dass bei den Bienen, die in einer propolisierten Behausung leben, die Immunaktivität signifikant ge-

Raue Oberflächen werden von den Bienen gewissenhaft propolisiert. Das funktioniert auch in Standardbeuten, wenn die Oberflächen mechanisch aufgebaut werden. Propolis ist ein potentes natürliches Antibiotikum und reduziert nachweislich die Belastung pathogener Keime im Bienenstock. Das Stockklima selbst ist in der Regel warm und feucht, im Inneren befindet sich nahrhaftes organisches Material. Dies sind perfekte Grundvoraussetzungen für das Wachstum zahlreicher Mikroorganismen, insbesondere verschiedener Schimmel- und Bakterienarten. Die gründliche Propolisierung wirkt diesen pathogenen Keimen entgegen und kann als ein äußeres, passives Immunsystem angesehen werden. Bienen, die in einer solchen propolisierten Behausung wohnen, sind gesünder, leben länger und sparen wichtige Energiereserven ein, da ihr Immunsystem geschont wird. Die Dreiecksleisten in den Ecken sollen der Kondensation in diesen problematischen Bereich entgegenwirken.

Normalzustand in der Imkerei – die Innenwände der modernen Beuten sind zu glatt oder bestehen aus Plastik, daher wird die überlebenswichtige Propolisierung gar nicht erst ausgeführt. Durch die nicht artgerechte Geometrie der rechten Winkel entstehen kalte Bereiche, insbesondere in den Ecken. Hier kommt es verstärkt zur Kondensation, was insbesondere in der harten Winterzeit zu intensivem Wabenschimmel führt. Dieser stellt für die Bienenvölker eine potentiell tödliche Gefahr dar. Bezeichnender Weise gilt Wabenschimmel jedoch in der heutigen Imkerei als „normal" und unsinnigerweise sogar als ungefährlich. Rechts ein extremer Fall von Wabenschimmel, ausgelöst durch einen feuchten Standort (Gitterboden und Wiese): Die Waben sind großflächig verschimmelt.

ringer ist. Das Propolis hat also zur Folge, dass die Aktivierung der humoralen Immunantwort (ein bestimmter Teil der bei höheren Lebewesen zu findenden Immunabwehr), welche zu den physiologisch energiezehrendsten Aktivitäten zählt, signifikant geringer ausfallen kann[16]. Die Propolisschicht kann also als ein „äußeres" Immunsystem angesehen werden, das die erste funktionale Barriere gegen Pilze, Bakterien und sogar Viren darstellt. Bereits nach sieben Tagen, in denen die Bienenvölker in propolisierten Kisten gehalten wurden, konnten deutlich geringere bakterielle Belastungen der Bienen (äußerlich wie innerlich) festgestellt werden. Dadurch sparten die Bienen wertvolle Kräfte ein, was sich auch in vitaleren Völkern nach der Winterzeit zeigte. Zusätzlich wurden in den Bienenkörpern im erhöhten Maße Stoffe gefunden, die an der Entgiftung von Pestiziden beteiligt sind. Die durch die Propolisierung eingesparte Energie wirkt sich ebenfalls positiv auf die Lebenszeit der Bienen, die Gesundheit der Brut, die Sammelaktivität und das Hygieneverhalten sowie den Pollenvorrat aus[17].

---

16 Seasonal benefits of natural propolis envelope to honey bee immunity and colony health, Journal of Experimental Biology 2015

17 Daniel Nicodemo et al.: Increased brood vitality and longer livespan of honeybees selected for propolis production (2014). Apidologie 45, S. 269–275.

NESTDUFTWÄRMEBINDUNG

Die Erkenntnisse der immunologischen Wirkung von Propolis auf die Bienen sind jedoch keinesfalls neu. An dieser Stelle möchte ich einige Zitate von Johann Thür anführen, der bereits vor über sieben Jahrzehnten nicht nur die Wichtigkeit der Propolisierung für „den Bien" – also das gesamte Bienenvolk – beschrieb, sondern auch die Tatsache, dass sich daraus in einer Baumhöhle eine sterile Luftmischung bildet.

Johann Thür 1946[18]

„Alle Leistung und alles Gedeih des Biens ist von der Wärme abhängig. Wärme ist für den Bien ebenso wichtig wie Nahrung."

„(...) Die Natur hat den Bien als Gesamtorganismus, bestehend aus Volk und Wabenbau, befähigt, die Wärme weitgehend festzuhalten, sie zu binden. Diese gebundene Wärme ist eine duftgeschwängerte und dadurch keimfreie Warmluftmasse, die ein schädliches Bakterienleben unterbindet und das Entstehen von Krankheiten behindert."

„(...) Die Erkenntnisse und die Naturbienenzucht selbst gerieten in Vergessenheit und führten, auf dem Rähmchen fußend, zu den gröbsten Irrtümern und Irrlehren."

„(...) Dass aber alle bestehenden Rahmenbeuten dem Bien bedeutende Mängel und Schäden verursachen und die Erträge empfindlich herabsetzen, das ist so gut wie unbekannt, weil die heutige Imkerschaft von den Naturerfordernissen des Biens fast durchweg keine Ahnung mehr hat."

„(...) Das Lebenselement, die Nestduftwärmebindung, wurde mit den ringsum offenen, wärmeverströmenden und zugigen Wabenrähmchen gründlich zerstört. Die verheerenden Folgen geben dieser Kunstbienenzucht das Gepräge und müssen zur Erkenntnis führen, dass alle bestehenden Rahmenbeuten naturwidrig und verwerflich sind. Die Einsicht, dass unser Sonnenvöglein, der Bien, die Wärme braucht, muss sich zu jener Klarheit durchringen, dass die Honig als Heizstoff erfordernde Nestduftwärme gebunden bleiben muss und dass sich Behandlung und Betriebsmittel wie die Wohnung dem streng anzupassen und unterzuordnen haben. Und von diesem Gebot hat uns die fortschreitende Entwicklung, die Stufe der Kunstbienenzucht, auf gefährliche Abwege geführt."

---

[18] Johann Thür: Nestduftwärmebindung (1946). Selbstverlag, S. 5–12.

„(...) Die Waben sind in der von der Schöpfung den Bienen zugewiesenen Wohnung, dem hohlen Baumstamm, sowie auch im Strohkorbe an den Wänden festgebaut; jede Wabengasse bildet einen geschlossenen Raum, gleichsam ein Zimmer; im Winter kann daher die Wärme der Wintertraube nicht durch die vielen Abstände zwischen Rähmchen und Stockwände abströmen, Wärmeverlust, Zugluft, Stocknässe und übermäßige Zehrung sind vermieden."

„(...) Es steht einwandfrei fest, dass sich mit den Rahmenbeuten durch Außerachtlassung des Gesetzes der keimfreien Nestduftwärmebindung gleichzeitig die Bienenseuchen entwickelt und verbreitet haben. Sie sind seither zu einer ständigen und unausrottbaren Erscheinung geworden."

Die in diesen Zitaten bereits 1946 zusammengestellten Erkenntnisse von Johann Thür sind heute aktueller denn je. Die Rähmchen, die fehlende Propolisierung, die übermäßige Zehrung durch wärmeverströmende Beuten, die Krankheiten, Seuchen und darüber hinaus auch noch die Varroamilbe mit ihren Krankheitserregern, welche sie beim Biss auf ihren Wirt überträgt, die menschliche Zucht und Selektion, das Ausmaß der Manipulationen am Bienenvolk selbst (Kunstbienenzucht), die maßlose Steigerung der Ausbeutung und die moderne Landwirtschaft mit ihren Pestiziden haben die Problematik noch weiter gesteigert. Johann Thür schrieb geradezu prophetisch über die Probleme der Bienen in der Zukunft und war bereits in der Lage, die wichtigen Grundprinzipien und Zusammenhänge meiner derzeitig aktuellsten Forschungsansätze zusammenzufassen. Leider blieben seine Worte weitestgehend unbeachtet. Insbesondere seine Erkenntnisse über die sterile Stockatmosphäre, die er in seinem Text als Nestduftwärmebindung beschrieb, werden von den neuzeitlichen Untersuchungen bestätigt.

Neue wissenschaftliche Untersuchungen

Ich stolperte über dieses Phänomen der sterilisierenden Stockluft, als ich am Ende des Winters 2018/2019 endoskopische Untersuchungen an einem Bienenvolk machte, das in einem massiven Eichenstamm lebt. Ich wusste bereits aus früheren Untersuchungen, dass Baumhöhlen im Eichenholz aufgrund der Holzmorphologie außergewöhnlich feucht werden. Was ich jedoch zu Gesicht bekam, erstaunte mich nicht nur sehr, sondern führte auch dazu, dass einige frühere, als sicher geglaubte Annahmen umgeschrieben werden müssen. So ging man bislang davon aus, dass Kondensation im Wabenbereich auch immer das Wachstum pathogener Keime, insbesondere von verschiedenen Schimmelarten, nach sich zöge.

Während das Kondenswasser in den modernen Bienenstöcken regelhaft das Wachstum pathogener Keime verursacht – allen voran der in der Imkerei als

„normal" geltende Wabenschimmel – zeigt sich in den Baumhöhlen jedoch ein ganz anderes Bild. Es konnten durch Abstrichanalysen keine vergleichbaren pathogenen Keime auf den Vorratswaben der Baumhöhle nachgewiesen werden.

Das Innere der Kavität im Eichenstamm wies eine überdurchschnittlich hohe Feuchtigkeit auf. Das Kondenswasser tropfte buchstäblich von der Decke und wir fanden Ansammlungen von Wassertropfen an den propolisierten Wänden, direkt auf den Waben und sogar auf den Bienen selbst. Diese Grundvoraussetzungen bieten perfekte Bedingungen für Schimmel, aber auch für das Wachstum vieler Bakterien. Erstaunlicherweise zeigten sich die Vorratswaben im perfekten Zustand. Schneeweiß und transluzent erschienen sie im Monitor des Endoskops, obwohl zum Zeitpunkt dieser Aufnahmen (Februar 2019) bereits mehrere Monate Winterzeit hinter den Bienen lagen (siehe Abbildungen S. 58).

Daraufhin wurden verschiedene Laboruntersuchungen durchgeführt, Proben des Wabenmaterials und des Kondenswassers entnommen und auf ihre pathogene Belastung überprüft. Darüber hinaus wurden auch zwanzig (lebende) Bienen aus der Baumhöhle eingefangen, seziert und auf Krankheitskeime untersucht sowie als Vergleichsproben Bienen aus einer Bienenkiste und anderen Standardbeuten entnommen. Das Ergebnis zeigte, dass sämtliche Bienen aus den schimmelbelasteten Beuten infiziert waren. So konnte der Wabenschimmel nicht nur auf den Bienenkörpern, sondern sogar in den inneren Organen nachgewiesen werden (siehe Abbildung S. 58 oben links). Vorratswabenschimmel ist – entgegen der verbreiteten imkerlichen Meinung – eine große Gefahr für die Bienengesundheit und keinesfalls ungefährlich. Viele Arten bilden Gifte (Mykotoxine / Aflatoxine) aus, die multiple gesundheitsschädigende Wirkungen auf den Organismus der Bienen entfalten. So können sich bereits geringe Mengen schädlich auf das Strickleiternervensystem (das Zentralnervensystem der Bienen) auswirken. Zudem weisen einige dieser Gifte eine immunsuppressive Wirkung auf (schädigen also das Immunsystem). Darüber hinaus können sie das Erbgut verändern (Mutagene), die inneren Organe schädigen und Stoffwechselprozesse hemmen oder auslösen. Der Wabenschimmel macht dabei keinesfalls an den besonders betroffenen randständigen Waben oder Ecken der Beuten halt, sondern verteilt sich durch seine Sporen innerhalb der gesamten Beute und konnte bei unseren Untersuchungen auch auf jedem Rähmchen und jeder Wabe nachgewiesen werden. Im Gegensatz zu den Beuten wiesen die Vorratswaben in den untersuchten Baumhöhlen (auch bei einer extremen Feuchtigkeit respektive Nässe) keine Schimmelbelastungen auf, was nur mit einer Stockatmosphäre erklärt werden kann, die sterilisierende Eigenschaften aufweist. Auch die Bienenproben zeigten keinerlei Anzeichen einer Infektion.

Wabenschimmel, ein typisches Bild in Beuten besonders nach der Winterzeit. Die weißliche, manchmal auch gräuliche Verfärbung wird vom Schimmel verursacht.

Detailaufnahme einer mit Schimmel bewachsenen Weiselzelle aus dem Vorjahr.

Auch der verdeckelte Honig ist mit Schimmelbewuchs überzogen. Die Bienen öffnen die Waben mit ihren Mundwerkzeugen und nehmen die Pathogene dabei auf.

Extreme Schimmelbildung, die randständigen Waben sind meist besonders betroffen.

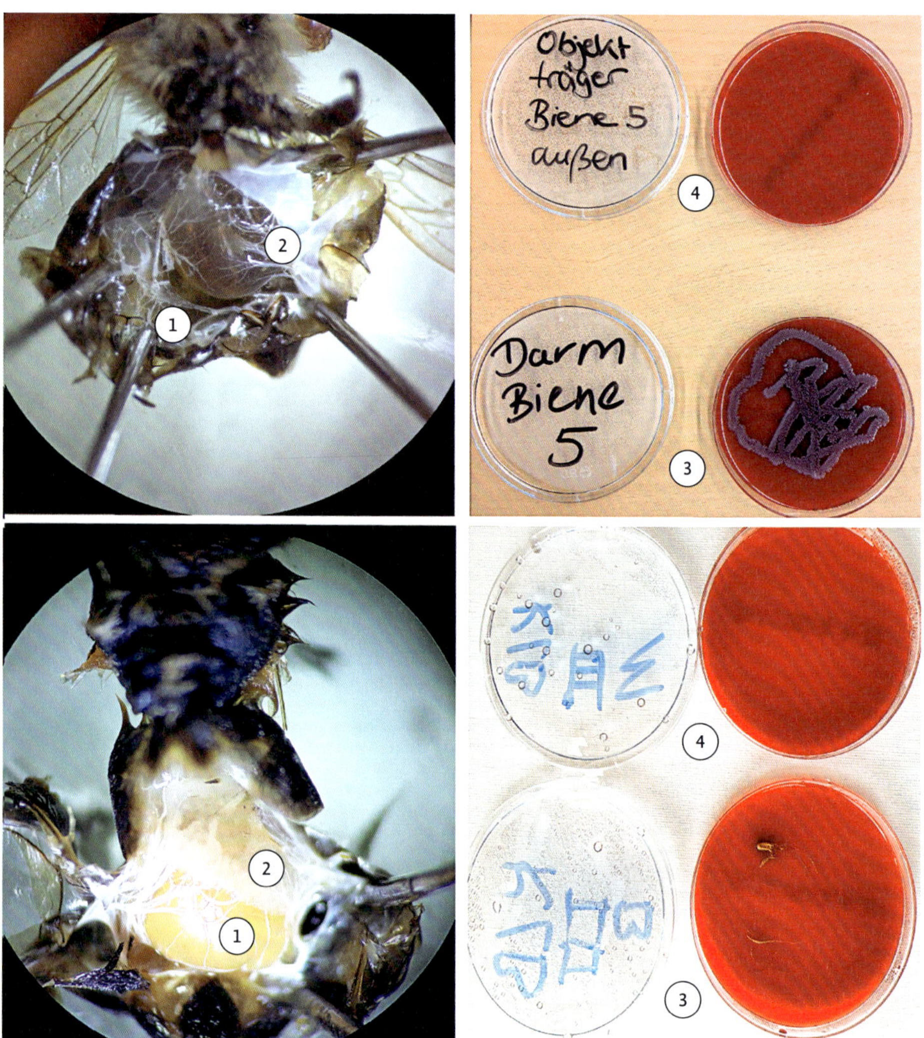

Oben: Winterbiene aus einer Bienenkiste mit typischem Winterschimmelbefall auf den Vorratswaben. Die inneren Organe sind stark angegriffen **(1/2)**, *die Kotblase entleert* **(1)**. *Der sterile Abstrich und die angesetzte Kultur im Inkubator zeigen einen deutlichen Befall der inneren Organe durch Schimmelpathogene* **(3)**. *Die obere Kontrollkultur* **(4)** *zeigt, dass steril gearbeitet wurde und eine Kontamination durch verwendete Werkzeuge oder das Präparieren der Bienen ausgeschlossen werden kann. Die Infektionsrate der getesteten Bienen lag bei 100 Prozent. Unten: Winterbiene(n) aus einer Baumhöhle im Vergleich. Die Organe zeigen sich im besten Zustand. Eine Wabenschimmelbildung kann in Baumhöhlen / Strohbeuten nahezu ausgeschlossen werden. Die Proben (rechts) zeigen keinerlei Anzeichen einer Infektion. Fazit: Bienen infizieren sich am Wabenschimmel. Die Infektion betrifft die inneren Organe und kann zum Zusammenbruch des Bienenvolks führen. Viele Beuten werden ihrem Ruf als „wesensgemäß" nicht gerecht, da sie aufgrund ihrer Bauweise (Geometrie / fehlende Isolierung / leerstehender Raum) einen erhöhten Wärmeenergieverlust und zudem Kältebrücken im Vorratswabenbereich aufweisen. Hier entsteht zunächst Kondensation, welche die Bildung von Wabenschimmel nach sich zieht.*

Das Kondenswasser in den Ecken war ebenfalls stark mit Schimmelsporen belastet. Ganz anders jedoch die Ergebnisse aus der Baumhöhle: Das Kondenswasser, das sich auf den Waben, aber auch an den Höhlenwänden befand, wies antibiotische Eigenschaften auf. Durch diese Untersuchungen konnte erstmalig der „antibiotische" Wasserkreislauf in Baumhöhlen beschrieben werden: Bienen verstoffwechseln den Honig – der überwiegend aus verschiedenen Zuckersorten besteht – mithilfe von Sauerstoff zu Wärme, Kohlendioxid und Wasser. Diesen Vorgang nennt man aerobe Dissimilation. Berücksichtigt man den Feuchtigkeitsgehalt des Honigs, werden ungefähr 700 Milliliter Wasser pro Kilogramm Honig bei der Umwandlung in Wärme von den Bienen ausgeschwitzt. Das gasförmige Wasser wird in den Baumhöhlen von der Holzmasse, insbesondere an der Höhlendecke durch die Holzkapillaren absorbiert. Dennoch kommt es vorwiegend an den Wänden der Baumhöhlen und direkt auf der Propolisschicht, meist in den kälteren Bereichen unterhalb der Bienentraube, zur Kondensation. Die Eiche stellt aufgrund bestimmter Eigenschaften ihrer Holzkanäle – der sogenannten Verthyllung – eine Ausnahme dar, hier wird es im gesamten Höhlenbereich extrem feucht. Das Kondenswasser entzieht dem Propolis offenbar antibiotische Bestandteile und wird bei Bedarf von den Bienen wieder aufgenommen. In diesem Fall trinken die Bienen also buchstäblich ihre eigene Medizin!

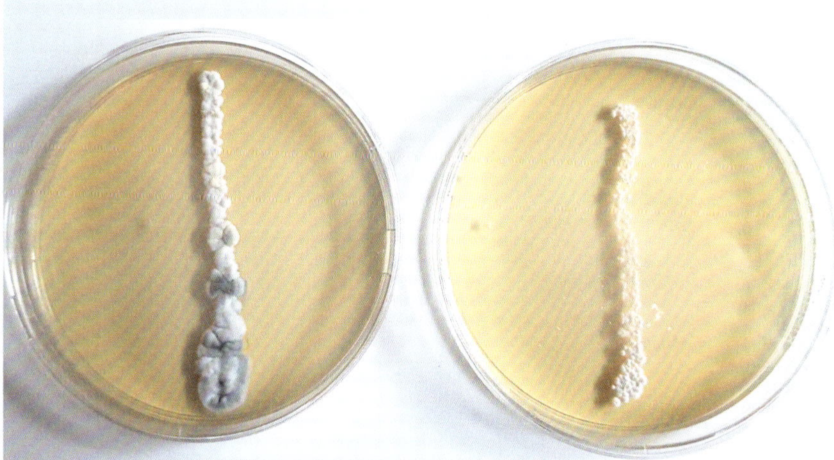

Links: Wabenschimmelabstrich auf einem Nährboden nach 24 Stunden im Inkubator. Rechts: Identisch erstellter Wabenschimmelabstrich, der mit Propoliswasser benetzt wurde. Hierfür wurde kondensiertes Wasser für 15 Minuten in Kontakt mit Propolis gebracht. Der Wabenschimmel zeigt sich im Wachstum deutlich reduziert. Offenbar entzieht das Kondenswasser dem Propolis antibiotische Bestandteile. Um welche Stoffe es sich im Einzelnen handelt, ist bislang noch unbestimmt. Je länger die Wasserprobe mit dem Propolis in Kontakt war, desto geringer fiel das Wachstum des Schimmels aus.

Das Wasser stellt für die Bienen ein lebenswichtiges Elixier dar. Über die Winterzeit werden die Bienen regelmäßig sehr durstig. Thomas Seeley berichtete 2018 auf dem Weimarer Kongress, dass er einmal während der Winterzeit ein Glas Wasser in eine Baumhöhle einbrachte und die Bienen den Inhalt übereifrig aufnahmen: *„They literally went nuts for water, bees get really thirsty in the wintertime“* („Sie sind buchstäblich verrückt nach Wasser – Bienen werden im Winter wirklich durstig.“). Darüber hinaus zeigte er Bilder von Bienen, die direkt auf dem Schnee sitzend Wasser aufnehmen. Letztendlich sind sie, sofern der Wasservorrat im Bienenstock erschöpft ist, zum Hinausfliegen gezwungen, um das lebensnotwendige Nass aufzufüllen. Hierbei laufen sie allerdings Gefahr zu erkalten und zu erfrieren. Insbesondere in der Frühjahrszeit, wenn die ersten Nachkommen großgezogen werden, steigt der Wasserbedarf erheblich.

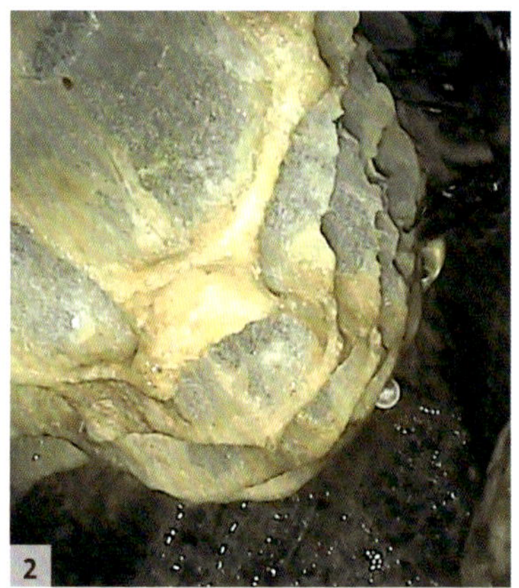

1 *Das Modell einer Baumhöhle. Im oberen Bereich sind Weichfaserplatten eingesetzt, die ähnlich der Holzkanäle Feuchtigkeit absorbieren. Deutlich zu sehen: die seitlich angebauten Waben und der Kondenswasserbereich. Der Taupunkt befindet sich in der Regel unterhalb der Bienen und somit nicht im direkten Bereich der Vorratswaben. Dies ist darin begründet, dass der obere Bereich gleichzeitig auch der wärmste Bereich ist und Kondensation regelhaft in kalten Bereichen stattfindet, da hier die Luft abkühlt und somit die Tragkraft für Luftfeuchtigkeit schwindet.*

2 *Blick nach oben – Kondensation an der Höhlendecke in dem massiven Baumabschnitt der Eiche. Hier kommt es aufgrund der Holzmorphologie zu tropfsteinhöhlenartigen Bedingungen. Dennoch finden wir in den warmen Bereichen solcher Kavitäten aufgrund der sterilen Stockatmosphäre, welche von Johann Thür als „Nestduftwärmebindung“ beschrieben wurde, keine Vorratswabenschimmelbildung wie in den in der modernen Imkerei verwendeten Beuten.*

3 *Mit der Kälte kommt der Schimmel! Wassertropfen mit Schwarzschimmel auf dem Verschlussbrett der Eichenklotzbeute. Dieser Bereich lag im Winter oftmals unter 10 °Celsius. Die Luft verliert mit sinkender Temperatur an Tragkraft, sodass auch die Konzentration antibiotischer Substanzen geringer wird.*

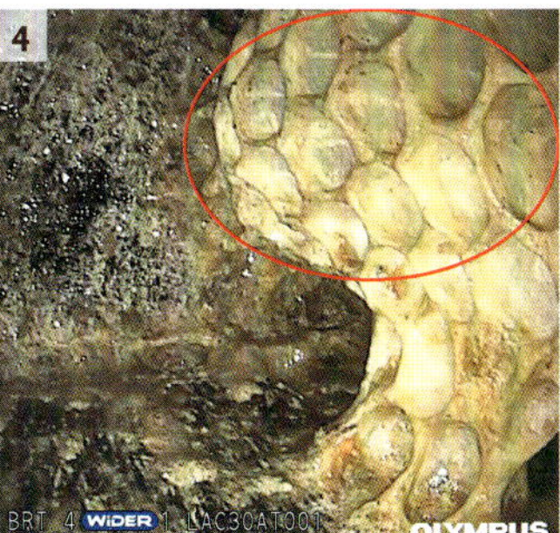

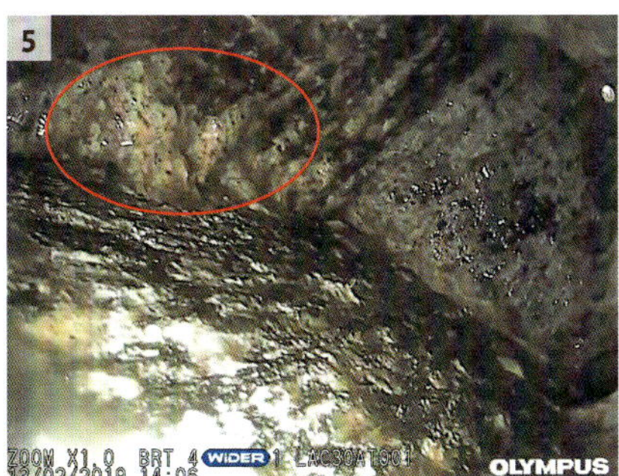

4 Die Waben in diesem Bereich zeigen rudimentäres Schwarzschimmelwachstum.
5 Wie in den Standardbeuten werden die Ecken besonders kalt. Daher ist hier das pathogene Wachstum stärker ausgeprägt. Rechte Winkel sind in natürlichen Baumhöhlen jedoch nicht vorhanden, daher überrascht es auch nicht, dass diese Problematik insbesondere in Kisten auftritt.
6 Das Verschlussbrett von außen. Hinter der unteren Öffnung (Pfeil) liegt der Höhlenboden. Gut zu sehen die durch die Kältebrücke verursachte Kondensation: Das Wasser läuft buchstäblich aus den Ritzen heraus (roter Kreis).

7 Der Höhlengrund (gleich hinter der unteren Wartungsöffnung) gleicht im Winter einem Friedhof: Die an Altersschwäche sterbenden Bienen fallen nach unten auf den Boden der Höhle. Hier befindet sich der kälteste Bereich, in welchem auch regelhaft Kondensationsprozesse stattfinden. Die im oberen Bereich herrschende antibiotische Atmosphäre, welche die Bienen wie die Vorratswaben vor einer mikrobiellen Zersetzung schützt, hat hier aufgrund der Kälte und der Vermischung mit der Außenluft keinerlei Wirkung. Wo die Kälte Einzug hält, da beginnen die Zersetzungsprozesse. In den modernen Beuten liegen diese Bereiche in den Ecken direkt bei den Vorratswaben. Links im Bild: Das Abschlussbrett hat eine geringere Stärke als der Rest des Stammes. Hierdurch entsteht eine Kältebrücke und Kondensation. Das Wasser läuft dadurch in diesem Bereich die Wände herunter.

Freies Wasser, direkt auf den Waben der Eichenkavität. Die Waben selbst zeigen keinerlei Anzeichen von Schimmel, obwohl das organische Material und die Feuchtigkeit beste Voraussetzungen für seine Entstehung bieten würden. Der in den verdeckelten Waben befindliche antibiotische Honig ist durch die konzentrierte Wärmeverteilung und die effektive Isolation der starken Wände vorgewärmt. Bei Abstrichanalysen konnten keine pathogenen Keime nachgewiesen werden.

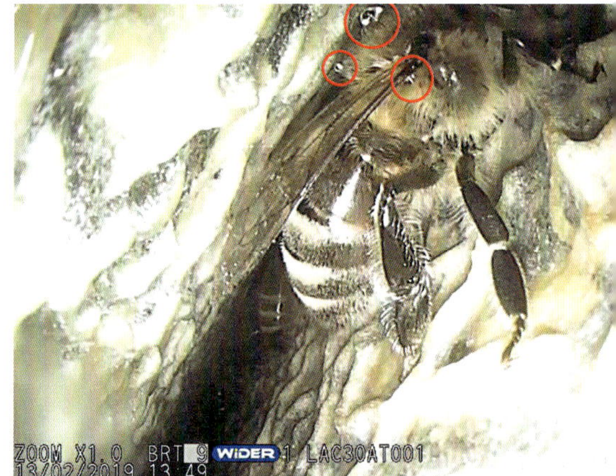

Eine Biene trägt flüssiges Wasser in kleinen Tröpfchen auf ihrem Rücken umher. Thomas Seeley berichtete davon, dass Bienen in der Winterzeit sehr durstig werden. Der Wasserbedarf zwingt sie sogar manchmal, nach draußen zu fliegen, um direkt auf dem Schnee Wasser zu sammeln. Viele Bienen erkalten dabei und sterben. Offensichtlich gibt es in Eichenbaumhöhlen mit dem Wasservorrat keinerlei Probleme – ein entgegen bisheriger Annahmen deutlicher Vorteil für das Bienenvolk.

Kondensation konnte nicht nur auf den Waben nachgewiesen werden, sondern auch auf den propolisierten Stockwänden. Spätere Abstrichanalysen weisen darauf hin, dass vom Kondenswasser antibiotische Bestandteile aus dem Propolis herausgelöst werden. Wenn die Bienen dieses Wasser wieder aufnehmen, trinken sie buchstäblich ihre eigene Medizin. Das Kondenswasser in modernen Beuten erwies sich hingegen als stark belastet. Es zeigte sich, dass es von verschiedenen Schimmelarten und Bakterien durchsetzt war.

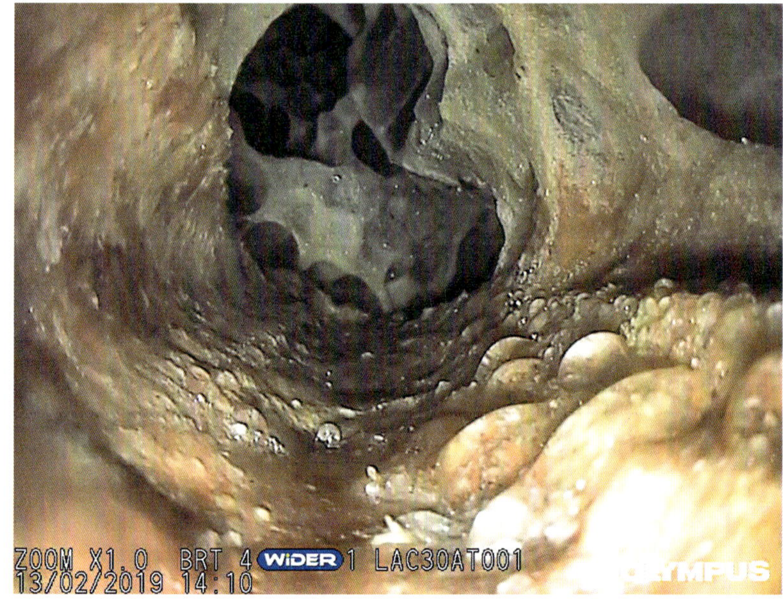

Vorratswabenschimmel in einer Standardbeute im Vergleich: Die Waben sind großflächig verschimmelt. An den Kältebrücken entlang der äußeren Kanten und der Ecken ist der Befall am stärksten. Die Schimmelsporen sind auf allen Waben nachweisbar. Die Bienen haben die Waben vollgekotet: ein sicheres Zeichen für eine Infektion.

Detailaufnahme der rechten oberen Ecke: Deutlich ersichtlich ist das ausgeprägte Schimmelwachstum. In der Mitte befand sich zwischen den Waben das abgestorbene Bienenvolk.

Die Geometrien, Rauminhalte, Materialien, Standorte und Rähmchen lösen eine ganze Kaskade von Problemen aus, die sich allesamt negativ auf die Bienengesundheit auswirken. Das artgerechte Habitat der Honigbienen ist eben keine rechteckige, dünnwandige Holz- oder gar Styroporkiste, welche auf dem Boden steht. Die Zusammenhänge werden nachfolgend kurz aufgeführt.

LUFTFEUCHTIGKEIT UND KONDENSATION

Die grundlegenden Zusammenhänge der relativen und absoluten Luftfeuchtigkeit zu verstehen, ist für die Habitatforschung sehr wichtig. So manch einer wird sich vielleicht schon einmal gefragt haben, warum die Wohnung gelüftet werden soll, um Schimmel an den Wänden zu verhindern, wenn die relative Luftfeuchtigkeit draußen viel höher oder gleich ist. Die Antwort darauf ist recht simpel: Je wärmer die Luft, desto mehr Wasser kann sie aufnehmen beziehungsweise tragen. Der Zusatz „relative" bezieht sich immer auf die maximale Aufnahmefähigkeit (also 100 Prozent) bei der jeweiligen Temperatur. Die absolute Feuchtigkeit bezeichnet hingegen die tatsächliche Menge an Wasser, die pro Kubikmeter Luft vorhanden ist.

Ein Beispiel: In einer Bienenbeute messen wir mittig unter dem Deckel 21 °Celsius bei 75 Prozent relativer Luftfeuchtigkeit. Die absolute Luftfeuchtigkeit beträgt 13,74 Gramm je Kubikmeter Luft.

Wir nehmen an, dass es sich um eine Holzbeute handelt, die in den oberen Ecken nur 16 °Celsius aufweist. Die Luft im Inneren wird also in der Ecke um 5 °Celsius abgekühlt und verliert daher an Aufnahmefähigkeit. Da Luft mit einer Temperatur von 16 °Celsius maximal 13,62 Gramm je Kubikmeter Wasser tragen kann (das entspricht 100 Prozent relativer Luftfeuchte), die absolute Luftfeuchtigkeit in der Beute aber 13,74 Gramm je Kubikmeter Luft beträgt, kommt es zur Kondenswasserbildung.

Damit Kondenswasser überhaupt entstehen kann, muss entweder die relative Luftfeuchtigkeit von 100 Prozent überschritten werden oder eine kühlere Fläche vorhanden sein. Ersteres ist beispielsweise der Fall, wenn die Bienen in der Trachtzeit Nektar zu Honig fermentieren und trotz hoher Außentemperaturen Kondenswasser an der Abdeckfolie entsteht. Häufiger jedoch kondensiert die Luftfeuchtigkeit in den Ecken der Beuten, weil diese besonders kalt sind. Dafür muss die im Innern befindliche relative Luftfeuchtigkeit die 100 Prozent gar nicht erreichen (siehe Beispiel oben), da die Ecken kühler sind als der Innenraum. Die Luft, die in den Ecken anliegt, kühlt ab. Da kalte Luft weniger Feuchtigkeit tragen kann, fällt das Wasser aus (Kondensation).

Der Schimmel entsteht in den Beuten während der Winterphase in der Regel in den Ecken oder entlang der Deckelkante. Das liegt darin begründet, dass eine Ecke gleich zwei beziehungsweise sogar drei – wenn man den Deckel mitzählt – Außenflächen hat, also gleich von drei Seiten gekühlt wird.

Ebenfalls wird die in der Ecke befindliche Luft von drei Seiten umschlossen, sodass der Luftaustausch minimiert wird. Man spricht in diesem Zusammenhang auch von der schlechten Belüftbarkeit der Ecken.

Da in der Imkerei oftmals Plastikfolien und dampfdichte Deckel verwendet werden, steigt die Luftfeuchtigkeit innerhalb der Beuten stetig an. In der Folge

1 *Ein Bienenstock direkt auf dem Boden. Deutlich zu sehen ist der sich an der Behausung im unteren Bereich abzeichnende Schwarzschimmel*
2 *Die modernen Bienenstöcke weisen einen sogenannten Gitterboden auf. Dieser wird während der Witterungszeit oftmals offen gelassen, um das Schimmelwachstum durch Belüftung zu minimieren. Hierbei wird der Wärmeenergieverlust noch größer, was eine Vielzahl von Nebenwirkungen hat: Die Bienen sind gezwungen, noch mehr Zucker zu verstoffwechseln um die lebensnotwendige Wärme zu erhalten. Dabei entsteht wiederum mehr Kondenswasser, insbesondere in den Ecken (siehe Wasserränder), was letztendlich zu einer vermehrten Bildung pathogener Keime führt, die eine Infektion der Bienen nach sich zieht. Der höhere Stoffwechsel erschöpft zudem die Lebenszeit der Bienen.*
3 *Ein aktuelles Bienenforschungsprogramm, vorgestellt auf der Konferenz „Learning from the bees", unter anderem vom Bayer-Konzern finanziert. Die Bienenvölker werden in nicht artgerechten Behausungen bodennah auf eine feuchte Wiese gestellt, sich selbst überlassen und so unter höchst unnatürlichen Bedingungen der „natürlichen" Selektionübergeben. Die Verlustrate dürfte horrend sein. Deutlich zu sehen ist der sich bereits an den Kisten abzeichnende Schwarzschimmel. Solche Selektionsverfahren empfinde ich als Tierquälerei: Es scheitert hier bereits an der kleinsten Hürde, den Bienen ein artgerechtes Habitat und einen naturorientierten Standort zu geben. Alleine diese Versuchsanordnung und die Unterbringung in diesen wärmeverströmenden Geometrien dürfte viele Bienenvölker das Leben kosten.*

kommt es zunächst zur Kondenswasserbildung in den Ecken. Anschließend folgt dann oftmals sogar die totale Übersättigung der Luft in der Beute und der damit verbundenen großflächigen Kondenswasserbildung.

Wichtig ist hierbei die Tatsache, dass eine Kältebrückenkondensation in einer für Bienen geeigneten Baumhöhle im Wabenbereich kaum möglich ist, da es dort sehr warm und der obere Bereich von massiven Holzstärken umgeben ist (Isolation). Zudem absorbiert das Holz die entstehende Feuchtigkeit.

Ein weiterer entscheidender Unterschied zwischen Beuten und Baumhöhlen ist die Holzfaserrichtung. In einer Baumhöhle haben wir im oberen und unteren Bereich Stirnholz. Das bedeutet: Die Holzfasern zeigen mit ihrer Öffnung zum Innenraum der Höhle.

Dieser Faktor sorgt letztendlich dafür, dass die Feuchtigkeit vom Holz viel effektiver aufgenommen werden kann. Verthyllte Hölzer – also solche mit verschlossenen Holzkanälen – wie das der Eiche stellen hier zwar eine Ausnahme dar, sodass eine Kondensation im Bereich der Vorratswaben durchaus möglich ist. Jedoch kommt es unter diesen Bedingungen aufgrund der gleichmäßigen Wärmeverteilung und der damit einhergehenden sterilisierenden Nestduftwärmebindung (im Gegensatz zu den Beuten) dennoch nicht zur Schimmelbildung.

Beutenklimamessungen

Das Erfassen von klimatischen Daten aus unterschiedlichen Geometrien ist äußerst komplex, da wir bereits innerhalb einer Form unterschiedliche Klimazonen haben. So ist es im oberen Bereich stets wärmer (warme Luft steigt nach oben) als unten und in den Ecken kälter als im Zentrum. Dazu kommen zahlreiche Variablen, die durch die Bienen selbst generiert werden. Je näher sich ein Bienenvolk am Sensor befindet, desto wärmer ist es und umgekehrt. Zusätzlich spielen natürlich auch die Rähmchen beziehungsweise Waben selbst eine wichtige Rolle: Wir erhalten unterschiedliche Messwerte, je nachdem ob diese mit Vorrat gefüllt oder leer sind. Auch die Art der Füllung selbst macht einen großen Unterschied. So kann Honig aufgrund seiner höheren Dichte effektiver Temperaturen speichern als zum Beispiel Pollen. Die Bienenvolkgröße ist ein weiterer variabler Faktor – je größer das Volk, desto mehr Heizleistung. Darüber hinaus sind ist der Wassergehalt des Honigs meist unterschiedlich, sodass bei der Verstoffwechselung zu Wärme unterschiedliche Mengen an Wasser frei werden.

Um überhaupt vergleichbare Daten gewinnen zu können, die sich ausschließlich auf die Geometrie beziehen, müssen zunächst all diese Variablen eliminiert werden. Daher benötigt man ein „standardisiertes, künstliches Bienenvolk“, das die durchschnittliche Wärmeerzeugung und dabei rechnerisch auftretende durchschnittliche Feuchtigkeit in Form von Wasserdampf generieren kann. Die durchschnittliche Heizleistung eines Bienenvolks beträgt etwa 20 Watt[19]. Zudem müssen die Geometrien alle in vergleichbarer Weise mit der gleichen geeichten Messtechnik ausgestattet werden und die Messungen am gleichen Ort stattfinden. Auf der oben beschriebenen Grundlage wurde das Bienenheizkapazitäts-Simulationssystem (BHKSS) mit automatischer Feuchtigkeitsregulierung entworfen und gebaut. Hierbei handelt es sich um ein mit Biomasse (Öl) gefülltes Heizsystem. Die Ölmenge entspricht der Biomasse eines in der Mitte der Winterzeit lebenden Bienenvolks, um die Wärmespeicherkapazität mit zu berücksichtigen. In der Ölkammer befindet sich ein Keramikbrenner, der eine maximale Heizleistung von 20 Watt aufweist. Das System wird von einer programmierbaren Computersteuerung über einen im Öl befindlichen Temperaturfühler an der gegenüberliegenden Seite des Brenners gesteuert, sodass die Kernwärme des Öls eingestellt werden kann. Sobald die Öltemperatur um einen definierten Wert abfällt, wird der Brenner so lange aktiviert, bis die Ausgangstemperatur wieder hergestellt ist. Sobald die Heizung anspringt, wird zeitgleich ein zweiter Brenner aktiviert, der in einem unter der Ölkammer liegenden Wasserreservoir eingebaut ist. Dieser kann ebenfalls in seiner Verdampfungsleistung justiert werden. Dadurch wird bei der Wärmeerzeugung gleichzeitig auch Wasserdampf frei, ein Prozess, der der aeroben Dissimilation entspricht (Verstoffwechselung von Zucker mithilfe von Sauerstoff zu Wärme im lebendigen Organismus). Der Energieverbrauch, der für den Erhalt der Kernwärme des BHKSS verantwortlich ist, wird über einen Energiezähler aufgezeichnet. Jede in der Messung befindliche Geometrie wird dann mit jeweils einem autonom arbeitenden BHKSS-Modul ausgestattet, das Heizzeiten und Verbrauchswerte erfasst und über Klimasensoren die in der Geometrie auftretende Temperatur und Feuchtigkeit aufgezeichnet sowie Durchschnittswerte erstellt.

Auf diese Weise kann der Energieverbrauch einer bestimmten Geometrie direkt mit den anderen in der Messung befindlichen verglichen werden. Zusätzlich zeigen sich Schwachpunkte wie Kältebrücken über Kondensationsniederschläge. Darüber hinaus werden in jeder Messreihe mithilfe einer Infrarotkamera Wärmebilder angefertigt, welche die Wärmediffusion und die Schwachstellen sichtbar machen. Die aus einer solchen Messung gewonnenen Daten zeigen in direkter Weise die Unterschiedlichkeiten der Geometrien und eliminieren die oben genannten natürlichen Varianzen.

Diese Untersuchungen sind ganz vergleichbar mit den Energiepässen unserer Häuser oder Wohnungen, bei denen die „Möbel“ keine Rolle spielen. Das

[19] Jürgen Tautz: Phänomen Honigbiene (2007). Spektrum Akademischer Verlag.

BHKSS wird vor jeder Messung anhand des in dem Eichenstamm lebenden und mit zahlreichen Sensoren ausgestatteten Bienenvolks geeicht. Eigens dafür steht eine baugleiche Eichenkavität, gefertigt aus demselben Baum, direkt daneben. Da der Durchmesser der zylindrischen Höhlen mit 28 Zentimetern relativ klein ist, weist der mittlere, obere Bereich stets eine sehr homogene Wärmeverteilung auf, was die Programmierung des BHKSS erleichtert.

Nach Abschluss der technischen Messungen werden dann Langzeitmessungen der Geometrien mit Bienenbesatz und mit gleicher sensorischer Ausstattung durchgeführt und beide Datensätze miteinander verglichen.

Hierbei zeigt sich, dass die technische Messung bei wärmeverströmenden Geometrien positiver und bei wärmeerhaltenden Räumen negativer ausfällt als die Messungen mit lebendigen Bienenvölkern. Dies liegt daran, dass die Rähmchen und die darin befindliche temperaturspeichernde Biomasse fehlen.

Wenn ein Bienenvolk in einer baumhöhlenartigen, zylindrischen Geometrie Wärme erzeugt, dann werden auch die über dem Volk liegenden Waben mit erwärmt. Fallen die Temperaturen in der umgebenden Atmosphäre ab, fungieren die Waben ähnlich einer Wärmespeicherheizung und stabilisieren die Verhältnisse im Innern in positiver Weise.

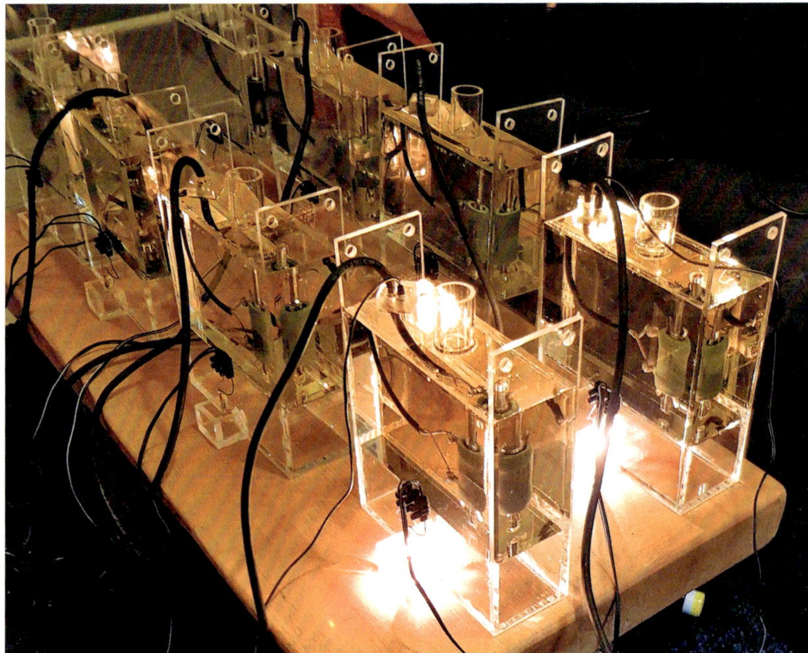

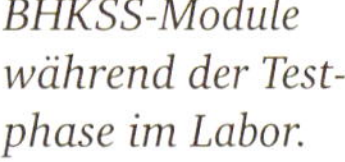

BHKSS-Module während der Testphase im Labor.

1 *Der Versuchsaufbau zeigt ein BHKSS-Modul in der Baumhöhlensimulation „SchifferTree". Gut zu sehen ist einer der drei Klimasensoren im oberen Bereich rechts.*

2 *Das BHKSS-Eichmodul in der bienenleeren, baugleichen Klotzbeute, an der rechten Seite sind die Klimasensoren erkennbar.*

3 *Ein BHKSS-Modul in einer Bienenkiste. Die Geometrie verliert von allen getesteten Beuten die meiste Wärmeenergie, welche sich gleichmäßig in der riesigen Fläche verteilt und über die große Oberfläche sowie das Flugloch verlorengeht. Bienen in einer solchen Geometrie müssen jedes Jahr viele Millionen Stunden zusätzlich fliegen, nur um die lebensnotwendige Wärme zu erzeugen. Massive Kondenswasserbildung und Schimmel sowie erfrorene Brut im Frühjahr sind ein geläufiges Bild in dieser Beutenkonstruktion.*

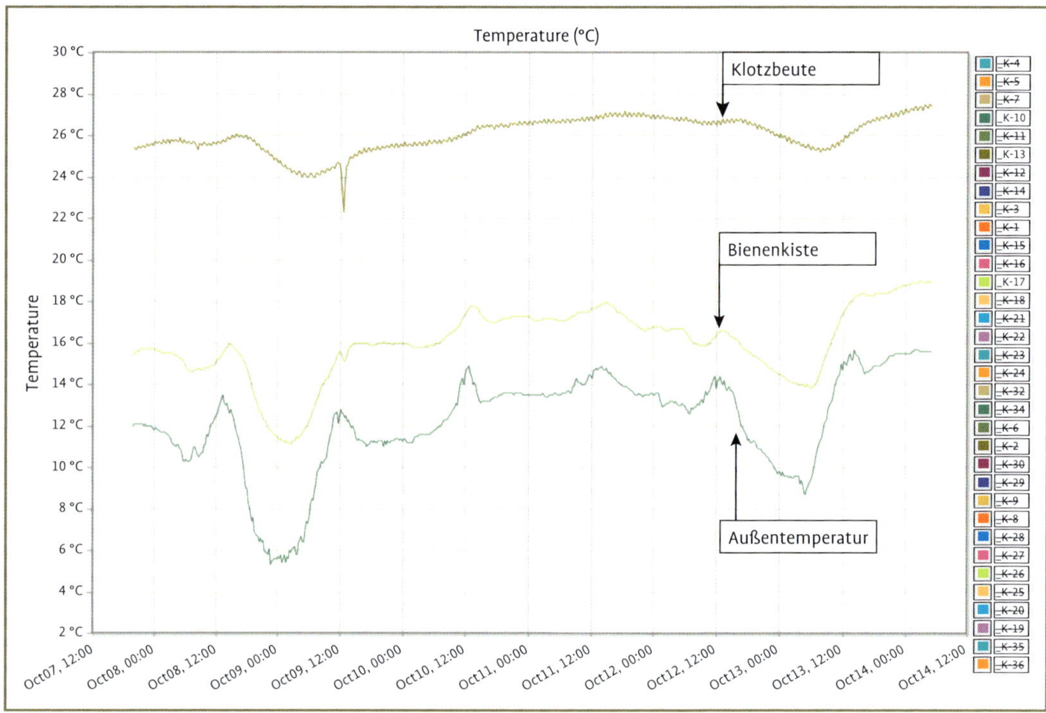

Temperaturverlauf Klotzbeute versus Bienenkiste. Die Außentemperatur zeigt die typischen Tag-Nacht-Schwankungen, welche von der Bienenkiste in kongruenter Weise nachvollzogen werden. Dem BHKSS gelingt es nicht, eine lineare, stabile Innentemperatur zu erzeugen. Der Temperaturverlauf in der massiven Klotzbeute ist hingegen viel linearer. Aufgrund des geringen Durchmessers der Kavität wird die Wärme konzentriert und geht nicht wie in der Bienenkiste in der großen Oberfläche verloren. Die Durchschnitts Außentemperatur lag während der Messreihe bei 12,2 °Celsius. Die Bienenkiste erreichte eine Durchschnittstemperatur von nur 16 °Celsius bei einem Energieverbrauch von 2,235 Kw/h. Die massive Klotzbeute erreichte hingegen eine Durchschnittstemperatur von 26 °Celsius, benötigte aber nur 0,536 Kw/h an Energie.

Sind die Bienen in einer großflächigen, voluminösen Geometrie untergebracht, gelingt es den Bienen jedoch nicht, die Vorratswaben entsprechend zu erwärmen. Daher erreichen diese im Winter sogar Minustemperaturen und verhalten sich dabei wie Coolpacks in einer ISO-Tasche: Die eingefrorenen Waben stabilisieren das Klima im Innern in negativer Weise.

Bei technischen Messungen wird die gleichmäßige Verteilung der Wärme im Innenraum nicht durch seitlich hängende Waben behindert, sodass auch in ausladenden, großflächigen Geometrien positivere Werte als in den Realmessungen mit Bienenvölkern erfasst werden.

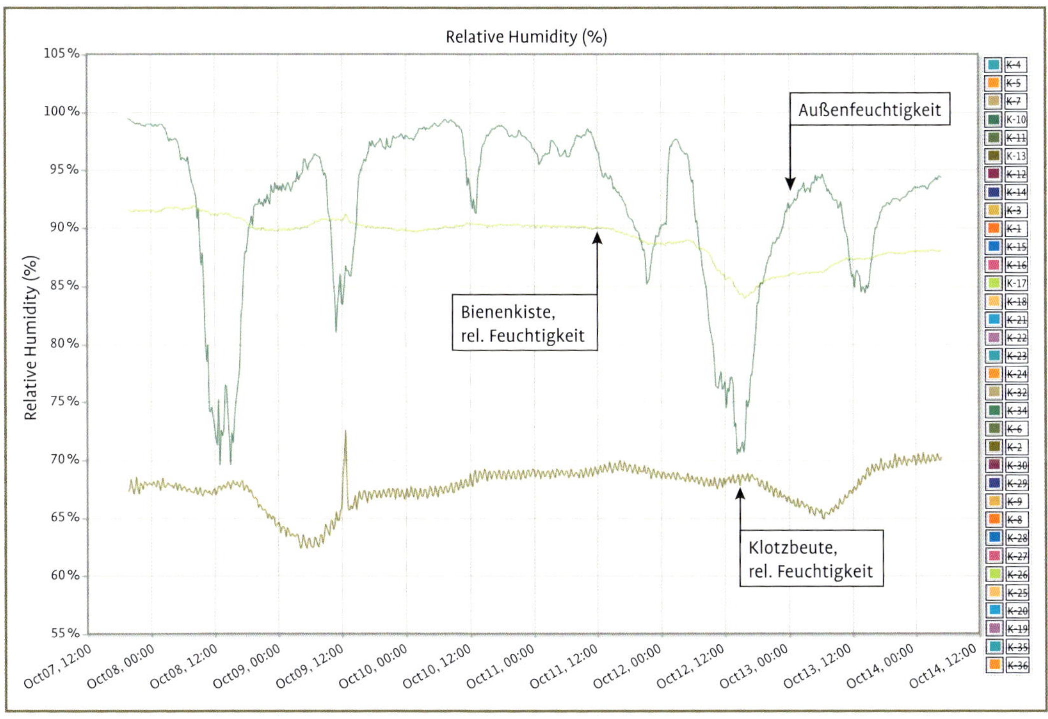

Die Außenfeuchtigkeit lag im Durchschnitt bei 92 Prozent relativer Luftfeuchte. Die Bienenkiste wies im Durchschnitt eine relative Luftfeuchtigkeit von 89,2 Prozent – und die massive Klotzbeute nur eine Feuchtigkeit von 67,7 Prozent auf. Da das BHKSS etwa vier Mal häufiger nachheizte, wurde auch vier Mal so viel Feuchtigkeit in Form von Wasserdampf produziert. Die technische Erfassung der Klimawerte verschiedener Geometrien kann als wegweisend angesehen werden. Die physikalischen Eigenschaften wirken sich entsprechend auf die Bienenvölker aus.

Zusammenfassung der Daten zur Messreihe vom 07.10.2018 bis 14.10.2018

Geometrien	Durchschnittstemperatur	Durchschnittsfeuchte (rel)	Verbrauch
Klotzbeute	26 °Celsius	67,7 % rel. Luftfeuchte	0,536 Kw/h
Bienenkiste	16 °Celsius	89,2 % rel. Luftfeuchte	2,235 Kw/h
Außenbedingungen	12,2 °Celsius	92 % rel. Luftfeuchte	–

PHYSIKALISCH UNGEEIGNETE BEUTENSYSTEME

Styroporbeuten sind für eine artgerechte Bienenhaltung sowie für die Integration von Bücherskorpionen absolut ungeeignet. Dies liegt insbesondere daran, dass Kunststoff keine signifikante Absorptionsfähigkeit für Feuchtigkeit besitzt, was bedeutet: Er kann keine Feuchtigkeit speichern oder abgeben. Zudem ist er luftdicht und ein ausreichender Luftaustausch (zur Reduzierung der Feuchtigkeit insbesondere im Winter) kaum möglich. Da eine jede Biene Feuchtigkeit produziert, steigt die Luftfeuchtigkeit in einem solchen geschlossenen System rapide an. Es gibt einen einfachen Versuch, dies zu veranschaulichen. Man nehme eine transparente Plastiktüte und ziehe sie sich über die Hand. Es dauert nur wenige Augenblicke, bis die Tüte von innen beschlägt. Im Prinzip passiert genau dasselbe in einem Bienenstock aus Styropor. Dies führt zu dauerhaft hohen Feuchtigkeitswerten und verursacht aufgrund der fehlenden Propolisierung das Wachstum von pathogenen Keimen auf den Waben. Die Vorratswaben und Rähmchen fangen an zu schimmeln.

- Öffnet man den Bodenschieber – zwecks einer verbesserten Belüftung –, verursacht dies gleichzeitig einen starken Wärmeverlust, wodurch der Vorteil einer guten Dämmung durch das Material wieder eingebüßt wird. Über den offenen Boden gelangen zusätzlich Feuchtigkeit und Mikroben in die Beute.
- Ein weiterer Nachteil von Styropor ist, dass sich keine Mikrofauna in diesem Material ansiedeln lässt. Hierzu gehören auch die Bücherskorpione. Plastik ist ein totes Material und liefert keine Lebensgrundlage für die natürliche Mikrofauna, die unsere Bienen seit Urzeiten begleitet. Darüber hinaus sind viele der Kleinstlebewesen auf organisches Material wie Holz zum Überleben angewiesen.
- Auch nach aufwendigsten Umbaumaßnahmen an Styroporbeuten, die unter anderem den Einbau von Strohkammern und feuchtigkeitsreduzierende Maßnahmen mit berücksichtigten, gelang es nicht, eine Mikrofauna dauerhaft zu integrieren. Dies lag insbesondere an der Wechselhaftigkeit des Innenklimas und vermutlich auch an einer sich bildenden Elektrostatik. Viele Kleinstlebewesen orientieren sich über sogenannte Becherhaare (Trichobothrien), die bei elektrischen Ladungen fehlgeleitet werden, was zur Orientierungslosigkeit führen kann.

Bienenkiste und Trogbeuten

Die Bienenkiste sowie einige Trog- und Einraumbeuten haben eine äußerst ungünstige Geometrie. Der Rauminhalt ist im Vergleich zur Oberfläche gering und der Deckel weist eine große Fläche auf. Dies verursacht gleich zwei signifikante Probleme. Zum einen geht über die Deckelfläche sehr viel Wärmeenergie verloren, zum anderen verteilt sich die von den Bienen erwärmte Luft gleichmäßig

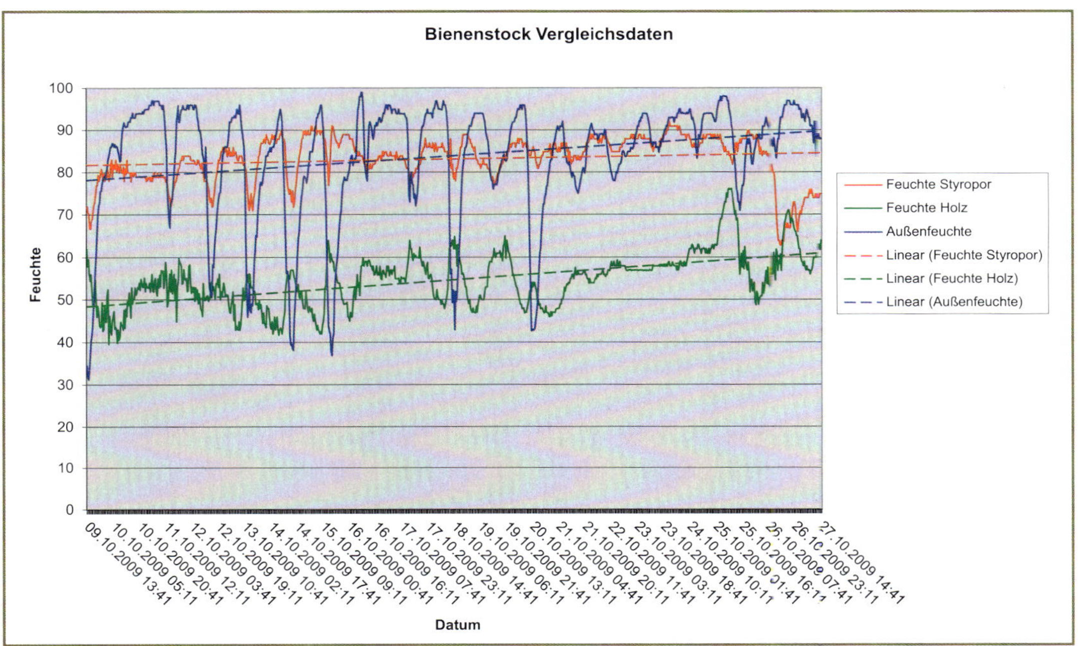

Das Diagramm zeigt Feuchtigkeitsmessungen in einer Segeberger Styroporbeute, verglichen mit einer doppelwandigen, massiven Holzbeute. Beide weisen die selben Maße auf, stehen am selben Standort und sind ausgerüstet mit baugleichen, jeweils identisch platzierten Messfühlern. Blaue Linie. Die Außenfeuchtigkeit unterliegt starken Schwankungen. Am Morgen und in der Nacht ist es besonders feucht, während des Tages sinkt die relative Luftfeuchtigkeit stark ab. Rote Linie: Die Innenfeuchtigkeit in der Segeberger Beute bewegt sich zwischen 80 und 90 Prozent relativer Luftfeuchtigkeit. Die Bildung von Schimmel auf den Waben ist somit vorprogrammiert. Styropor lässt keine Feuchtigkeit durch, nimmt keine Feuchtigkeit auf und verhält sich daher neutral. Das bedingt, dass die Schwankungen kongruent (deckungsgleich) mit der Außenfeuchtigkeit verlaufen. Der Ausschlag ist jedoch nicht so stark, da es sich um ein (bis auf das Flugloch) geschlossenes System handelt. Grüne Linie: Die Innenfeuchtigkeit im massiven, unbehandelten, doppelwandigen Holzstock bewegt sich im Durchschnitt zwischen nur 40 und 60 Prozent relativer Luftfeuchtigkeit. Schimmelwachstum ist somit ausgeschlossen. Auffällig ist: Die Luftfeuchtigkeit bewegt sich gegenläufig zur Außenfeuchtigkeit. Wenn es draußen sehr feucht ist, fällt die Feuchtigkeit im Inneren des Stocks ab. Wenn es dagegen draußen sehr trocken ist, steigt die Luftfeuchtigkeit im Inneren an. Das Holz verhält sich wie ein Schwamm. Die Aufnahme respektive Abgabe von Feuchtigkeit ist abhängig vom umgebenden Konzentrationsgefälle. Etwas vereinfacht beschrieben: Ist die umgebende Atmosphäre feuchter als das Holz, nimmt dieses Feuchtigkeit auf. Ist die umgebende Atmosphäre trockener, gibt das Holz die gespeicherte Feuchtigkeit wieder ab. Diese Funktion verursachte temporär ein signifikant trockeneres Innenklima. Allerdings ist die Speicherungsfunktion stark abhängig von der Holzmasse; ist diese zu gering, fällt auch die Pufferungskapazität gering aus. Daher sättigte sich die Holzbeute immer weiter, sodass sie letztendlich dauerhaft feuchte Bedingungen aufwies. Dennoch konnten wichtige Eigenschaften und Unterschiede in dieser Untersuchung sichtbar gemacht werden.

Eine der mit Temperatur- sowie Feuchtigkeitssensoren ausgestatteten Styroporbeuten (2010).

unter der großen Fläche des Deckels – und geht auf diese Weise größtenteils für die Bienen verloren. Auch die geringe Höhe der Bienenkiste wirkt sich negativ auf den Wärmeenergieerhalt aus. Daher müssen die Bienen für die Temperaturerzeugung viel mehr Energie aufwenden als in einer geometrisch vorteilhafteren Bauform mit demselben Rauminhalt. Die Bienenkiste wurde ebenfalls in unseren Langzeitklimamessungen untersucht. Die Ergebnisse machen deutlich, dass sie für eine artgerechte Bienenhaltung nicht geeignet ist. Darüber hinaus kommt es in der Bienenkiste entlang der Ecken und Kanten vermehrt zur Kondenswasserbildung, was wiederum das Schimmelwachstum auf den Waben begünstigt (siehe Abbildung S. 65 oben rechts).

Eine der doppelwandigen massiven Holzbeuten wird ebenfalls mit den gleichen Sensoren ausgestattet und am selben Standort platziert. Das damalige Ziel war es, herauszufinden warum die natürliche Mikrofauna – inklusive der Bücherskorpione – in Styroporbeuten nicht überlebte. Die Hypothese, dass dieser Problematik unter anderem klimatische Faktoren zu Grunde liegen, konnte durch die Messungen bestätigt werden. 2008/2009 steckte die Beutenklimaforschung noch in den Kinderschuhen. Dennoch konnten durch diese Messreihen bereits elementare Zusammenhänge und Erkenntnisse bezüglich des Beutenklimas aufgezeigt werden.

Bienenkiste mit einem Bienenvolk in der Winterzeit. Das mittig angebrachte Messgerät zeichnet die Temperaturen und die Feuchtigkeitswerte innerhalb, aber auch außerhalb der Behausung auf. Der Sensor liegt dabei im Innenraum der Bienen, direkt vor dem Mittelbrett in der zweiten Wabengasse. Diese Platzierung wird auch bei allen anderen Messungen gleichermaßen eingehalten. Der Sensor liegt immer am weitesten Punkt vom Flugloch entfernt, um eine Verfälschung der Messwerte durch den Luftaustausch zu vermeiden.

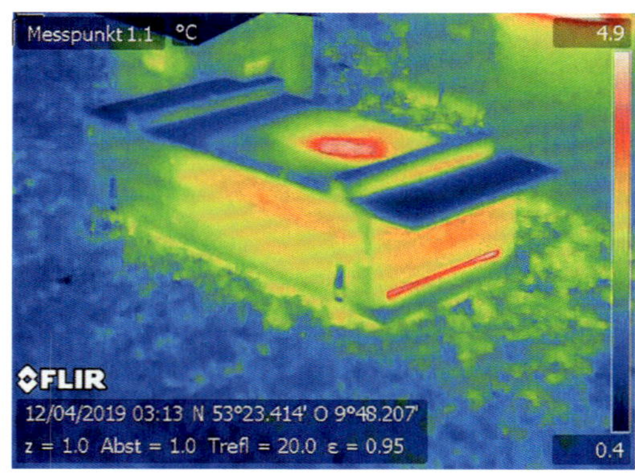

Wärmebild einer Bienenkiste in der technischen Messung. Die gelben, roten und weißen Bereiche zeigen den großflächigen Wärmeenergieverlust. Die Wärme kann sich aufgrund der fehlenden Höhe nicht sukzessive von oben nach unten zurückstauen und abkühlen, sondern geht direkt durch das ausgedehnte Flugloch verloren. Die Wabenrichtung zeigt dabei genau zum Flugloch, was den Wärmeenergieverlust weiter verstärkt.

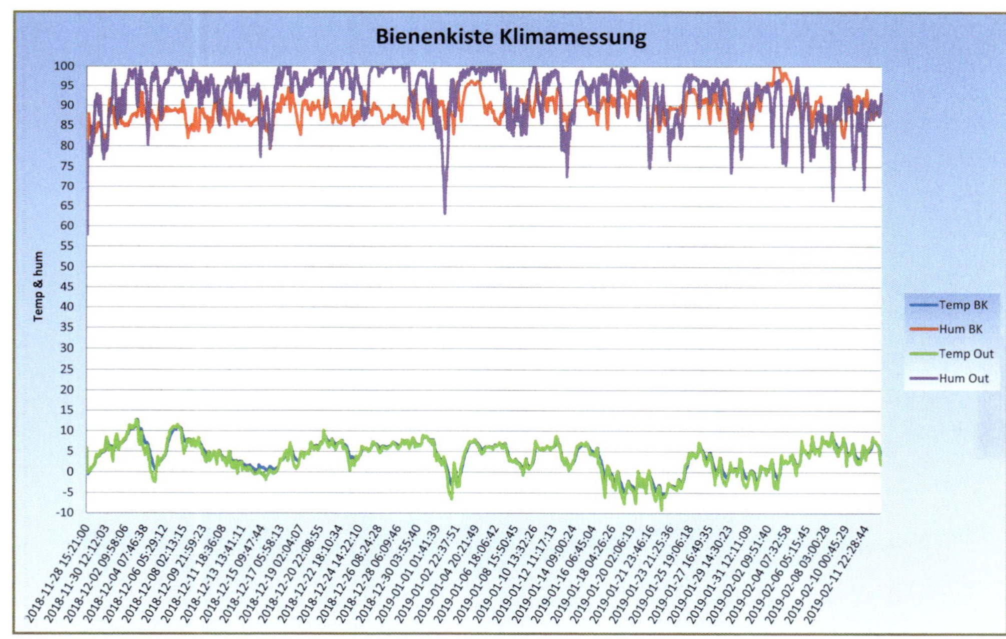

Die am lebenden Bienenvolk gewonnenen Daten fielen signifikant schlechter aus als in der technischen Messung. Die Bienen schafften es trotz aller Versuche nicht, eine stabile Innentemperatur zu erzeugen. Die Innentemperaturen lagen dabei im Durchschnitt nur etwa ein halbes Grad Celsius über den Außentemperaturen. Als diese in den Minusbereich sackten, froren die Vorratswaben der Bienen ein. Dies führt nicht selten zum Futterabriss, ein Phänomen, bei dem die Tiere auf ihren Waben sitzend verhungern, da der Honig zu fest wird, um ihn aufzunehmen. Solche Bedingungen kommen in geeigneten Baumhöhlen nicht vor. Dennoch wird die Bienenkiste in einem minderwertigen Sperrholzdesign von einer bekannten Baumarktkette verkauft und als artgerecht beworben.
Grüne Linie: Außentemperatur Durchschnitt: 3,1 °C. Blaue Linie: Innentemperatur (zweite Wabengasse) Durchschnitt: 3,6 °C. Lila Linie: Außenfeuchtigkeit mit typischen Tag-Nacht-Schwankungen, Durchschnitt: 93,42 % relative Luftfeuchte. Rote Linie: Feuchte in der Bienenkiste, Durchschnitt: 89,02 % relative Luftfeuchte *(siehe S. 43)*.

Dünnwandige Holzbeuten

In dünnwandigen Beutensystemen besteht besonders in den Ecken immer das Problem von Kältebrücken und der damit verbundenen Kondenswasserbildung. Zusätzlich ist der Wärmeverlust im Vergleich mit dem natürlichen Habitat (den Baumhöhlen) sehr hoch. Die Pufferfunktion des Holzes kommt ebenfalls nicht zum Tragen, da nicht genügend Holzmasse zur Verfügung steht. Zusammengefasst: Diese Beuten sind kalt und feucht – beides minimiert die Überlebenswahrscheinlichkeit des Biens bei der Überwinterung.

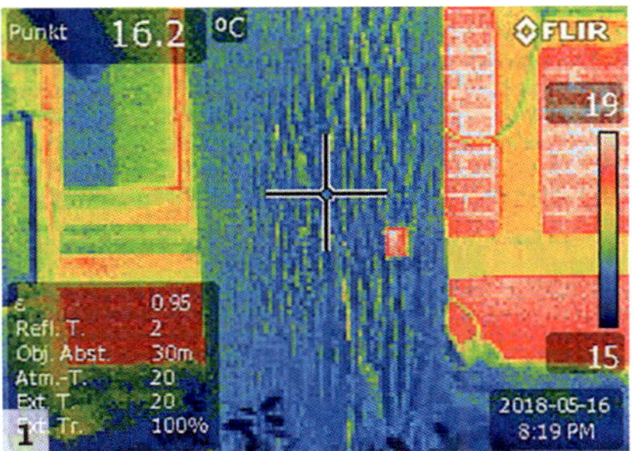

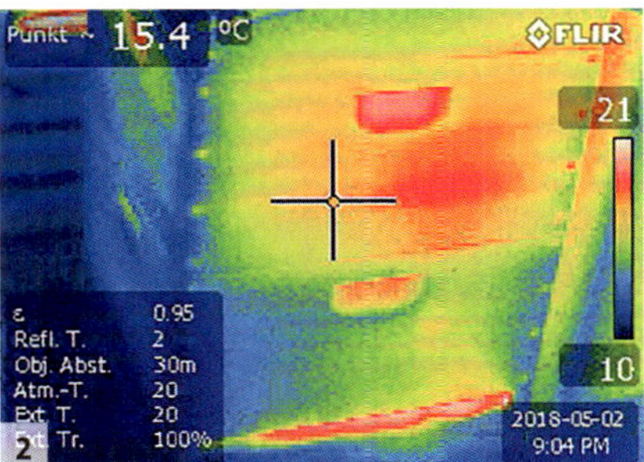

1 *Wärmebildsignatur des bienenbesetzten massiven Eichenstamms, der Wärmeverlust ist äußerst gering.*
2 *Wärmebild einer Standardholzbeute. Gut zu sehen sind die punktuellen Kältebrücken durch die Verschraubungen, sowie die Kaltbereiche in den Ecken. Der stetige Energieverlust muss von den Bienen kompensiert werden, was das Gesamtverhalten des Bienenvolks maßgeblich beeinflusst. Die linke Außenfläche der Kiste weist im Vergleich zur Vorderseite einen geringeren Wärmeenergieverlust auf. Dieser Effekt entsteht durch den Isolationseffekt der randständigen Rähmchen & Waben im Innern.*
3 *Profil einer Baumhöhle (Stammquerschnitt) im Vergleich mit einer Standardzarge, die in der Imkerei verwendet wird. Die Holzmasse der natürlichen Baumhöhlen isoliert die von den Bienen erzeugte Wärme nicht nur gut, sie speichert zudem die Umgebungstemperatur und Feuchtigkeit. Außerdem wird die Wärme der Bienen auf einen kleinen Durchmesser konzentriert. Dadurch entsteht in den Baumhöhlen eine homogene Wärmeverteilung, die zusammen mit der Propolisierung die Grundlage für eine antibiotische Stockatmosphäre bildet.*

Niedrigenergiebeuten

Eine wachsende Imkerschaft ist sich der Tatsache bewusst, dass warmhaltige Beuten den Bienen signifikante Vorteile bieten, da der Grundumsatz des Bienenvolks dadurch sinkt. Deshalb werden derzeit viele bestehende Beutensysteme gedämmt oder ganz neue Bienenstöcke entworfen, die in der Regel über eine entsprechende Leichtbauisolierung verfügen. Zahlreiche Messungen des Innenklimas ergaben jedoch, dass Isolierungen aus leichten Materialien zwar den Grundumsatz senken, jedoch weiterhin eine hohe Abhängigkeit vom Außenwetter aufweisen und daher nicht den natürlichen Bedingungen in Baumhöhlen entsprechen.

Die Rameilbeute zeigt deutlich die Vorteile einer aufgebrachten Isolation. Die Bienen sind dadurch in der Lage, eine deutlich höhere Innentemperatur zu erzeugen, was den Grundumsatz im Bienenvolk deutlich verringert. Die Insekten müssen daher weniger Zucker in Wärme umwandeln, was auch die erzeugte Wassermenge im Stock reduziert und die Lebenszeit jeder einzelnen Biene verlängert. Der diffusionsoffene, isolierte Deckel (rechts) sorgt dafür, dass Feuchtigkeit nach außen abgetragen werden kann. Das Resultat ist eine stabile und unter der Schimmelgrenze von 80 Prozent liegende Stockfeuchte. Somit kann zwar kein Wabenschimmel entstehen, jedoch wird hierdurch ein neues, „unnatürliches“ Problem erschaffen: Wassermangel! Zu Beginn der Brutzeit sind die Bienen daher gezwungen, draußen Wasser zu sammeln, auch wenn die Temperaturen dafür zu kalt sind. Dieser Umstand kostet vielen Bienen das Leben, da sie erkalten und sterben.

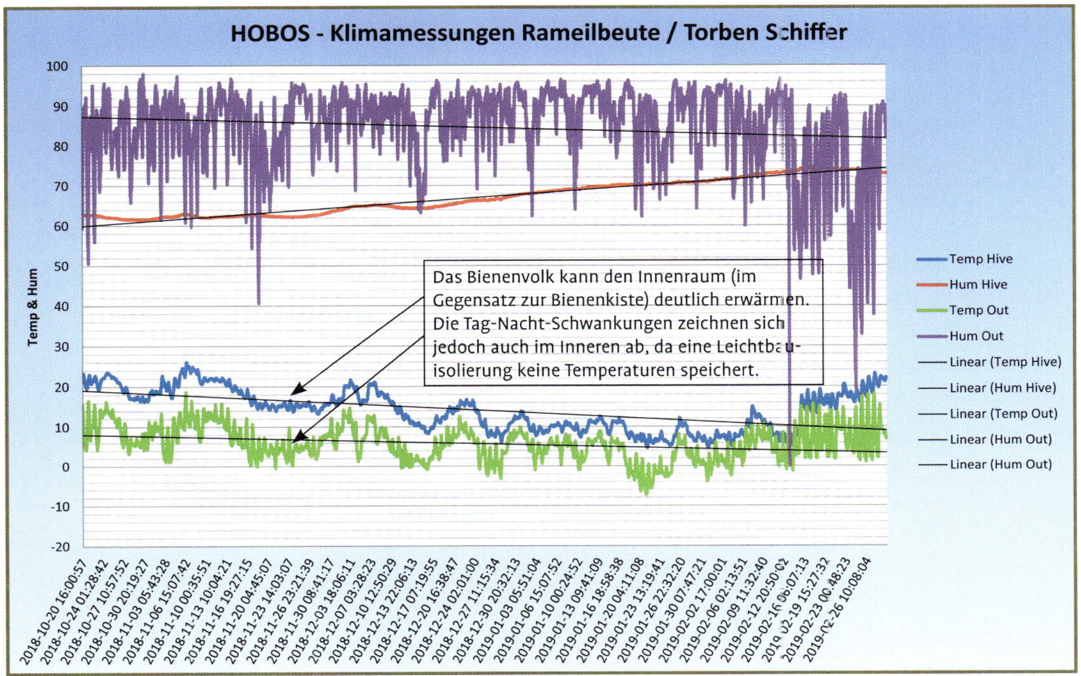

Der sich im Laufe des Winters verringernde Abstand der Innen- und Außentemperatur (blaue und grüne Linie) zeigt die abnehmende Volksstärke (ein großer Teil des Bienenvolks stirbt über den Zeitraum des Winters). Die linear verlaufende relative Luftfeuchtigkeit erfährt aufgrund der sinkenden Innentemperatur einen Anstieg, bis die erste Bruttätigkeit beginnt (deutlicher Anstieg der Innentemperatur am 15. Februar 2019). Die starken täglichen Temperaturschwankungen zeigen deutlich, dass die Bienen nicht in der Lage sind, eine vom äußeren Wetter unabhängige (lineare) Innentemperatur zu erzeugen, wie das in Baumhöhlen normalerweise der Fall ist. Sie versuchen bei sinkenden Temperaturen jedoch stets einen Ausgleich herzustellen, indem sie gegenheizen. Diese erschöpfende Tätigkeit bleibt ihnen in ihrem natürlichen Habitat, den Baumhöhlen, weitestgehend erspart. Leichtbauisolierungen führen also ebenfalls zu keinem natürlichen, wetterunabhängigen Innenklima. Blaue Linie: Temperatur im Bienenstock; Durchschnittstemperatur 14,1 °Celsius. Grüne Linie: Außentemperatur; Durchschnittstemperatur 5,74 °Celsius. Lilafarbene Linie: Außenfeuchtigkeit mit typischen Tag-Nacht-Schwankungen; Durchschnittsfeuchtigkeit 84,6 Prozent. Rote Linie: Relative Innenfeuchtigkeit; Durchschnittsfeuchtigkeit 67,2 Prozent (zu trocken für eine Wabenschimmelbildung).

Strohkorb (Stülper)

Der historische Strohkorb wurde für die Bienenhaltung über Jahrhunderte hinweg erfolgreich eingesetzt. Die Bienen konnten wie in einer Baumhöhle ihre Waben frei an die Decke und die oberen Seitenwände des Korbes anbauen. Hierdurch entsteht das gleiche energieschonende Kammersystem, das wir auch in Baumhöhlen vorfinden. Der niedrige Energiebedarf sorgt dafür, dass viele Millionen Stunden für elementar wichtige Aufgaben zur Verfügung stehen – wie etwa das gegenseitige Grooming (Putzen, Entlausen) – und begründet im

Wesentlichen die für eine Beute bemerkenswerte Klimastabilität. Die gründliche Propolisierung und die homogene Wärmeverteilung im Inneren sorgen für die Nestduftwärmebindung. Das nicht erweiterungsfähige Volumen garantiert einen natürlichen biologischen Ablauf und somit natürliche Verhaltensweisen der Bienen. Strohkörbe sind aufgrund ihrer physikalischen Eigenschaften daher jeder modernen Bienenbeute weit überlegen. Mein Strohkorbvolk lebt seit Jahren ohne jegliche manipulative Eingriffe oder Behandlungen. Wenn man die Bienen unangetastet und vollkommen ungestört lässt, die Körbe bodenfern und regengeschützt aufstellt, lassen sich Bienen vollkommen pflegefrei in ihnen halten. Ich empfehle jedoch, das historischerweise oben liegende Flugloch zu verschließen und am unteren Korbrand eine Einflugsmöglichkeit zu schaffen, damit das Abströmen der warmen Stockluft von vorneherein vermieden bleibt.

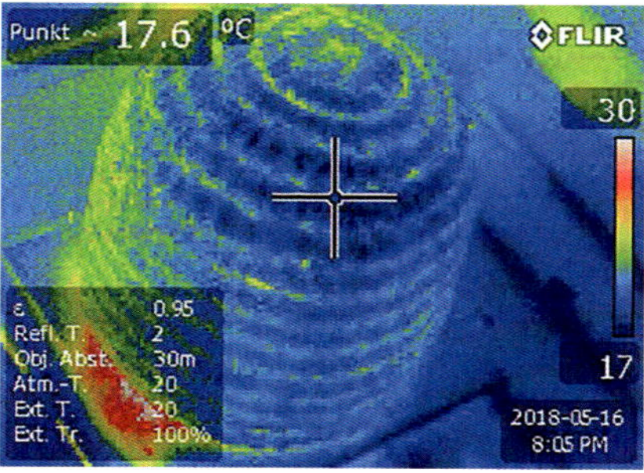

Die Wärmebildaufnahme des historischen Bienenkorbs aus Stroh offenbart die Vorteile dieser über Jahrhunderte hinweg verwendeten Geometrie. Der geringe, unveränderliche Rauminhalt, die soliden Strohwände und der Naturwabenbau führen zu einer bemerkenswerten Klimastabilität.

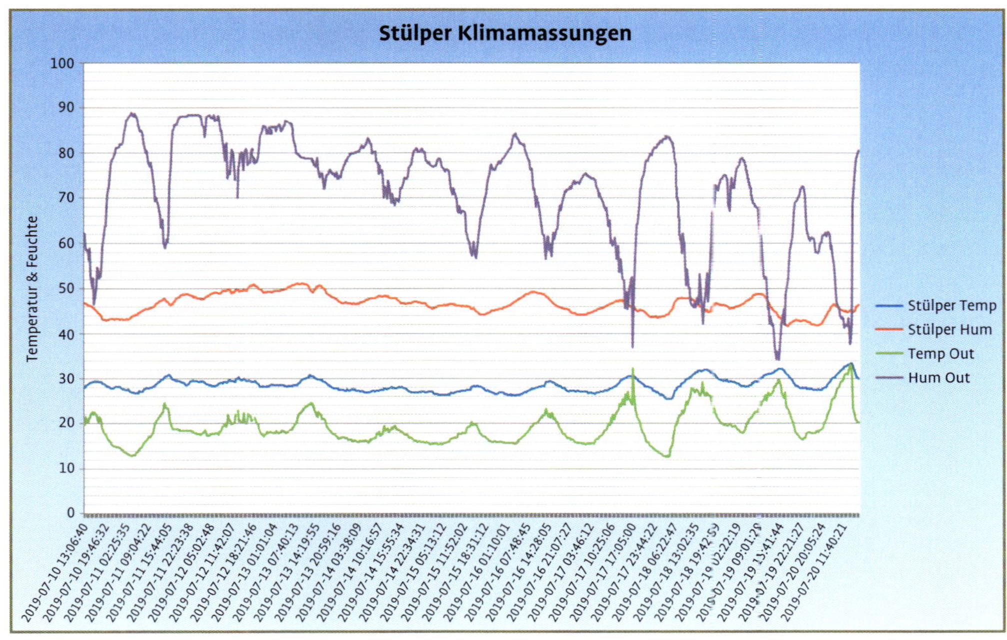

Erst bei extremen Temperaturschwankungen sind Auswirkungen auf das Stockklima sichtbar, das ansonsten sehr linear verläuft. Diese Behausung kommt den klimatischen Bedingungen in einer Baumhöhle recht nahe; allerdings führt die Diffusionsoffenheit des Materials zu einem trockeneren Innenklima als wir es aus Baumhöhlen kennen. Die gleichmäßige Temperaturverteilung sowie die gewissenhafte Propolisierung führen zu einer funktionierenden Nestduftwärmebindung. Das Bienenvolk in dem oben abgebildeten Bienenkorb verbrauchte während der gesamten Winterzeit 2018/19 nur 2,4 Kilogramm an Wintervorrat (Honig), während die Kistenvölker am gleichen Standort 17–22 Kilogramm verbrauchten. Grüne Linie: Außentemperatur. Blaue Linie: Innentemperatur. Rote Linie: Innenfeuchtigkeit. Lila Linie: Außenfeuchtigkeit.

Strohkorb mit einem Bienenvolk in der Klima-Langzeitklimamessung. Unter den Korbrand wurde ein kleiner Korkstreifen eingefügt, sodass die Bienen einen unten liegenden Flugschlitz erhalten.

Das normalerweise oben liegende Flugloch wurde verschlossen, um einen Verlust der warmen Stockluft zu vermeiden. Es dient nun als Zugang für die Messtechnik.

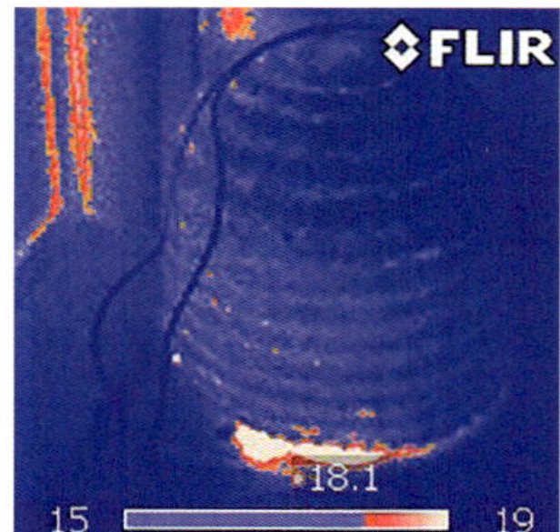

Der Strohkorb im Sommer in einer Wärmebildaufnahme. Die warmen Wächterbienen am Eingang sind ausgezeichnet zu sehen.

Ein Strohkorb in der technischen Messung mit dem oben gelegenen Flugloch. Die im Inneren erzeugte warme Luft strömt durch dieses stetig nach außen, wodurch der Energiebedarf dieser Geometrie erheblich steigt. Daher ist es empfehlenswert, bei solchen Körben das oben liegende Flugloch zu verschließen.

Dass das Kondenswasser in modernen Stöcken regelhaft zu problematischen Keimbelastungen führt, ist neben der fehlenden Propolisierung, den Bauformen, den zu großen Volumina und den Rähmchen auch auf den Standort zurückzuführen.

DIE STANDORTWAHL

Die Aufstellung der Bienenkästen in Bodennähe sorgt aufgrund der Bodenfeuchte für feuchtere Bedingungen im Inneren. Zusätzlich besteht die Erde vorwiegend aus Destruenten wie Pilzen und Bakterien, die organisches Material zersetzen. Daher gibt es in unseren Breiten kein staatenbildendes Insekt, das im wachen Zustand und auf Vorrat den Winter im Boden überdauern könnte. Erdwespen lösen ihre Nester auf und nur die Wespenkönigin überlebt, indem sie sich bodenfern einen Überwinterungsplatz aussucht. So findet man diese Königinnen vermehrt in Feuerholzstapeln, wo sie in einer Kältestarre verharren und fern von den zersetzenden Mikroorganismen des Bodens überwintern. Nimmt man eine solche Königin und legt sie auf den Boden, so wird man feststellen, dass sie innerhalb weniger Tage Schimmel ansetzt und schließlich von den Mikroorganismen zersetzt wird. Ameisen dehydrieren, wodurch ihr Salzgehalt steigt und ein natürlicher antibiotischer Frostschutz entsteht. Auch sie gehen in eine Kältestarre über und überwintern inaktiv. Dass die Bienen den Winter in unseren Breiten im wachen Zustand und auf Vorrat überdauern können, ist der Tatsache geschuldet, dass sie bodenfern – und durch ihre Nestduftwärmebindung vor schädlichen Mikroorganismen geschützt – in einer Baumhöhle leben. Die natürliche Selektion hat auch hier im Laufe von Jahrmillionen ihre Präferenz für die Höhe erschaffen. Bienen, die sich Höhlen in größeren Höhen aussuchten, hatten bessere Überlebenschancen als diejenigen, die bodennah nisteten. Das sich unter den Bäumen bildende Mikroklima stabilisiert zudem die klimatischen Verhältnisse im Inneren der Bienenbehausung. Diese sollten daher nie direkt auf der Wiese und unter freien Himmel aufgestellt werden, sondern stets geschützt und so bodenfern wie möglich unter beziehungsweise direkt an einem Baumstamm stehen.

DAS BIENENVOLK – EINE BERECHENBARE GRÖSSE!

Ein Bienenvolk verfügt über eine berechenbare Arbeitskapazität, die keinesfalls endlos ist. Wenn wir manipulativ in die biologischen Abläufe und/oder züchterisch in das Verhalten der Bienen eingreifen, verschieben wir die Zeiträume, die von den Bienen für bestimmte Tätigkeiten aufgewendet werden. Das Arbeitsvermögen pro Tier bleibt jedoch unveränderlich.

Daher gibt es auch keine „faulen" Völker oder solche, die nichts taugen, wie in der Imkerei oftmals propagiert. Es gibt nur Bienenkolonien, die ihre Arbeitskapazität anders aufteilen. Ironischerweise werden insbesondere Bienenvölker, welche sich intensiv putzen, als „faul" angesehen, da sie nicht so schnell wachsen, nicht so viel Honig erzeugen und somit nicht den imkerlichen Kriterien eines „guten" Bienenvolks entsprechen. Dies führt oftmals dazu, dass der Imker die Königin totquetscht (Entweiseln) und durch eine neue ersetzt (Einweiseln), die seinen Vorstellungen besser entspricht. Durch diese Eingriffe werden natürliche Verhaltensweisen, die für die Bienen von zentraler Bedeutung sind, stetig weiter minimiert.

Bienen, die sich gegenseitig putzen, können in dieser Zeit keine Larven füttern und keinen Nektar verarbeiten. Solche, die damit beschäftigt sind, den Vorrat einzutragen, haben hingegen weniger Zeit sich zu putzen. Jedes Verhalten, das wir den Bienen abverlangen, kostet also auch etwas. Die Arbeitszeit, die bei einer Raumerweiterung für das Füllen der neuen, leeren Kiste aufgewendet wird, geht in direkter Weise für andere überlebenswichtige Verhaltensweisen verloren.

Durch vielzählige Manipulationen haben wir den Bienen in den letzten Jahrzehnten immer mehr Arbeit aufgebürdet. Lagen die Honigerträge in der Mitte des letzten Jahrhunderts noch bei durchschnittlich 15 Kilogramm pro Volk und Jahr, so sind es heute drei Mal so viel – manchmal sogar deutlich mehr. Erzielt werden diese von den natürlichen Bedürfnissen der Bienen losgelösten Superlative durch profunde, regelmäßige Manipulationen wie etwa Raumerweiterungen und Schwarmverhinderungen (Abtöten der Weiselzellen, der Königinnenzellen). Bei den Raumerweiterungen wird das Volumen regelhaft um das Doppelte, in einigen Fällen sogar um das Drei- bis Vierfache vergrößert. Die unnatürlich große Geometrie muss von den Bienen letztendlich mit Waben, Brut und Vorrat gefüllt werden. Für das Erzeugen von einem Kilogramm Wachs wird hierbei die Energie von bis zu zehn Kilogramm Honig benötigt – und in jedem Kilogramm Honig stecken etliche Tausend Arbeitsstunden. Der gesamte Innenraum muss durchgehend von den Bienen erwärmt, der dafür erforderliche Kraftstoff in Form von Nektar eingetragen und zu Honig verarbeitet werden.

Weitaus größer als der sichtbare Überschuss ist also der im Hintergrund laufende Energieumsatz jeder Bienenkolonie. Dieser fällt dem Imker nur dann auf, wenn er in der Mitte des Sommers seine Bienenvölker notfüttern muss, da sie ansonsten zu verhungern drohen. An dieser Stelle werden oftmals die Stimmen lauter, welche die Ursache für die Nektararmut in der heutigen Landwirtschaft verorten. Tatsächlich jedoch liegt die Ursache insbesondere in den großvolumigen, wärmeverströmenden Bienenstöcken und den durch Manipulationen erzeugten unnatürlich großen Völkern. Was in der Nektarzeit Rekordeinträge verursacht, kehrt sich also während der Nektardürre ins Gegenteil. Unnatürlich große Völker in riesigen Volumina benötigen jeden Tag auch entsprechend große Mengen an Energie. Ist der Nektarstrom in der Natur unterbrochen, laufen diese Massentierhaltungskisten schnell leer. Ein Bienenvolk in einer „Normalmaßbeute" kann während dieser Zeit 500–1000 Gramm an Gewicht pro Tag verlieren, während Bienenvölker in Strohkörben oder Baumhöhlen nur einen Bruchteil dieser Energiemenge in der gleichen Zeit benötigen!

Obwohl die moderne Imkerei zusätzlich rekordverdächtige Mengen an Honig aus jedem Bienenvolk herausholt, wird gleichzeitig mit dem Finger auf die Landwirtschaft gezeigt, die vermeintlich dafür verantwortlich ist, dass die Bienen ohne Auffütterung während des Sommers verhungern würden. Dass diese Erklärung jedoch nicht zutreffend ist, beweisen unter anderem naturorientiert gehaltene Strohkorbvölker, die trotz eines viel geringeren Nektarflugs das ganze Jahr hindurch ein entsprechend hohes Gewicht aufweisen, während zeitgleich die Bienenvölker in Standardkästen (am selben Standort) notgefüttert werden müssen. Die von den verschiedenen Bienenstöcken angefertigten Wärmebildaufnahmen und Klimamessungen visualisieren diese Problematik eindrucksvoll.

Einen weiteren Hinweis, wie groß die in der modernen Imkerei verschwendete Energiemenge tatsächlich ist, liefert der Hitzesommer im Jahr 2018, in dem die Vegetation weitestgehend vertrocknete, aber die Imkerei dennoch Rekordmengen an Honig in den Stöcken verzeichnete. Die Erklärung für diesen großen Überschuss – trotz der großflächig verdorrten Nektarpflanzen – ist, dass die Bienen einen deutlich geringeren Grundumsatz zur Erwärmung des Innenraums hatten, da die Außentemperatur nahezu der Bruttemperatur entsprach.

Die Beuten, Methoden und Manipulationen der etablierten Imkerei binden hierbei den größten Teil der Gesamtarbeitskapazität eines jeden Bienenvolks. Dies lässt sich in einer Rechnung exemplarisch verdeutlichen:

Ein durchschnittliches Bienenvolk in einer Zanderbeute (eine großvolumige Magazinbeute) hat einen Grundumsatz von bis zu 300 Kilogramm Honig pro

Jahr[20] (mindestens 600 Kilogramm Nektar). Diese beeindruckende Menge wird unter anderem benötigt, um Waben zu bauen, den Nektar zu dehydrieren, aber insbesondere um die Bruttemperatur aufrechtzuerhalten. Etwa 20 Kilogramm werden für das Überleben in der Winterzeit benötigt. Um diese Mengen einzutragen, zu verarbeiten und umzusetzen, wird der größte Teil der Gesamtarbeitsleistung gebunden. 100 000 bis 200 000 kurzlebige Nektarbienen werden nur für den Eintrag pro Jahr benötigt. Entsprechende Massen an Brut müssen generiert werden (wodurch auch eine entsprechende Menge an Varroamilben entsteht). Wenn man jedoch nur die Flugzeiten der Nektarbienen berechnet, summiert sich die Sammelzeit „spielend" auf 20 Millionen Stunden pro Jahr. Hierbei ist die Weiterverarbeitung zu Honig sowie der vom Imker aus den Stöcken erbeutete „Überschuss" noch gar nicht berücksichtigt.

In einer geeigneten Baumhöhle hingegen benötigt ein Bienenvolk mit 30 bis 50 Kilogramm Honig (60 bis 100 Kilogramm Nektar) bis zu zehn Mal weniger Energie für den Grundumsatz.

In dieser Rechnung verbraucht ein Bienenvolk in einer modernen Standardbeute bis zu einer halben Tonne pro Jahr zusätzlich an Nektar und muss dafür etwa 18 Millionen Stunden mehr fliegen als ein Naturvolk. Wenn man berücksichtigt, dass ein natürliches Baumhöhlenvolk aufgrund des kleineren Volumens der Höhle etwa vier Mal kleiner ist, bleiben immer noch 4,5 Millionen Stunden übrig, die ein Bienenvolk (in derselben Größe) nur für den Energieverlust der Kiste zusätzlich fliegen muss: viele Millionen Stunden, die den natürlichen Verhaltensweisen verloren gehen. Observiert man Bienenvölker in unterschiedlichen Geometrien, welche nebeneinander stehen, werden die Unterschiede nur allzu deutlich. Die Kistenvölker fliegen bereits bei den niedrigsten Temperaturen und den widrigsten Wetterbedingungen, während die Völker in den Strohkörben oder in den Baumhöhlensimulationen mit gründlichem Washboarding, Grooming und Putzverhalten beschäftigt sind (siehe Kapitel „Vorratssicherheit – Auslöser für natürliche Verhaltensweisen", S. 154). Hierbei werden Schädlinge wie Wachsmottenlarven aus dem Bienenstock herausgetragen, Varroamilben bekämpft, geschädigte Brut entfernt und die Oberfläche der Stockwände gereinigt. Die Bienen in der Imkerei haben hierfür buchstäblich keine Zeit, da sie dem extremen Energiebedarf ihrer Behausung nachkommen müssen. Zudem werden sie künstlich im Notstand gehalten, indem der obenliegende Raum vom Imker erweitert wird. Ironischerweise freuen sich die Imker in der Regel auch noch darüber, wenn sie vor dem Bienenstock stehen und eine starke Flugtätigkeit beobachten können. Völker, die viel fliegen, die taugen etwas – vermeintlich.

---

[20] Jürgen Tautz: Phänomen Honigbiene (2007). Spektrum Akademischer Verlag.

Parameter für die Berechnungen

Jede Biene kann 40 Milligramm Nektar in ihrem Honigmagen speichern. Dieser Vorrat dient ebenfalls als Energiequelle für die Flugtätigkeit. Nehmen wir an, dass jede Biene mit 30 Milligramm Nektar den Stock erreicht, so werden 20 Millionen Flüge benötigt, um 600 Kilogramm Nektar einzutragen. Diese werden dann zu Honig weiterverarbeitet, wobei der Nektar mindestens die Hälfte an Gewicht verliert. Gehen wir davon aus, dass jeder Ausflug nur eine Stunde dauert, dann erreichen wir im Ergebnis 20 Millionen Flugstunden im Jahr, welche nur dazu dienen, den lebenswichtigen Grundbedarf in einer modernen Beute zu decken.
(Zur Erläuterung: Die Flugzeiten können in dieser mit statischen Parametern erstellten Rechnung nur exemplarisch dargestellt werden. In der Natur unterliegen diese vielen dynamischen Faktoren, wie etwa der Entfernung zu Trachtquellen und deren Ergiebigkeit.)

Durch die gängigen Standardbeuten und Betriebsweisen wird unnötig tonnenweise Nektar aus der Natur abgesaugt und verbrannt. Der größte Anteil der gesamten Brut – und der damit einhergehenden Varroamilbenpopulation – wird nur für die Deckung dieses Energieverlusts erzeugt. Darüber hinaus stehen

Glyphosat lässt großflächig alles Leben absterben. Diese sogenannten „Pflanzenschutzmittel" sind eine ökologische Katastrophe. Kein Wildkraut, keine Wildblume überlebt den Einsatz dieser Pestizide. Zurück bleiben riesige Agrarwüsten. Bienen aller Art finden hier keine Lebensgrundlage mehr. Das Insektensterben geht maßgeblich auf den Einsatz dieser Mittel zurück. Auch Tierarten, die sich wiederum von den Insekten ernähren, werden dadurch gefährdet.

Landwirtschaftlich genutzte Flächen im Vergleich. Die linke Seite wurde zuvor mit Glyphosat besprüht.

die so gehaltenen Honigbienenvölker in einer problematischen Nahrungskonkurrenzsituation zu solitären Wildbienen, denen durch die mittlerweile stark verbreitete und nicht artgerechte Honigbienenhaltung die Nahrungsgrundlage weiter entzogen wird[21]. Denn der Grundumsatz in Kisten sowie die imkerlichen Erträge ziehen tausende Tonnen an Nektar aus dem natürlichen Kreislauf. Die Honigbienen sind dabei in ihrem Flugradius und in ihrer Sammeltätigkeit wesentlich effizienter als ihre solitären Artgenossen. Während dessen sind aufgrund der fortschreitenden Bebauung der Landschaft sowie durch die industrielle Landwirtschaft bereits 197 der mehr als 550 verschiedenen Wildbienenarten in Deutschland gefährdet, 31 weitere sind vom Aussterben bedroht und 42 Arten stehen derzeit auf der Vorwarnliste.

In Regionen, in denen die Imker ihre Bienen aufgrund der beschriebenen Zusammenhänge notfüttern müssen, gibt es für die Wildbienen daher normalerweise längst keine ausreichende Nahrungsgrundlage mehr.

---

[21] https://schleswig-holstein.nabu.de/tiere-und-pflanzen/insekten/wespen/19172.html

DIE KISTENHALTUNG – EIN UNNATÜRLICHER SELEKTIONSFAKTOR

Die Haltungsbedingungen in der modernen Imkerei haben sich so weit von der natürlichen Lebensweise der Honigbienen entfernt, dass viele Bienenvölker – insbesondere im Winter – allein an den Auswirkungen der Kistenhaltung zugrunde gehen. Die Kiste mitsamt Rähmchen und imkerlichen Manipulationen stellt also eine Haltungsform dar, die biologisch gesehen oftmals das Pessimum unterschreitet. Vereinfacht ausgedrückt kann man sagen, dass die Kiste selbst einen signifikanten Selektionsfaktor darstellt. Aufgrund der artfremden Lebensbedingungen, die sie bietet, sorgt sie dafür, dass zahlreiche Bienenvölker alleine an den Nebenwirkungen dieser Haltungsform sterben:

Zusammenbrechende Völker im Frühjahr Die sprunghaften und stark an die Wettersituation gebundenen klimatischen Verhältnisse in den modernen Bienenstöcken führen oftmals dazu, dass kleinere Bienenvölker im Frühjahr zusammenbrechen und sterben. Das liegt darin begründet, dass die Behausung sich an den ersten warmen Tagen im Jahr ebenfalls umgehend erwärmt und die Bienen ein Brutfeld anlegen. Nicht selten folgt auf die warme Phase eine Kälteperiode, welche regelmäßig dazu führt, dass die Bienen die für die Brut lebensnotwendige Wärme nicht aufrechterhalten können. Verkühlte, abgestorbene Brut und ein kollabierendes Muttervolk, das im wahrsten Sinne des Wortes die letzte Kraft für die erfrorenen Nachkommen gab, sind die Folge.

Notfütterungen Durch Manipulationen erzeugte Riesenvölker verhungern in der Nektarpause im Sommer. Sie können nur mithilfe von Notfütterungen gerettet werden. Die unnatürlich großen Völker in energiehungrigen, großvolumigen Beuten haben einen enormen Energiebedarf, den sie selber oftmals nicht zu decken vermögen.

Futterabriss Ein weiteres Beispiel für unterschrittene Pessimumkonditionen, die den Tod des Bienenvolks nach sich ziehen, sind Völker, die im Winter direkt auf ihren gefüllten Vorratswaben verhungern. Der Imker bezeichnet dieses Phänomenen als Futterabriss. Es liegt jedoch nicht daran, dass die Bienen die nächste Wabe nicht finden würden, sondern daran, dass der Vorrat der Nebenwaben zu kalt, ja in manchen Fällen sogar eingefroren ist. Die Bienen müssen einen erheblichen Energieaufwand betreiben, um den Honig der Anschlusswabe aufzuwärmen. Im kalten Zustand ist der Vorrat von einer solch festen Konsistenz, dass die Bienen ihn gar nicht aufnehmen können. Wenn dabei im wahrsten Sinne des Wortes der Brennstoff (der warme Honig) ausgeht, verhungern sie – direkt auf ihrem Vorrat sitzend. Solche Bedingungen kommen in für Bienen geeigneten Baumhöhlen nicht vor.

Verausgabung Viele Bienenvölker sterben auch aufgrund des erhöhten Stoffwechsels, eine Folge der Wärmeenergie verströmenden Kisten. Allein die Futterverbrauchswerte sprechen hier eine deutliche Sprache. Während ein Bienenvolk in einer artgerechten Geometrie mit zwei bis vier Kilogramm Wintervorrat auskommt, benötigen Völker in den Standardstöcken durchschnittlich 20 Kilogramm Wintervorrat, manchmal sogar mehr. Die Bienenvölker müssen groß und stark sein, um die kalte Jahreszeit in den Kisten überleben zu können. Hierfür werden nicht selten zwei Völker vor dem Wintereinbruch vereinigt, sodass eine große Bienenmasse für den Winter zur Verfügung steht.

Februar 2019: Etwa 100 bis 150 tote Bienen liegen vor dem massiven Eichenstamm auf der Erde.

Februar 2019: Nur wenige tote Bienen befinden sich vor dem Strohkorb.

Im Gegensatz zu Bienen in artgerechten Geometrien sind Bienen in Kisten gezwungen, ein Vielfaches der Menge an Vorrat zu konsumieren, um die lebensnotwendige Kernwärme im Winter aufrechtzuerhalten. Der erhöhte Stoffwechsel führt letztendlich zu einer schnelleren Alterung jeder einzelnen Biene und somit zu einer kürzeren Lebensspanne. Allein der Wintertotenfall in einer Standardkiste entspricht bereits der Größe eines kleinen Baumhöhlenvolks. Der Bienenkörper hat sich im Laufe der Evolution nicht an solche Bedingungen angepasst. Die Kotblase etwa weist nur ein begrenztes Volumen auf, sodass einige Bienen durch den erhöhten Futterbedarf zum Abkoten gezwungen werden, was

Februar 2019: Das Bienenvolk in der Kiste zeigt einen massiven Winterverlust, die Größe des Bienenvolks war vergleichbar mit dem im Eichenstamm. Die Lebensenergie der Bienen wird buchstäblich für die Wärmeerzeugung in den Wärme verströmenden Standardbeuten verbrannt. Die Bienenvölker benötigen etwa die zehnfache Menge an Wintervorrat, um die kalte Jahreszeit zu überstehen. Der höhere Stoffwechsel führt zu einer beschleunigten Alterung und somit einer kürzeren Lebensdauer der Bienen. Die Völker müssen groß sein, um diese Bedingungen überleben zu können; allein der Totenfall entspricht dabei bereits der Menge der Bienen eines kleinen Baumhöhlenvolks. Um die für die Überwinterung erforderliche Volksstärke zu erhalten, werden in der Imkerei am Ende des Sommers weniger starke Völker miteinander vereinigt. Der Imker stapelt die beiden Völker zusammen, welche sich dann zu einem Volk vereinigen. Damit dabei kein Kampf auf Leben und Tod ausbricht, wird zunächst eine Trennung aus Zeitungspapier zwischen die beiden Völker eingebracht, sodass sich die Bienen langsam durchnagen müssen und somit Zeit haben, sich aneinander zu gewöhnen. Obwohl hierbei ein autonomes Volk verlorengeht, wird der Schwund nicht als Völkerverlust gezählt.

wiederum das Wachstum pathogener Keime begünstigt. Einige Bienen fliegen hierfür im Winter aus dem Stock heraus, hierbei besteht die Gefahr, dass sie verkühlen und sterben.

Wabenschimmel Weitere Nebeneffekte des erhöhten Stoffwechsels in der Kistenhaltung sind unnatürlich viel Kondenswasser und Stocknässe und die fehlende sterile Stockatmosphäre (Nestduftwärmebindung). Aus jedem Kilogramm Zucker, das von den Bienen in Wärme umgewandelt wird, entstehen circa 700 Milliliter Wasser (als Spaltprodukt). Die nassen Verhältnisse in den Kisten, die fehlende Propolisierung sowie Kältebrücken führen regelhaft zu Vorratswabenschimmel. Die Bienen infizieren sich nachweislich mit diesen Pathogenen, was zum Zusammenbruch des gesamten Volkes führen kann. Die Problematik wird dadurch verstärkt, dass in der Imkerei normalerweise der Honig entnommen und gegen Zuckerwasser ausgetauscht wird. Hier wird bereits grundsätzlich der Zellstoffwechsel sowie das Immunsystem der Bienen unterminiert. Um Zellerneuerung betreiben zu können, müssen die für den Zellstoffwechsel notwendigen Substanzen von der Biene mit der Nahrung aufgenommen werden. Ohne die notwendigen Baustoffe – wie Aminosäuren, Mineralstoffe und Vitamine – können keine neuen Zellen aufgebaut werden, und ohne neue Zellen gibt es auch keine Heilungsprozesse. All diese Stoffe sind im Honig vorhanden, welcher darüber hinaus antibiotische Substanzen enthält. Zuckerwasser hingegen ist reiner Brennstoff, dem alle überlebensnotwendigen Stoffe fehlen.

EIN ERSTES FAZIT

Die moderne Imkerei ist nicht nur stetig bemüht, sämtliche für die unabhängige Überlebensfähigkeit der Honigbienen wichtigen Verhaltensweisen wegzuzüchten (Bienen sollen nicht schwärmen, nicht ihr Nest verteidigen, nicht auffliegen, wenn der Imker den ganzen Stock auseinandernimmt etc.), sondern sie eliminierte darüber hinaus mit der modernen Stockbauweise alle wichtigen physikalischen Prinzipien, welche die Bienen über viele Jahrhunderte gesund hielten. So wurden unter anderem die geometrisch und physikalisch geeigneteren Strohkörbe durch einfache, dünnwandige, erweiterungsfähige Holz- oder Styroporkisten ersetzt, Gitterböden zur Varroakontrolle erfunden und vieles mehr. Die Bienen werden zudem durch vorgeprägte Wachsplatten zum Bau von Einheitswaben gezwungen, die allesamt die gleiche Zellgröße aufweisen. Entgegen der Natur entstehen dadurch nur Bienen derselben Größe, wohingegen in einem Naturwabenbau eine hohe Vielfalt an unterschiedlichen Zellgrößen fließend ineinanderlaufen und somit auch eine entsprechende Vielfalt an unterschiedlich großen Bienen entstehen. Der wärmeerhaltende, fest an die Decke sowie die oberen Seitenwände angebaute Naturwabenbau verstärkt innerhalb naturorientierter Geometrien eine wetterunabhängige Klimastabilität. Die Bienen legen dabei ihre Waben strategisch so an, dass ein übermäßiger Wärmeverlust stets vermieden wird. Sie sind somit in der Lage, auch physikalisch nachteilige Höhlengeometrien auszugleichen. Leider wird diese bemerkenswerte Fähigkeit in der modernen Imkerei durch die Verwendung von Rähmchen verhindert. Zusätzlich strömt die von den Bienen erzeugte Wärme in der Rähmchenimkerei stetig durch die vielen Abstände und Spalten in die gesamte Beute und geht somit größtenteils verloren. Dies geschieht nicht nur durch die gleichmäßige Verteilung (Wärmediffusion) in dem oft maßlosen Volumen, sondern auch durch den Wärmeverlust über die großflächigen, meist dünnen Stockwände. In der Folge davon steigt der Energieverbrauch um ein Vielfaches an und löst so eine komplexe Kaskade von Verhaltensänderungen aus, die von den Nektarbienen bis zu den Heizerbienen das gesamte Bienenvolk betrifft (Kompensationsverhalten).

Dass ein Bienenvolk im Frühjahr erst einmal gesundet, da die Brutentwicklung der Bienen und das Erzeugen von Nachkommen zunächst schneller abläuft als die Varroamilbenentwicklung, darf nicht über die eigentlichen Tatsachen hinwegtäuschen.

Die Honigbienen werden in Kisten als chemieabhängige Dauerpatienten auf Rähmchen gehalten, der natürlichen Fortpflanzung und Selektion beraubt. Von Bakterien und Viren geschwächt, mit einer Überpopulation an Varroa konfrontiert, daher mit Säure verätzt. Der Honig entnommen, auf Zuckerwasser in den

Modellhafte Darstellung des Wärmebereichs einer Wintertraube (Bienen formieren sich im Winter zu einer Traube, um sich gegenseitig warmzuhalten) in einer Standardkiste. Große Bereiche bleiben frei, insbesondere die Ecken kühlen aus, was zur Kondensation und Schimmelbildung auf den Vorratswaben führt. Die Wärme bleibt jedoch nicht an Ort und Stelle, sondern verteilt sich durch die Diffusionskräfte gleichmäßig in der gesamten voluminösen Geometrie und geht über die großen Oberflächen der dünnwandigen Kiste verloren.

harten Winter geschickt, in den artfremden klimatischen Bedingungen ausgesetzt, die ihre Vorratswaben verschimmeln und gefrieren lassen. Ohne flächige Propolisierung und funktionierende sterile Stockatmosphäre mit zahlreichen pathogenen Mikroben belastet. Das physiologisch energiezehrende und auf Hochleistung laufende körpereigene humorale Immunsystem sowie der Metabolismus (die Zellerneuerung) durch die Nährstoffabstinenz im Zuckerwasser unterminiert. Ohne eine Chance, den großen Raum klimatisch zu stabilisieren, den äußeren Temperaturen unterworfen. Zu einem vielfach höheren, kräftezehrenden Konsum an Brennstoff in Form von Zuckerwasser gezwungen, nur um die lebensnotwendige Wärme zu erzeugen. Fünf bis sechs Monate kämpfen sie unter diesen Bedingungen ums Überleben ... dann beginnt alles wieder von vorn ...

Die persistierenden wöchentlichen Manipulationen, der stärkste Instinkt nach Überlebenssicherheit stets unerfüllt, stellt sich das gesamte Volk auf die Herstel-

Wärmeverteilung im SchifferTree. Die Baumhöhlensimulation eliminiert alle physikalischen Schwächen und imitiert im Aufbau, den Wandstärken und dem Volumen eine durchschnittliche Baumhöhle. Die Wärme wird auf einen kleinen Durchmesser konzentriert. Da keine Ecken vorhannden sind, gibt es auch keine Kältebrücken und keine Kondensation im Vorratswabenbereich. Die homogene Wärmeverteilung ermöglicht eine wirksame Nestduftwärmebindung. Der Energieverbrauch fällt durch diese Bauweise bis zu zehn Mal geringer aus als in Standardbeuten.Die meisten Menschen möchten mit der Bienenhaltung etwas Gutes für die Natur und die Bienen tun, verfehlen jedoch durch die etablierten Haltungsformen das Ziel in gleich mehrerlei Hinsicht.

lung der Vorratssicherheit um. Wie ein Schweizer Uhrwerk werden die Prozesse dieser aus Zigtausenden von Bienen bestehenden „Honigfabrik" auf maximalen Eintrag umgestellt und die dafür notwendige Arbeitszeit zu Lasten anderer überlebenswichtiger Verhaltensweisen umverteilt. Für die eigene Pflege keine Zeit, die Schwärme durch das Heraustrennen und Zerquetschen der Königinnenzellen verhindert, Drohnenbrut herausgeschnitten, des Honigs beraubt ...

DER BÜCHERSKORPION – FEIND DER VARROAMILBEN

Meine Suche nach natürlichen Feinden der Varroamilbe war insbesondere durch diese Faktoren motiviert und durch das ungute Gefühl, das chemische Behandlungen bei mir erzeugten. Daher entschloss ich mich bereits vor vielen Jahren, nach Alternativen zu suchen.

Inspiriert wurde ich dabei durch einen Bericht über Feuerameisen in Amerika. Man hatte dort erfolglos versucht, die Ameisen unter anderem mit Pestiziden und Flächenbränden aufzuhalten. Schließlich wurde ein natürlicher Feind importiert, der die Ameisen erfolgreicher bekämpfen konnte.

Mit der Idee, einen natürlichen Feind der Varroamilben zu finden, machte ich mich schließlich auf die Suche. Dabei stieß ich in einer nicht-öffentlichen Abteilung der Universität Hamburg auf alte Schriften, welche die Symbiose von Bücherskorpionen (*Chelifer cancroides*) und Bienen beschrieben. Bemerkenswerterweise kannte keiner der von mir auf das Thema angesprochenen Altimker diese Tiere. Mein betreuender Mentor an der Universität zweifelte sogar daran, dass ich Bücherskorpione finden würde, da sie recht selten und bereits in der Vorwarnliste für die Rote Liste verzeichnet seien. Ebenfalls bezweifelte er, dass die Tiere überhaupt in der Lage wären, die stark gepanzerten Varroamilben zu fressen.

Als ich letztendlich nach monatelanger Suche Bücherskorpione lokalisieren und fangen konnte, wurde schnell klar, dass sie ein riesiges Potenzial in sich tragen, welches erforscht werden muss. Die gefangenen Tiere machten sich gierig über die Varroamilben her. Ein einziger Bücherskorpion kann dabei bis zu neun Milben pro Tag erlegen und aussaugen.

Wie konnte ein solcher Nützling nur in Vergessenheit geraten?

Die Antwort darauf ist erschreckenderweise recht simpel. Die Imkerschaft hat die Bücherskorpione nie wirklich wahrgenommen und ihr Potenzial nicht erkannt. Daher kann die Ausrottung dieser Symbiose als ein weiteres Beispiel für imkerliche Betriebsblindheit angesehen werden. Nur wenige Forscher beschäftigten sich vor meinen Tätigkeiten mit der Symbiose von Bücherskorpionen und Bienen. Der letzte auf diese Symbiose aufmerksam machende Aufsatz stammt aus dem Jahr 1951. Doch in den Jahrzehnten danach gerieten diese nützlichen Helfer komplett in Vergessenheit. Damals gab es keine Probleme mit Varroamilben oder dem Einsatz entsprechender Bekämpfungsmittel, daher wurden jene Schriften kaum wahrgenommen.

Es war mein großes Glück, dass ich auf meiner Suche nach Alternativen schließlich über diese historischen Schriften stolperte. Seither wird dieser Themenbereich weiter erforscht, und nach all den Jahren gibt es immer noch eine Reihe offener Fragen, die nach Antworten verlangen.

Die Integration von Bücherskorpionen in Beutensysteme ist sehr komplex und keinesfalls ein simples Unterfangen. Hunderte dieser wundervollen Tiere verloren dabei ihr Leben. Es bedurfte viele Jahre intensiver Forschung, um die Gründe der Fehlschläge aufzudecken, doch letztendlich fanden wir die Antworten, nach denen wir so lange suchten. Die Bücherskorpione öffneten dabei buchstäblich eine Tür, hinter der ungeahnte Dimensionen lagen: Denn sie sind sensible Bioindikatoren für ein gesundes, ursprüngliches Ökosystem.

DIE SYMBIOSE VON BÜCHERSKORPIONEN UND BIENEN

Der erste wissenschaftliche Artikel über die Symbiose von Bücherskorpionen und Bienen wurde bereits im Jahr 1891 von Alois Alfonsus (1871–1927) veröffentlicht. Er beschreibt in diesem Aufsatz, wie die Bücherskorpione in Bienenstöcken Bienenläuse jagen und fressen. Besonders herauszustellen ist hierbei die Tatsache, dass diese Symbiose keinesfalls von Menschen initiiert wurde, sondern auf ganz natürliche Art und Weise zustande kam. Bienen waren und sind eigentlich Waldlebewesen. Ihr natürliches Habitat sind Baumhöhlen. Bücherskorpione hingegen sind Rindenbewohner und leben insbesondere unter der Rinde morscher Bäume. So entstand auf eine ganz natürliche Art und Weise eine sogenannte mutualistische Symbiose (eine Symbiose zu beiderseitigem Nutzen).

Es ist anzunehmen, dass Bücherskorpione und Bienen bereits seit Urzeiten in Symbiose gelebt haben. Dies wird auch von der Tatsache bestätigt, dass überall auf der Welt, wo Bienen noch in der freien Natur überleben, Pseudoskorpione als natürliche Symbionten aufzufinden sind. Südlich des Äquators sind es vorwiegend *Ellingsenius*-Arten. Diese Arten haben sich weitgehend auf das Leben im Bienenstock spezialisiert und halten dort ihren Wirt sauber. In Europa haben ebenfalls Bücherskorpione seit Tausenden von Jahren mit Bienen in Symbiose gelebt, bis sie von der Imkerschaft aus den Bienenstöcken ausgerottet wurden.

Dr. Max Beier (1903–1979), ein weltweit führender Zoologe, der sich insbesondere auf die Erforschung von Pseudoskorpionen fokussierte, forschte in den 1950er-Jahren ebenfalls an der Symbiose von Bücherskorpione und Bienen.

Seinem Aufsatz mit dem Titel „Der Bücherskorpion, ein willkommener Gast der Bienenvölker“, ist es zu verdanken, dass ich im Jahr 2007 meine Forschungen begann. In diesem Schriftstück von 1951 beschreibt Beier, dass der Bücherskorpion ein zu Unrecht wenig beachtetes Dasein im Bienenstock führte. Er erklärt weiterhin, dass Bücherskorpione auch für uns Menschen sehr nützliche Tiere sind, da sie in unseren Büchereien kleine Staubläuse fressen – daher ihr Name. Darüber hinaus jagten die Scherenträger in dieser Zeit auch lästigen Bettwanzen hinterher und wurden sogar auf den Köpfen von Kindern, die Läuse hatten, beobachtet. Weiterhin stellte Beier fest, dass Bücherskorpione auch im Bienenstock Milben, Staubläuse, ja sogar Wachsmottenlarven jagten und aussaugten. Zudem lasen sie Bienenläuse direkt von den Bienen selbst ab. Ebenfalls bestätigte er, dass diesem feinen Nutzen kein einziger Schaden gegenübersteht, denn die Bienen dulden den Bücherskorpion, welcher weder für die Brut noch für die Bienen selbst eine Gefahr darstellt und sich auch von den feuchten und klebrigen Waben fernhält.

Auch in dem 1966 veröffentlichten Buch „Moos und Bücherskorpione“ von Peter Weygoldt wird die Symbiose von Bienen und Bücherskorpionen kurz erwähnt. Insbesondere beschäftigt sich das Buch jedoch mit dem Verhalten der Tiere, ihrem Körperbau und der Kommunikation von Pseudoskorpionen. Dieses

Der Feind der Bienenlaus.

Von Alois Alfonsus jun. in Wien-Döbling.

Es ist eine bekannte Erscheinung in der Natur, daß, wenn ein Schädling in der Tier- oder Pflanzenwelt zu sehr überhand nimmt, von der Natur selbst ein Gegen- oder Vernichtungsmittel gebracht wird, um das allzustarke Umsichgreifen des Schädlers zu verhindern. Ich erinnere hier nur an das Auftreten einer Pilzart, welche die so schädlichen Raupen des Fichtenspinners zum großen Teil vernichtet, an das Verschwinden der Faulbrut in honigreichen Jahren. In neuester Zeit haben wir auch einen Feind der Bienenlaus entdeckt, von dem bisher keine bienenwirtschaftliche Zeitung, keines der vielen apistischen Lehrbücher berichtete — es ist das der Bücherskorpion (Chelifer cancroides). Schon vor einigen Jahren bemerkten ich und einige andere aufmerksame Imker unseres Bezirkes das Vorkommen dieses interessanten Insektes in den Bienenstöcken. Der Bücherskorpion hält sich in alten Büchern, Mauerritzen und in Bienenstöcken auf, man findet ihn je nach der Stockform in den verschiedensten Teilen derselben; beim Bogenstülper und Strohkörben findet er sich unter den Bodenbrettern, bei Langstrothstöcken unter dem Stockdeckel und bei Kastenstöcken unter dem Fensterrahmen vor, von wo aus er Jagd auf die Bienenläuse und sonstige kleinere Tiere, z. B. Milben, Staubläuse und dergl. macht. Dieselben werden von ihm ausgesaugt. Der Bücherskorpion gehört zu den Spinnentieren. Da er jedoch viele Merkmale mit den Skorpionen gemeinsam hat, so bringt man ihn in die besondere Klasse der Afterskorpionen. Er ist klein und plattgedrückt. Dem Hinterleibe, welcher dem einer Bettwanze ähnlich sieht und aus 10—11 Gliedern besteht, fehlt der den Skorpionen eigene Giftstachel. Am Kopfe hat das Tier zwei lange bewegliche Scheren, mittels welcher es seine Beute erfaßt. Das Weibchen desselben trägt an der Bauchseite des ersten Hinterleibsringes die abgelegten Eier und bald darauf die daraus entstehenden noch sehr unvollständig entwickelten Larven. Dieselben haben beim Ausschlüpfen am vorderen Körperrande eine rüsselförmige Vorragung, welche eine Oberlippe darstellt und dahinter die Kiefertaster, während das hintere Körperende von vorn an die Bauchfläche gekrümmt ist. Bei dem nun ziemlich rasch erfolgenden Wachstum der Tierchen erscheinen hinter den Kiefertastern nacheinander die vier Gangbeinpaare und davor die Kieferfühler, auch treten an dem immer nach vorn geschlagenen Hinterleib vier kleine Fußpaare als stummelförmige Anlagen auf, verschwinden aber bald wieder. Ebenso verkümmert auch bald die große Oberlippe. Wenn sich der Hinterleib in der Längsrichtung des Tieres gestreckt hat, zeigt dasselbe die Gestalt des erwachsenen Bücherskorpions. Derselbe nährt sich, wie oben bemerkt, auch von Bienenläusen, namentlich sind es die frisch ausgekrochenen noch ganz lichtgelben Bienenläuse, welche er mit der Schere erfaßt, in sein Versteck trägt und dort aussaugt. Ich habe dieses schon selbst beobachtet. Zum Schlusse ersuche ich noch alle Imker, das possierliche Tierchen, wenn sie es antreffen sollten, nicht zu töten, sondern weiter zu beobachten.

„Der Feind der Bienenlaus“, Alois Alfonsus 1891. Deutsche Illustrierte Bienenzeitung.

Grundlagenwerk empfehle ich jedem, der sich im Detail weiter über die Tiere informieren möchte.

Im Jahre 2006 veröffentlichte das Forscherteam Dr. Barry Donovan und Dr. Flora Paul eine kurze Abhandlung mit dem Namen „Pseudoscorpions to the rescue“. In diesem Bericht wurden Versuche mit Indischen Pseudoskorpionen, *Ellingsenius indicus*, beschrieben. Auch hier konnten die Tiere dabei beobachtet werden, wie sie Varroamilben und Wachsmotten fraßen. Darüber hinaus beschrieben die Wissenschaftler das große Potenzial dieser Tiere und nahmen an, dass sie eine Lösung für das Varroaproblem sein könnten. Sie mutmaßten, dass sich die Tiere insbesondere wegen der in Bienenstöcken fehlenden Rissen und Spalten nicht in menschlichen Beuten ansiedeln können. Auch die Indischen Pseudoskorpione griffen die Bienen oder deren Larven nicht an. Sie erwähnten aber auch, dass 200 Pseudoskorpione einer nicht identifizierten Art in einem mittelamerikanischen Bienenstock gesehen wurden, die Bienen angriffen und aussaugten[22]. Vermutlich stammte diese Art aus Kolonien der Stachellosen Honigbienen (Meliponini). Ein solches Verhalten wurde bei den Pseudoskorpionarten, die für die Symbiose mit Bienen bekannt sind, jedoch noch nie beobachtet. Es muss aber als Warnung verstanden werden: Nicht jeder Pseudoskorpion gehört in eine Bienenbeute! Stattdessen müssen wir uns sicher sein, auch den richtigen Vertreter gefunden zu haben.

Ich nahm diese Information zum Anlass, einen Versuch hinsichtlich der Gefährlichkeit der Bücherskorpione durchzuführen. Dafür setzten wir ausgehungerte Tiere mit Bienen und Bienenlarven zusammen in ein kleines Gefäß. Dieser Versuch wurde mehrmals wiederholt, aber in keinem Durchlauf wurden eine Biene oder eine Bienenlarve angegriffen. Setzte ich darüber hinaus Wachsmottenlarven oder Varroamilben mit ins Gefäß, wurden diese umgehend attackiert. Auf welche Art und Weise die Bücherskorpione Beutetiere und Bienen respektive Bienenlarven unterscheiden, ist bislang unerforscht. Jedoch haben sich die verschiedenen Arten der Pseudoskorpione (in ihren jeweiligen ökologischen Nischen) auf ganz individuelle Räuber-Beute-Schemata spezialisiert.

Mike Allsopp, ein weiterer Forscher, der sich in seiner Dissertation „Analysis of Varroa Destructor infestation of southern African Honeybee populations“ 2006 mit der Varroamilbe in südafrikanischen Bienenvölkern beschäftigte, bemerkte ebenfalls die in den wildlebenden Bienenvölkern vorhandenen Pseudoskorpione der Arten *Ellingsenius fulleri* und *E. sculpturatus*. Diese Vertreter werden regelmäßig in Bienenstöcken gefunden. Adulte Tiere und auch Nymphen

[22] Caron, D., 1992: Pseudoscorpions. *Bee Culture, July*: 389.

konnten dabei auf Arbeiterinnen gesehen werden. Sie ernähren sich ebenfalls von der Mikrofauna in den Bienenbehausungen. Allerdings war die Anzahl der Pseudoskorpione, die von Allsopp in Beuten gefunden wurden, viel zu gering, um eine signifikante Rolle bei der Bekämpfung der Varroamilben zu spielen. In einem persönlichen Austausch erklärte er, dass die Pseudoskorpione, sobald sie mit einem Bienenvolk in eine Beute gesetzt werden, auswandern. Dies mag ein weiterer Hinweis dafür sein, dass moderne Bienenbeuten kein Habitat für die Symbionten bieten können.

Ein Forscherteam aus Neuseeland veröffentlichte im Jahr 2012 im Journal of applied Entomology den Artikel „Varroa management in small bites“[23]. In dieser Abhandlung wurden Versuche mit den Arten *Nesochernes gracilis* und *Heterochernes novaezealandiae* beschrieben. Beide Arten kommen in Neuseeland in Bienenvölkern vor. Es wurde beobachtet, dass diese Pseudoskorpione bis zu neun Varroamilben pro Tag verspeisen. Hieraus wurde eine interessante Rechnung erstellt. Zugrunde gelegt wird ein Bienenvolk im Frühjahr mit 10 000 Bienen und 1000 Varroamilben. Wir wissen aus Untersuchungen, dass die Milbenpopulation zwischen 4,25 Prozent und 5,3 Prozent am Tag wächst[24]. In diesem Beispiel kommen also rund 50 Milben pro Tag hinzu. Nun wird jedem Pseudoskorpion die moderate Anzahl von nur zwei täglich attackierten und getöteten Varroamilben gegengerechnet. Bei dieser Annahme wären also bereits 25 Pseudoskorpione in der Lage, das Wachstum der Varroapopulation aufzuhalten. Tatsächlich müsste die Anzahl der Pseudoskorpione in einem Bienenstock viel höher liegen, denn weibliche Tiere fallen während der Brutzeit aus dieser Rechnung heraus, da sie dann ihre Nester nicht verlassen und nicht jagen. Zudem fressen Pseudoskorpione auch andere Beutetiere. In einem indischen Bienenjournal wurde im Jahre 1986 ein Artikel veröffentlicht, der sich mit *Ellingsenius indicus* in Bienenvölkern beschäftigt. Dort wird beschrieben, dass in Bienenschwärmen bis zu 250 Pseudoskorpione mitreisen[25]. Sie halten sich dabei an den Beinen der Bienen fest (Phoresie). Die tatsächliche Anzahl der im Volk befindlichen Symbionten muss daher entsprechend mehrere Hundert Tiere betragen.

Eine aktuelle Studie von Ron van Toor mit dem Titel: „Can chelifers be made to control varroa mites in beehives“[26] bezieht sich auf mein Staatsexamen und

---

23 L.L. Fagan et al.: Varroa management in small bites, Journal of applied Entomology (2012). Blackwell Verlag, S. 473–475.

24 Lilia De Guzman: Growth of Varroa destructor (Acari: Varroidae) populations in Russian honey bee colonies (2007). Ann. Entomol. Soc. Am. 100, S. 187–195.

25 V. A. Murthy, R. Venkataramanan: *E. inicus* as a tool to assessment the settling nature of honey bee colony, in a new habitat (1986). Indian Bee Journal 48, S. 54–55.

26 Ron Van Toor (Plant & Food Research): Can chelifers be made to control varroa mites in beehives? (2015).

die Arbeit des Beenature-Projekts. Obwohl wir seit Jahren betonen, dass die Symbiose mit herkömmlichen Beuten nicht funktioniert und allein schon die Verwendung von Rähmchen die Frequentierung der Waben durch Bücherskorpione signifikant einschränkt – und somit auch ihre Wirksamkeit gegen die Varroamilben –, wurden diese Erkenntnisse in der Studie nicht berücksichtigt. So verwendete van Toor in seiner Untersuchung Standardbeuten und bestätigte eine Erkenntnis aus meinen Arbeiten von 2008: Die Bücherskorpione wanderten aus den Standardbeuten ab.

Die noch im Stock befindlichen Bücherskorpione wurden dann einer DNS-Analyse unterzogen: In einer Stichprobe konnten in vier von 30 Bücherskorpionen Varroamilben-DNS festgestellt werden. Dieses Resultat zeigt, dass trotz der ungeeigneten Standardbeuten Varroamilben von Bücherskorpionen gefressen wurden. So kommt van Toor zu dem Schluss, dass grundlegende Erkenntnisse über die Beutetierrate und Beutetierpräferenzen der Bücherskorpione gesammelt werden müssen: *„To evaluate the potential of chelifers to contribute to varroa control, we need a fundamental understanding of the predation rate and food preferences of chelifers“*. Falls die grundlegenden Erkenntnisse positiv seien, so würden die Methoden, wie man die Bücherskorpione in die Beuten integriert und sie dort ansiedelt, einen kritischen Erfolgsfaktor darstellen: *„If the predator / prey relationship appears to support the potential use of chelifers for biological control of varroa,the methods used to introduce and hold the chelifers within the hives will be a critical success factor“*. Genau hier lag der Fokus unserer Forschung. Obwohl der Versuchsaufbau zur Evaluation der Varroareduktion durch Bücherskorpione ungeeignet war, die meisten Tiere abwanderten und durch die Rähmchen nicht effektiv auf die Waben gelangen konnten, ließ sich bereits eine geringe Reduktion der Milben feststellen. Leider wird diese Studie nun oftmals rezitiert, um die Wirksamkeit der Bücherskorpione bezüglich der Varroaregulation in Abrede zu stellen.

Neuere Forschungsansätze aus Südafrika zeigen auf, dass die dort in den Wildvölkern auffindbaren Pseudoskorpione sogar aktiv von ihren Symbionten, den Bienen, behütet werden. So gelang es Jenny Cullinan Videoaufnahmen zu machen, bei denen eine Biene zu sehen war, die in ihren Mundwerkzeugen ein Ei zu dem auf den Boden befindlichen Pseudoskorpion trug. Die Biene legte das Ei direkt vor dem augenlosen Scherenträger ab und sorgte mit ihrem Körpereinsatz dafür, dass der Pseudoskorpion – der zunächst in die falsche Richtung lief – direkt zu dem Ei geführt wurde. Die Filmaufnahmen zeigen, wie das Tier das von der Biene gespendete Ei mit den Scheren aufnahm und fraß[27].

---

27 www.ujubee.com

Chernes cimicoides. Auch diesen Vertreter der Familie der Pseudoskorpione finden wir regelmäßig in bienenbesetzten Baumhöhlen in Deutschland.
Der etwa 3 mm große, augenlose Pseudoskorpion lebt ebenfalls in Bienennestern und blieb als Symbiont der Bienen bislang unbeschrieben. Seine Rolle im Miniökosystem des Biens ist derzeit noch unerforscht. Vom Körperbau erinnert er stark an die südlich des Äquators vorkommenden Ellingsenius-Arten, welche sich zu 100 % auf die Symbiose mit Bienen spezialisiert haben.

Studie: Bücherskorpione als Varroabekämpfer

Eine neue, vom Bienenforschungsinstitut in Celle begleitete Studie aus dem Jahr 2018 belegt eindrücklich, dass den Bücherskorpionen eine signifikante Rolle bei der Reduktion von Varroamilben im Bienenstock zukommt. Hier wurden modifizierte Bienenstöcke mit Bücherskorpionen ausgestattet und die Entwicklung der Varroamilbenpopulation mit Vergleichsgruppen abgeglichen. Es zeigte sich, dass der Milbendruck in jenen Beuten, welche mit Bücherskorpionen ausgestattet waren, deutlich geringer ausfiel[28].

[28] https://www.researchgate.net/publication/324562005_Bucherskorpione_als_Varroabekampfer

WISSENSWERTES ÜBER PSEUDOSKORPIONE

Der Bien ist nicht allein das Bienenvolk in seiner Behausung, sondern sogleich die Mutter eines Ökosystems von beeindruckender Artenvielfalt.

Die Mikrofauna im Bienenstock

Für manch einen Imker mag der Gedanke befremdlich sein, dass in einem Bienenstock noch Dutzende, ja sogar Hunderte anderer Arten leben sollen.

Schaut man sich jedoch ein Bienenvolk in einer Baumhöhle an und untersucht die dort vorhandene Mikrofauna, findet man eine entsprechend hohe Biodiversität. Dies ist also ganz natürlich und hat etliche Millionen Jahre einwandfrei funktioniert. Wenn man die Honigbienen aus diesem System herausnimmt, in klinisch saubere Stöcke setzt und vom natürlichen Ökosystem isoliert, ohne die Wechselwirkungen in diesem Ökosystem überhaupt betrachtet und verstanden zu haben, ist es allerdings nicht verwunderlich, dass dies auch negative Folgen nach sich zieht.

Der zu Boden fallende organische Abfall des Bienenvolks ernährt unter natürlichen Bedingungen ein komplexes Ökosystem. Auch die von den Bienen erzeugten klimatischen Bedingungen gehören dabei zu den Grundvoraussetzungen. Der Bücherskorpion ist hier nur eine Art von vielen und wiederum von zahlreichen anderen Arten abhängig. Die unzähligen wechselseitigen Beziehungen der in einer natürlichen Baumhöhle vorkommenden Arten sind bislang nur oberflächlich erforscht. So gibt es unter anderem Milben, die sich vom herunterfallenden Pollen der Bienen ernähren. Es gibt Raubmilben, die Pollenmilben fressen, und Bücherskorpionnymphen, die sich von beiden sowie vielen weiteren Arten ernähren.

Da Bücherskorpione in trockenen Scheunen und Heuböden zu finden sind, insbesondere dort, wo Stroh und Heu gelagert wird und viel altes, morsches Holz vorhanden ist, können wir davon ausgehen, dass die dort lebende Mikrofauna für alle Generationen der Bücherskorpione optimal ist. Gleichzeitig finden wir dort viele Arten wieder, welche wir auch in Baumhöhlen antreffen (z. B. Holzläuse und spezielle Raubmilben). Ein Heuboden ist ein riesiges, komplexes Ökosystem.

Stroh innerhalb der Beuten begünstigt daher die Integration einer Bücherskorpion-Population immens. Bienen haben über Jahrhunderte hinweg ausgesprochen gut in Strohkörben gelebt. In Beutenklimamessungen zeigt sich, dass die alten Körbe aufgrund ihrer Eigenschaften bezüglich der klimatischen Bedingungen den modernen Beuten sogar weit überlegen sind. Zudem findet man auch in Strohkörben zahlreiche Organismen wieder, die ebenfalls auf dem Heuboden und Baumhöhlen vorkommen. Die in Heu und Stroh lebende Mikrofauna, zu der auch der Bücherskorpion in allen Generationsformen gehört, hat also die Bienen in den Strohkörben über viele Jahrhunderte erfolgreich begleitet.

Der Bücherskorpion – wichtiger Bioindikator

Seit Urzeiten umgeben die Bücherskorpione und die dazugehörige Mikrofauna die Bienen. Dies ist jedoch nur möglich, weil in Baumhöhlen und historischen Bienenstöcken besondere biotische und abiotische Bedingungen herrschen, denn die Organismen der Mikrofauna haben sich im Laufe von Jahrmillionen an diese ökologische Nische angepasst. Selbst wenn keine Chemie zur Varroabekämpfung eingesetzt würde, könnten daher Bücherskorpione und Anteile der Mikrofauna in den meisten heutzutage verwendeten Beutentypen nicht überleben. Daher kann der Bücherskorpion als sensibler Bioindikator für artgerechte Verhältnisse im Bienenstock angesehen werden. Anders formuliert: Faktoren, die eine nachhaltige Integration von Bücherskorpionen in Bienenstöcken erlauben, sind auch für die Bienen vorteilhaft. Überleben Bücherskorpione die Bedingungen nicht, wirken sich die dafür verantwortlichen Kriterien auch negativ auf die Bienengesundheit aus.

Biologie, Verbreitung und Lebensweise

Weltweit gibt es etwa 3000 verschiedene Arten der Pseudoskorpione. In Mitteleuropa sind etwa 100 Arten bekannt. Jede dieser Arten hat dabei eine eigene ökologische Nische besetzt und sich perfekt an die jeweiligen abiotischen Faktoren angepasst.

Vorkommen

Der Moosskorpion etwa hält sich, wie der Name schon sagt, vorwiegend in feuchten Moosgewächsen auf und jagt dort insbesondere Springschwänze (Collembolen) und andere feuchtigkeitsliebende Kleinstlebewesen. *Lasiochernes pilosus,* ein Chernitide, hält sich überwiegend in Maulwurfsnestern auf und bevorzugt ebenfalls ein recht feuchtes Habitat. Dieser Vertreter wurde bereits öfter in Bienenstöcken angetroffen, wo er wohl aufgrund der viel zu feuchten Verhältnisse in modernen Bienenbeuten einwanderte. Dies führte entsprechend zu Verwechslungen, und einige Imker waren der Auffassung, dass es sich hierbei um den Bücherskorpion handeln würde.

Bücherskorpione stammen jedoch aus wärmeren Klimazonen, als wir sie in Europa vorfinden, und leben in ihrer Heimat vorwiegend unter der Rinde alter Bäume. Sie haben sich mithilfe des Menschen fast weltweit verbreitet, sind aber in unseren rauen klimatischen Verhältnissen unbedingt auf menschliche Behausungen – wie etwa Stallungen – angewiesen. In freier Natur könnten Bücherskorpione in unseren Breitengraden nicht überleben.

Lasiochernes pilosus; *Dorsalansicht, gut zu erkennen sind die dicken, „muskulösen“ Ober- und Unterarme sowie die kugelig verdickte Scherenbasis mit den kurzen Scherenfingern, die an eine Kneifzange erinnern.*

Kommunikation

Pseudoskorpione gehören, genauso wie Milben, zu den Spinnentieren (Arachnida). Sie kommunizieren über Pheromone und Zeichensprache (Paarungstanz, Scherenwinken). Die Kommunikation ist von Art zu Art sehr unterschiedlich, daher gehe ich in diesem Punkt insbesondere auf den Bücherskorpion ein. Wenn sich zwei Bücherskorpione begegnen, bewegen die Artgenossen „winkend“ eine Schere (Palpus) oder greifen für einen Moment die Schere des anderen und gehen dann ihrer Wege. Manchmal kommt es auch zu dramatisch wirkenden Kämpfen, die jedoch in der Regel ohne schwere Folgen für den schwächeren Bücherskorpion enden. Ausgelöst werden diese Auseinandersetzungen insbesondere durch das Revierverhalten, denn die Tiere besetzen jeweils kleine

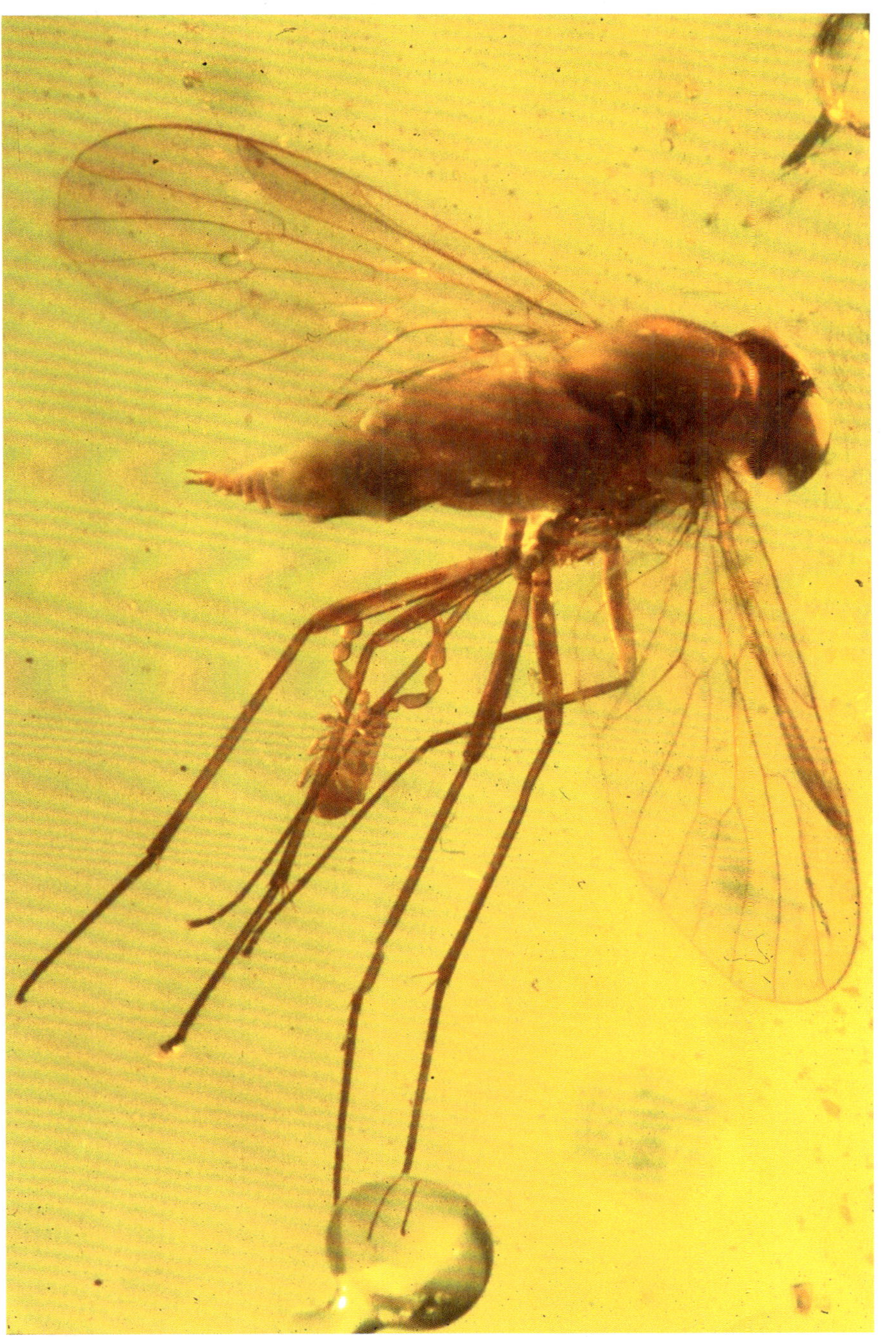

Der ewige Griff – Bernstein-Einschluss, Phoresie Schnepfenfliege und Moosskorpion, ca. 50 Millionen Jahre alt. (Foto mit Erlaubnis des Biologiezentrums des Oberösterreichischen Landesmuseums, Schriftenreihe Denisia 26).

Reviere, die sie gegenüber anderen gleichgeschlechtlichen Artgenossen verteidigen. Diese Reviere werden ebenfalls mit Pheromonen markiert und haben eine durchschnittliche, kreisförmige Größe von zwei bis drei Zentimetern Durchmesser. Betritt ein Artgenosse dieses Revier, laufen sie ihm entgegen und verscheuchen den Eindringling, oder – falls es sich dabei um ein Weibchen handelt – balzen sie es an (Beginn des Paarungstanzes).

Paarung

Der Paarungstanz des Bücherskorpions ist ein sehenswertes Schauspiel. Das Männchen balzt das Weibchen an, sobald es durch sein Revier kommt, jedoch zunächst ohne es zu berühren oder zu bedrängen. Läuft das Weibchen aus dem Revier heraus, wird es von den Bücherskorpion-Männchen nicht verfolgt. Bleibt ein Weibchen im Revier, beginnt das Männchen seinen Körper vibrierend zu bewegen und streckt dabei zwei zylindrische Organe vor. Nun tanzen beide Partner vor und zurück, ohne einander zu berühren. Das Männchen bewegt seinen Körper weiterhin vibrierend auf und ab, bis sich das Weibchen direkt vor das Männchen stellt. Schließlich drückt das Männchen seinen Hinterleib auf den Boden und steht wieder auf. Dabei setzt es eine Spermatophore ab, welche aus einem Stiel mit einer darauf befindlichen Samenblase besteht. Dann erst packt das Männchen das Weibchen an den Armen und hilft beim Einführen der Spermatophorenspitze in die Geschlechtsöffnung des Weibchens. Anschließend folgt eine Reihe von Schubbewegungen, wobei das Männchen das Weibchen vor- und zurückzieht, bis es sich schließlich aus dem Griff befreit, um davonzueilen.

Das Weibchen bildet schließlich 20 bis 40 Eier aus, die es in einem Brutbeutel mit Nährflüssigkeit versorgt und unter sich trägt. Sobald der Brutbeutel an Größe gewinnt, beginnen die Weibchen ihre Nester zu bauen. Der Nestbau geschieht bei den Bücherskorpionen sehr sorgfältig. Sie benötigen dafür mehrere Tage und tragen in dieser Zeit kleinste Partikel wie Sand, Holzsplitter und anderes Pflanzenmaterial zusammen, das sie gewissenhaft mit Seide verspinnen. Die Nester werden vorwiegend geschützt in kleinen Vertiefungen angelegt und im Innern komplett mit einem feinen Seidengespinst ausgekleidet. Daraufhin schlüpft das Weibchen in das Nest und verschließt es komplett von innen.

Die Brutzeit – bis zum Schlupf der ersten Protonymphen – dauert bis zu vier Wochen. In dieser Zeit nimmt das Weibchen keinerlei Nahrung zu sich. Schließlich schlüpfen aus den zahlreichen Eiern nur drei bis fünf Protonymphen. Die anderen sterben ab, da sie im Konkurrenzkampf unterliegen. Die natürliche Auslese beginnt für die Embryonen der Bücherskorpione also bereits in frühesten Entwicklungsstadien.

Ein für Forschungszwecke leicht aufpräpariertes Bücherskorpionnest (Durchmesser etwa 5 mm).

Im Inneren deutlich zu sehen ist das eibeuteltragende Muttertier.

Nymphenstadien

Die Nymphen des Bücherskorpions entwickeln sich über drei Stadien zum geschlechtsreifen, ausgewachsenen Tier. Das erste Stadium nennt man „Protonymphe", das zweite „Deutonymphe" und das dritte „Tritonymphe". In den Übergangsstadien spinnen sich die Tiere in engen Spalten in ein Nest ein und verharren dort reglos. Die darauffolgende Häutung zum nächsten Stadium dauert in der Regel ein bis zwei Wochen. In dieser Zeit sind die Tiere vollkommen bewegungsunfähig und wehrlos. Die Entwicklung vom Ei bis zum adulten Tier dauert unter Optimalbedingungen mindestens zehn Monate und kann unter suboptimalen Bedingungen bis zu 24 Monate in Anspruch nehmen. Die Lebensspanne beträgt dabei bis zu vier Jahre.

Die Protonymphen sind etwa einen Millimeter lang, ein Drittel Millimeter breit und von weißer Färbung, da ihre Haut (Kutikula) noch nicht ausgehärtet ist.

In entsprechenden Versuchen konnten wir nachweisen, dass bereits die Protonymphen selbstständig auf die Jagd gehen, entsprechend also kleinen Lebewesen nachstellen, sie packen und aussaugen.

Ein Muttertier mit drei Protonymphen im zur Beobachtung vorsichtig aufpräparierten Nest.

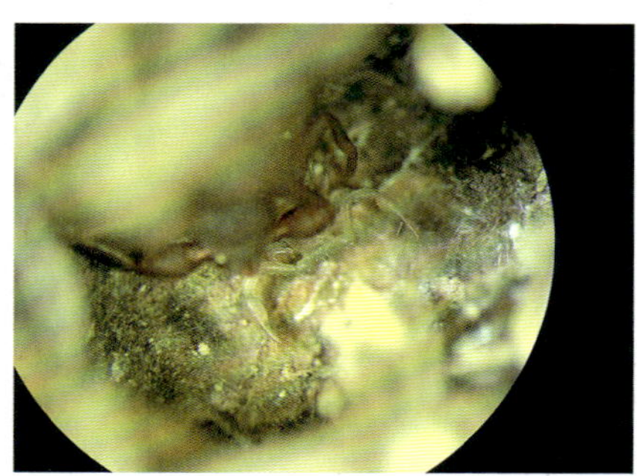

Das Muttertier schob die Nymphen bei Störungen rasch schützend unter ihren Körper.

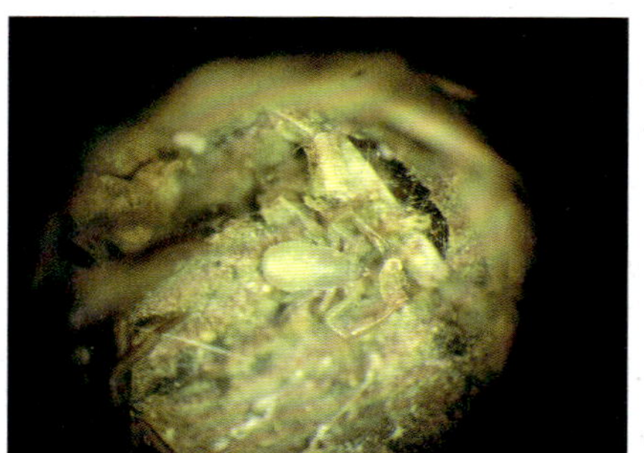

Eine Protonymphe ergriff sofort die ins Nest gesetzte kleine Raubmilbe, konnte aber zunächst nicht mit den noch weichen Mundwerkzeugen in deren Körper eindringen.

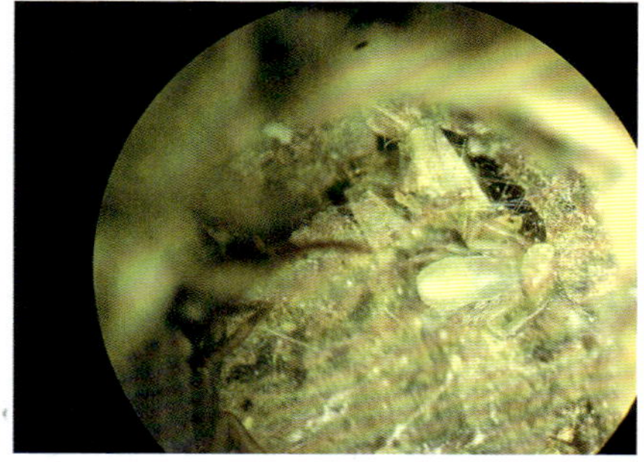

Die Protonymphe stemmte sich gegen die Milbe und die Nestwand und konnte so die Haut (Kutikula) der Milbe erfolgreich durchstechen. Nach der Mahlzeit verließ sie das mütterliche Nest.

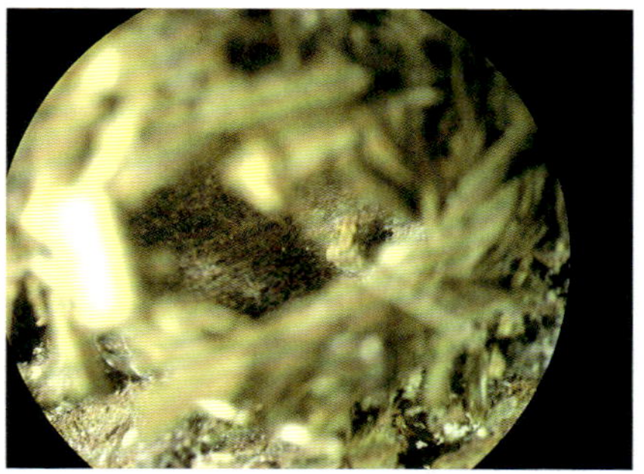

Die mit Seide sorgfältig ausgekleidete Höhlenwand.

WIE ERKENNE ICH DEN BÜCHERSKORPION?

Ausgewachsene männliche Bücherskorpione sind etwa fünf Millimeter lang und auf dem Rücken (dorsal) meist braun gefärbt. Die Flanken (lateral) sind eher beigefarben. Ihr Körper ist abgeflacht. Männchen wie auch Weibchen lassen sich relativ einfach an ihren schlanken keulenförmigen „Ober- und Unterarmen", ihren länglich ovalen Scherenbasen und den lang gezogenen Scherenfingern erkennen.

Dorsalansicht eines männlichen Bücherskorpions. Ein für Männchen markantes Merkmal, das allerdings nur unter Vergrößerung zu erkennen ist, sind die charakteristischen Zacken seitlich auf dem Rücken (Opisthosoma). Weibchen zeigen hier eine abgerundete Form.

Dorsal-laterale Ansicht eines männlichen Bücherskorpions beim Aussaugen einer Varroamilbe.

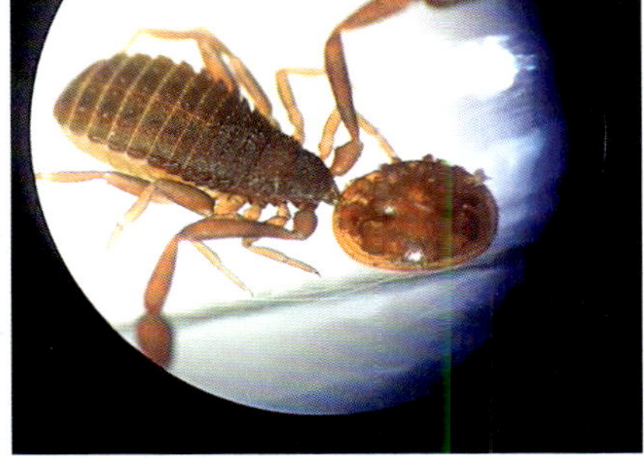

Dorsal-laterale Ansicht eines männlichen Bücherskorpions, gut zu sehen hier die beige Färbung der Flanken.

Bauchansicht (Ventralansicht) eines männlichen Bücherskorpions beim Aussaugen einer Varroamilbe. Die paarigen, dunklen Punkte auf den Segmenten (Sterniten) des Hinterkörpers (Opisthosoma) sind die Atemöffnungen (Stigmen).

Ein trächtiges Bücherskorpionweibchen: Der Hinterleib ist bereits deutlich verdickt, es steht kurz vor der Auslagerung des Eibeutels. Die Segmente sind weit aufgedehnt, sodass die intersegmentale, beige Färbung gut zur Geltung kommt.

Ein nicht trächtiges Weibchen: In diesem Stadium sind Weibchen mit dem bloßen Auge kaum von Männchen zu unterscheiden. Der Hinterleib ist im Vergleich jedoch tropfenförmiger.

Orientierung

Die Augen der Bücherskorpione erlauben kein bildliches Sehen, sondern sind vielmehr Lichtrezeptoren, mit denen sie ausschließlich die Lichtintensität wahrzunehmen vermögen. Dennoch können sie sich – genauso wie Bienen – in absoluter Dunkelheit orientieren. Dies gelingt ihnen mithilfe ihrer Hörhaare (Trichobothrien), die auch Becherhaare genannt werden. Es handelt sich hierbei um ein hochsensibles Sinnesorgan, bestehend aus einem verhältnismäßig langen Haar, das aus einer becherförmigen Vertiefung herauswächst und dort in einer hochsensiblen Sinneszelle verankert ist. Der adulte Bücherskorpion besitzt gleich zwölf von diesen Hörhaaren auf jeder seiner Scheren. Diese sind die eigentlichen „Augen“ des Bücherskorpions. Jede Bewegung, auch der allerkleinsten Lebewesen, verursacht Luftschwingungen. Die versetzen die Becherhaare in Schwingungen und verursacht einen entsprechenden Reiz in den Sinneszellen, welcher dann über die Nervenbahnen an das Gehirn (Oberschlundganglion) weitergeleitet wird. Man kann diese Funktion durchaus mit der Schallübertragung und dem Hören vergleichen. Schritte verursachen Luftschwingungen, diese treffen auf unser Trommelfell und versetzen es in Schwingungen, die im Ohr liegenden Sinneszellen wandeln die Reize in Impulse um, welche dann in unser Gehirn geleitet werden. Allerdings sind wir natürlich nicht in der Lage, die Schritte von Kleinstlebewesen wahrzunehmen, welche wir mit bloßem Auge kaum erkennen können. Becherhaare sind jedoch entsprechend sensibel und können dies ohne Weiteres leisten. Ein Bücherskorpion bemerkt auf diese Weise jedes auch noch so kleine Lebewesen, das sich in seine Nähe begibt. Zudem erlauben diese Sinnesorgane eine genaue Abschätzung der

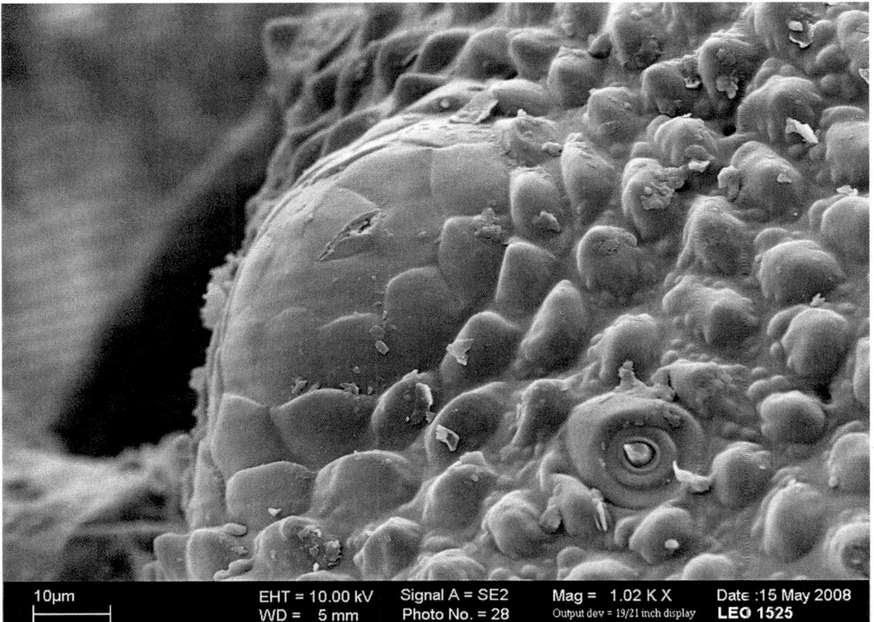

Das Auge eines Bücherskorpions. Es handelt sich hierbei nicht um ein komplexes Linsenauge, mit dem bildliches Sehen möglich wäre, sondern nur um einen relativ primitiven Hell-Dunkel-Rezeptor. Bücherskorpione können mithilfe ihrer Augen daher nur die Lichtintensität feststellen.

Größe, Entfernung, Geschwindigkeit und Laufrichtung eines in der Nähe befindlichen Tieres. Unter dem Mikroskop kann man die Funktionsweise der Hörhaare sehr gut erkennen. Bewegt man in ein bis zwei Zentimeter Entfernung einen kleinen Pinsel, so kann man beobachten, wie sich die Haare – als wären sie mit dem Pinsel verbunden – vor- und zurückbewegen.

Lässt man Bücherskorpione über Styropor laufen, wirken sie nach einiger Zeit oftmals desorientiert. Dies liegt vermutlich daran, dass sich die Hörhaare elektrostatisch aufladen und sich somit in Richtung des Bodens bewegen. Die Tiere sind dann nicht mehr in der Lage, ihre Umgebung – geschweige denn Bewegungen in ihrem Umkreis – wahrzunehmen. Allein aus diesem Grunde ist eine erfolgreiche Integration in Bienenbeuten aus Styropor ausgeschlossen.

Die Scheren im Detail

Die Scheren (Pedipalpen) der Bücherskorpione sind hochspezialisierte Werkzeuge. Sie sind nicht nur mit Hörhaaren besetzt, sondern auch mit einer Vielzahl profilierter Fangzähne versehen. Ähnlich wie beim Menschen der Ober- und Unterkiefer, ist der oben gelegene Scherenfinger starr und nur der untere beweglich. An der Spitze des oberen und unteren Fingers sitzt ein endständiger verlängerter Zahn. Dieser ist im unteren Finger mit einem Giftkanal durchzogen. Beim Greifen von Beutetieren durchsticht der endständige Giftzahn deren Haut (Kutikula). Der Widerstand in der Schere veranlasst die Absonderung eines starken Neurotoxins, welches auch lysierende (auflösende) Eigenschaften besitzt. Auf diese Weise wird das Beutetier innerhalb von Sekunden gelähmt und löst sich gleichzeitig innerlich auf (alle Organe verflüssigen sich). Die Verortung des Giftzahns im unteren Scherenfinger ist überaus sinnvoll, denn viele Beutetiere (darunter auch die Varroamilbe) verfügen über einen Rückenpanzer und sind somit von oben gut geschützt. Im unteren Bereich (dorsal) sind die verstärkten Segmente durch feine, intersegmentale Häutchen verbunden, die es dem Tier erlauben sich zu bewegen beziehungsweise sein Körpervolumen – durch das Aufnehmen von Nahrung und Flüssigkeit oder die Abgabe von Exkrementen – anzupassen.

Greift ein Bücherskorpion eine Varroamilbe, so werden diese mit Häutchen verbundenen Segmente etwas eingedrückt, sodass der Giftzahn automatisch in die jeweilige intersegmentale Haut eindringt. Aus diesem Grund kann auch eine gut gepanzerte Varroamilbe – oder andere gepanzerte Tiere, wie zum Beispiel Käfer – einer Bücherskorpionschere nicht entkommen. Zudem können Pseudoskorpione aufgrund der hochspezialisierten Scheren auch Beutetiere erlegen, die um ein Vielfaches größer und kräftiger sind als sie selbst.

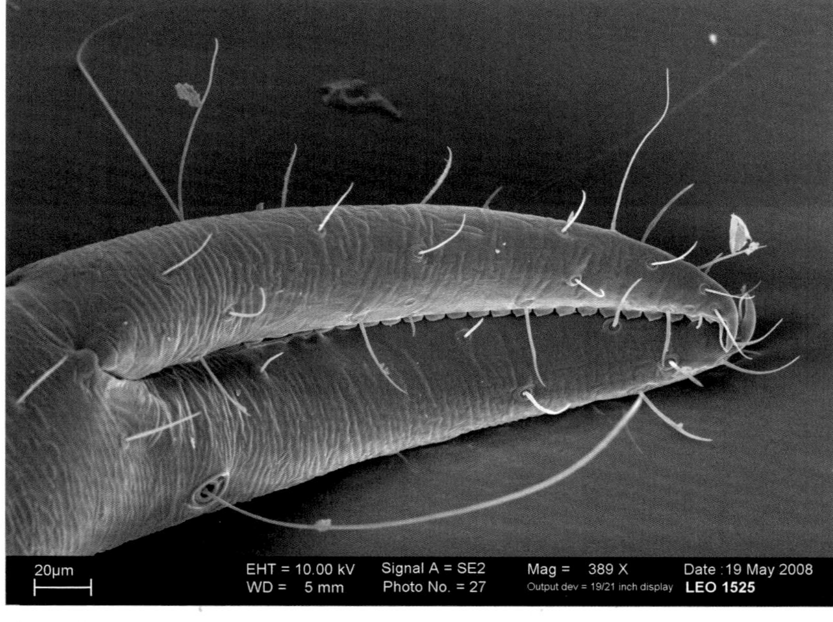

Elektronenmikroskopische Aufnahme einer Pseudoskorpionschere. Gut zu sehen ist das links unten befindliche Becherhaar, das dem Tier eine lichtunabhängige Orientierung ermöglicht. Die Bezahnung entlang der Scherenfinger sowie die endständigen, verlängerten Fangzähne, von denen der untere mit einem Giftkanal versehen ist, sind ebenfalls gut zu erkennen.

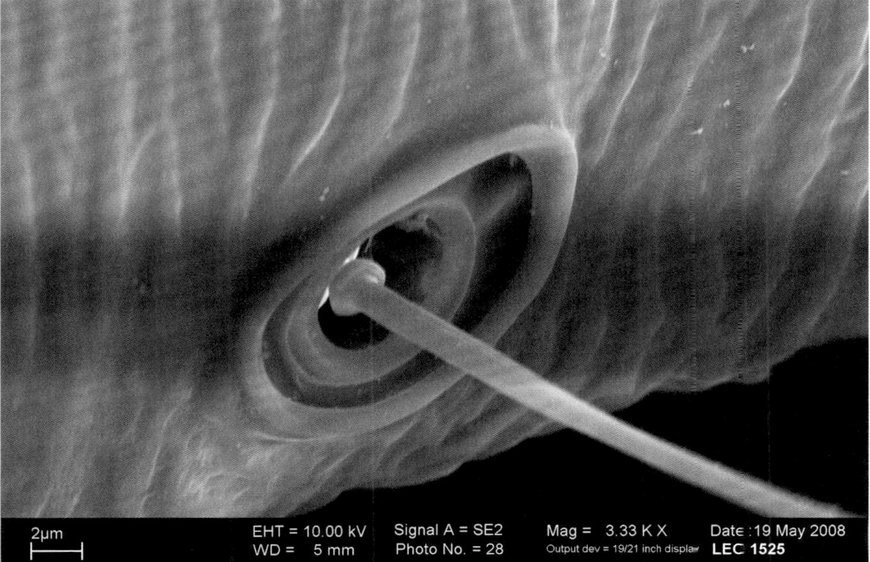

Die Detailaufnahme der Basis des Becherhaares offenbart, dass sich das Haar vor der Sinneszelle verjüngt. Dadurch wird der Hebel verstärkt, sodass kleinste Bewegungen im Umfeld des Pseudoskorpions wahrgenommen werden.

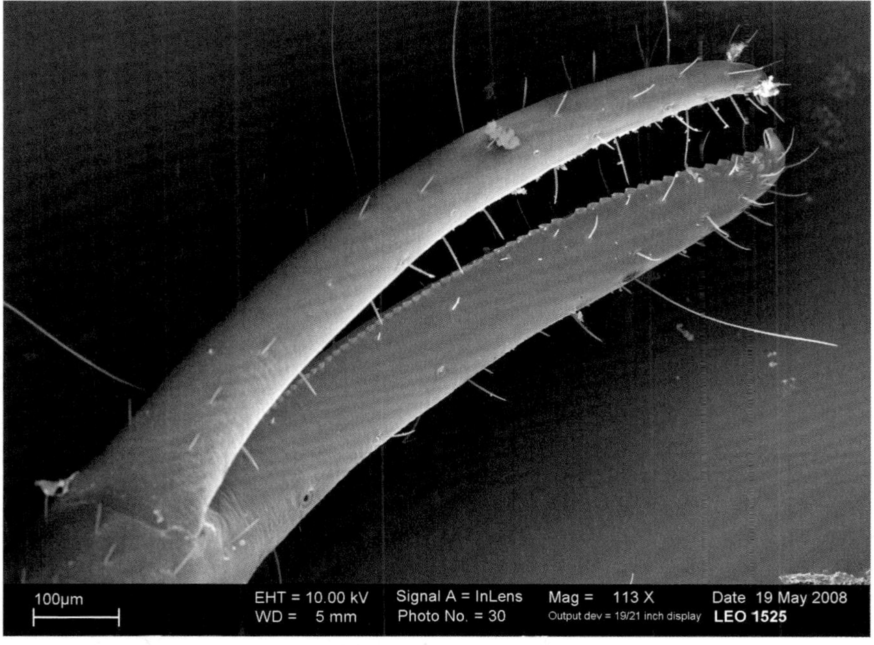

Die Schere eines ausgewachsenen Bücherskorpions: Die Becherhaare, die Bezahnung und der endständige Giftzahn sind gut zu erkennen.

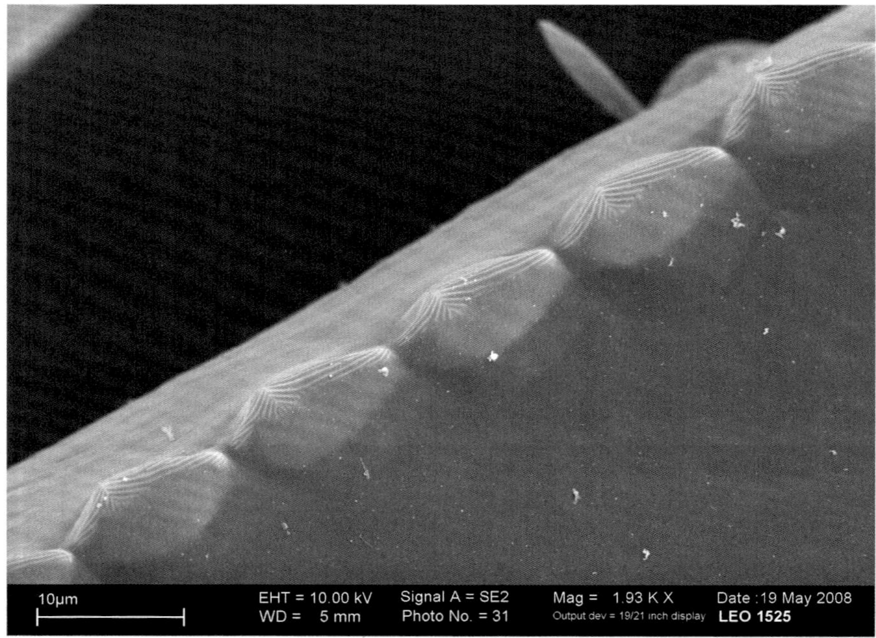

Die Profilierung der Scherenzähne ist deutlich zu erkennen und ermöglicht einen besseren Halt beim Zupacken.

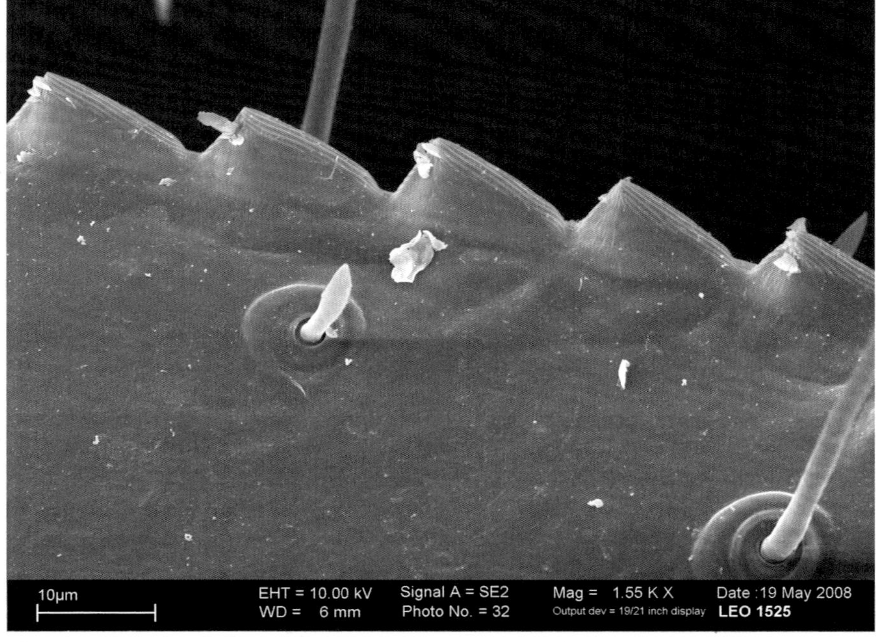

Die nach hinten gewandten Zähne wirken jedem Fluchtversuch der Beute entgegen.

Die Mundwerkzeuge (Chelizeren) im Detail

Die Mundwerkzeuge der Bücherskorpione bestehen aus vier beweglichen Segmenten, Chelizeren genannt. Der Ober- sowie der Unterkiefer bestehen aus jeweils zwei Segmenten, die unabhängig voneinander bewegt werden können. Von den verschiedenen Anhängen möchte ich besonders auf zwei genauer eingehen. An den unteren Chelizeren befindet sich jeweils ein kammartiges Putzorgan (Serrula externa), das dazu dient, die Scheren zu säubern. Dies funktioniert ähnlich der Putzscharte am Vorderbein der Honigbienen, mit denen sich die Tiere ihre Fühler säubern. Nachdem ein Bücherskorpion seine Scheren in Gebrauch hatte (beispielsweise nach dem Erlegen und Aussaugen einer Beute), säubert er diese sehr gewissenhaft, indem er sie mit präzisen, geschickten Bewegungen abwechselnd durch die Kämme des Unterkiefers zieht.

Ein weiteres interessantes Merkmal ist die an den unteren Chelizeren befindliche sogenannte Galea. Sie besteht aus einer unterarmähnlichen Verlängerung, welche sich terminal in sechs einzelne, fingerähnliche Fortsätze aufteilt. Dieser Bereich erinnert an eine Hand mit sechs Fingern. Interessanterweise sitzt in jeder dieser „Fingerspitzen“ jeweils eine Spinndrüse, aus der die Bücherskorpione bei Bedarf ihre Seidenfäden absondern.

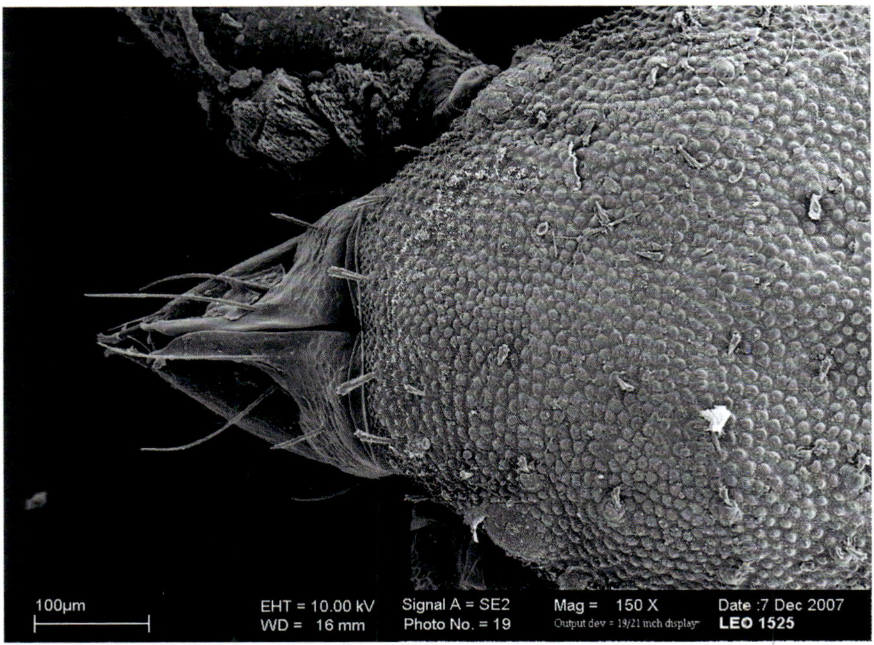

Dorsalansicht der Chelizeren eines adulten Bücherskorpions.

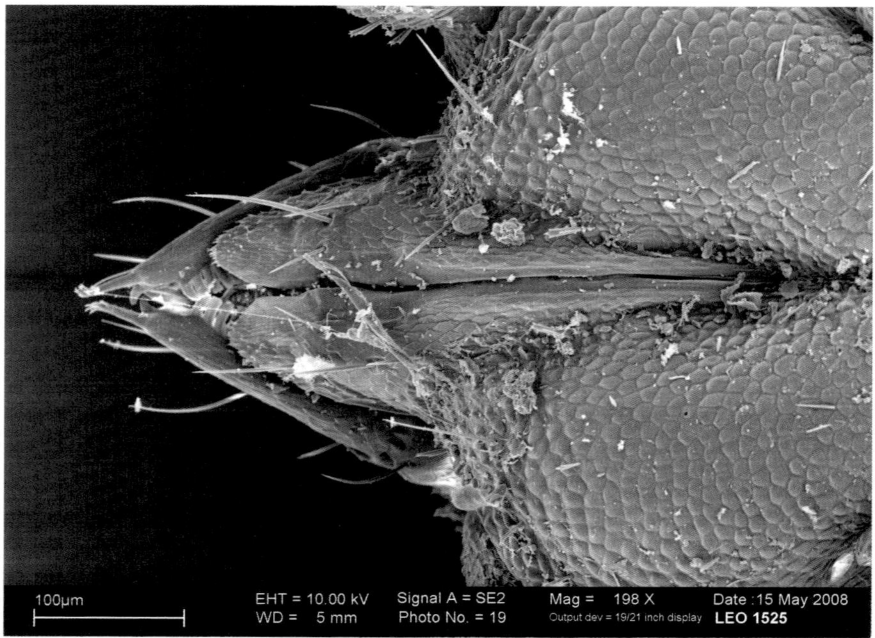

Ventralansicht der Chelizeren; 1. terminale Fortsätze der Galea; 2. Serrula externa, das kammartige Putzorgan für die Scherenfinger; 3. Schlundfalte (Mund).

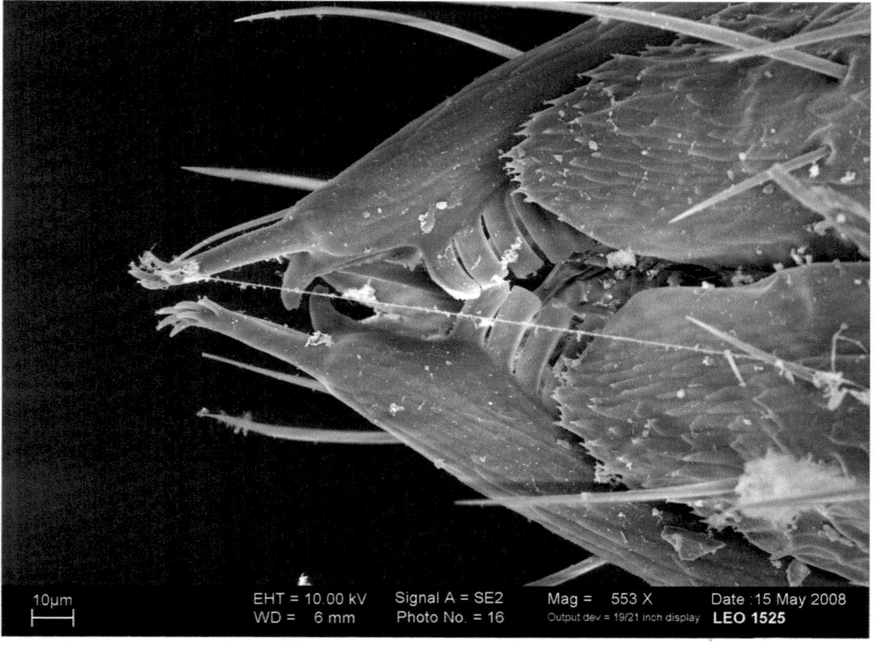

Ventralansicht der Chelizeren im Detail.

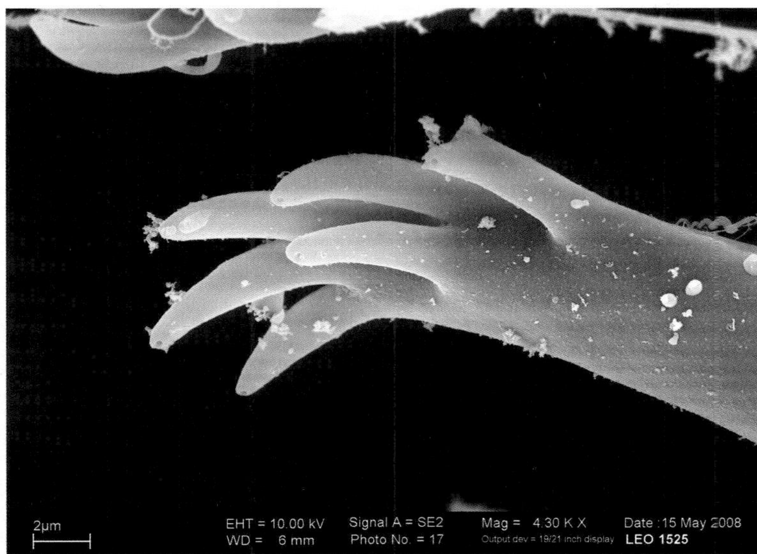

Die „Fingerspitzen" der Galea im Detail. Die Poren an den Kuppen sind Spinndrüsen.

Die Füße (Tarsen) im Detail

Die Füße der Bücherskorpione bestehen jeweils aus einer Doppelkralle, die es den Tieren erlaubt, sich sicher auf rauen Untergründen zu bewegen, sowie aus einem Haftlappen. Der profilierte Haftlappen dient den Tieren dazu, auf glatten Oberflächen zu laufen. Sie können ohne Weiteres kopfüber auf Glas oder ähnlich glatten Flächen laufen, wobei sie eine erstaunliche Bodenhaftung besitzen.

Die Tarse eines Bücherskorpions im Detail; gut zu erkennen ist die Kralle (rechts) mit dem darunter befindlichen Haftlappen (links). Sie ermöglicht es den Tieren, sich auch auf glatten Untergründen kopfüber sicher zu bewegen.

Jagd- und Fressverhalten

Die Nahrung der Pseudoskorpione besteht aus diversen, kleinen Tieren und ist abhängig von der jeweiligen ökologischen Nische, auf die sich die Tiere spezialisiert haben. Der Moosskorpion frisst am liebsten Springschwänze (Collembolen) und zieht diese jeder anderen Nahrung vor. Bemerkenswerterweise nimmt er aber nicht alle Collembolenarten an, selbst dann nicht, wenn er ausgehungert ist. Der Bücherskorpion frisst Fruchtfliegen, Wanzen, Wachsmottenlarven, Käferlarven, Silberfische, Holzläuse, Bienenläuse und Varroamilben. Auffällig ist jedoch, dass sich die verschiedenen Pseudoskorpion-Arten auf bestimmte Beutetiere spezialisiert haben. Es ist daher unbedingt darauf zu achten, dass in der Bienenhaltung unserer Breitengrade ausschließlich Bücherskorpione verwendet werden, da andere Arten eine Gefahr für die Bienen darstellen können.

Bücherskorpione sind aktive Jäger. Sie verlassen für die Jagd ihr Revier und durchwandern den gesamten Bienenstock. Dabei bewegen sie sich unter natürlichen Bedingungen (Dunkelheit, Ruhe im Stock, kein Rauch) auch zwischen den Bienen, auf den Waben und jagen dort nach Beute. Sie meiden hektisches Treiben genauso wie die feuchten, klebrigen Honigwaben. Bücherskorpione nähern sich Bienen mit ruhigem Verhalten und tasten diese ab. Wahrscheinlich handelt es sich hierbei um das von Dr. Max Beier beobachtete Verhalten des Entlausens der Bienen. Auch das Forscherteam aus Neuseeland unternahm einen Versuch, in dessen Verlauf eine Bienenlarve, auf der sich Varroamilben befanden, mit Pseudoskorpionen in ein Gefäß gesetzt wurden. Die Tiere holten die Varroamilben von der Larve, jedoch ohne die Larve selbst zu verletzen[29].

Wenn ein Bücherskorpion ein Beutetier ortet, dann streckt er diesem seine Scheren entgegen, um es mithilfe der Becherhaare genauer zu analysieren. Die Jäger halten dann meist kurz inne und richten sich auf das Beutetier aus. Wenn sich dieses entfernt, wird es verfolgt. Das Zupacken mit meist nur einer Schere erfolgt schlagartig. Wehrt sich das Beutetier, kommt die zweite Schere ebenfalls zum Einsatz. Dabei achtet der Bücherskorpion darauf, dass sterbende Tier mit seinen langen Armen auf Abstand zu halten, bis es seine Bewegungen verlangsamt und schließlich einstellt. Daraufhin wird die Beute mit beiden Scheren geschickt zu den Mundwerkzeugen geführt, die dann in eine geeignete Stelle eingeschlagen werden. Danach entlässt der Bücherskorpion die Beute aus seinem Griff, zieht sich in eine geschützte Spalte zurück und saugt sein Opfer aus. Dabei bewegt er mit leicht angewinkelten Armen tastend seine Scheren hin und her und scannt damit die Umgebung. Auf diese Art und Weise kann er seine

---

[29] L. L. Fagan et al.: Varroa management in small bites, Journal of applied Entomology (2012). Blackwell Verlag, S. 473–475.

Ein Bücherskorpionweibchen beim Aussaugen einer Artgenossin.

Beute gegen andere Artgenossen verteidigen oder weitere Beutetiere mit den freigewordenen Scheren ergreifen.

Bei einigen Arten, zu denen auch der Bücherskorpion gehört, konnte Kannibalismus beobachtet werden. Dieser tritt jedoch nur aus zweierlei Gründen auf: Alte Bücherskorpione verlieren ihre Agilität, sie bewegen sich langsamer und ungeschickter. Trifft ein solcher Greis auf einen jungen, beutesuchenden Bücherskorpion, so kann es vorkommen, dass dieser seinen Artgenossen attackiert und aussaugt. Der zweite Grund sind sehr ungünstige Verhältnisse, wie etwa überfüllte Anzuchtgefäße und Nahrungsmangel.

WARUM VERSCHWANDEN BÜCHERSKORPIONE AUS UNSEREN BIENENVÖLKERN?

Vor wenigen Jahrzehnten waren Bücherskorpione noch in fast jeder Bienenbeute zu finden, heutzutage jedoch gelten die Tiere als aus den Bienenstöcken ausgerottet. Die Gründe hierfür liegen insbesondere in der Bauweise der Beuten selbst, außerdem in der Anwendung von Milbenbekämpfungsmitteln. So berichten nur wenige Imker davon, dass sie Bücherskorpione in ihren Beuten vorfinden. Es zeigte sich, dass ein Vorhandensein dieser Tiere ganz eng mit dem Standort der Bienenbeuten verbunden ist. So findet man diese nützlichen Symbionten immer nur dann vor, wenn die Beuten in einem alten Bienenhaus oder einer Scheune stehen, wo sich die Tiere etabliert haben und von dort aus (wie früher) in die Bienenbehausungen einwandern. Einige Imker unterlagen daher der fälschlichen Annahme, dass Bücherskorpione auch Ameisensäurebehandlungen unbeschadet überstehen können. Dem ist jedoch nicht so! Stehen die Bienenbeuten in einer Scheune, werden diese – nach der Anwendung solch letaler Mittel – erneut besiedelt.

Milbenbekämpfungsmittel

Die eingesetzten Milbenbekämpfungsmittel in der Imkerei richten sich in ihrer Wirkungsweise primär gegen Spinnentiere (Arachnida), zu denen auch die Bücherskorpione gehören. Selbst geringste Konzentrationen der Ameisensäure töten Bücherskorpione, einschließlich aller Nymphenstadien, innerhalb von Sekunden. Ein Großteil der immens wichtigen Mikrofauna stirbt bei einer solchen Behandlung ebenfalls. Thymolhaltige Wirkstoffe wirken sich auch zum Nachteil auf die Bücherskorpionpopulation aus. In Versuchen zeigte sich, dass die Tiere zwar nicht sofort sterben, aber mit jedem Tag langsamer in ihren Bewegungen werden, die Nahrungsaufnahme einstellen und schließlich sterben. Oxalsäure hingegen scheint sich nicht auf die Gesundheit der adulten Bücherskorpione auszuwirken. Es kann aber nicht ausgeschlossen werden, dass die Nymphengenerationen von der Anwendung der Oxalsäure geschädigt werden. Neurotoxine wie Perizin wirken sich ebenfalls tödlich auf die gesamte Bücherskorpionpopulation aus. All diese Mittel eint die Tatsache, dass sie viele Dutzend Kleinstlebewesen des fragilen Ökosystems abtöten und das fein aufeinander abgestimmte Gefüge der zahlreichen Arten zerstören. Die Anwendung solcher Präparate ist daher in keinem Fall mit einer natürlichen Mikrofauna vereinbar; auch der Bücherskorpion überlebt ohne die natürliche Artenvielfalt nicht.

Probleme in heutigen Beuten

Die meisten in der Imkerei verwendeten Beutensysteme orientieren sich nicht an den Bedürfnissen der Bienen, sondern ausschließlich an der Praktikabilität für den Imker. Bienenbeuten waren in der Vergangenheit oftmals aus einzelnen

Brettern, teilweise mit strohgefüllten Hohlwänden oder gleich ganz aus Stroh gebaut. Dadurch ergaben sich eine Reihe von Vorteilen gegenüber den glattwandigen Beuten von heute.

Die Hohlkammern in den Wänden, die Ritzen und Spalten zwischen den Brettern und die Tatsache, dass es früher keine Gitterböden gab, machte die Symbiose zwischen Bücherskorpionen und Bienen in Beuten erst möglich: Denn Bücherskorpione sind Spaltenbewohner. Sie benötigen eine Vielzahl von Ritzen und Spalten, in die sie sich zurückziehen, sich entwickeln, brüten, schlafen und ihre erlegte Beute aussaugen können. Zudem siedelte sich auch eine Vielzahl von kleinen Organismen (die Mikrofauna) in diesen Beuten an.

Die heutigen Beutensysteme dagegen sind in der Regel glattwandig und bieten daher den Bücherskorpionen keinerlei Unterschlupfmöglichkeiten. Aber nicht nur Bücherskorpione finden dort kein Habitat mehr vor, sondern auch die Vielzahl von Kleinstlebewesen, die für Bücherskorpione und deren Nymphen unverzichtbar sind.

Gitterböden verursachen weitere Probleme. Sie sind selbst mit eingesetztem Schieber nicht gänzlich geschlossen und verursachen eine Abwanderung der Bücherskorpione und deren Nymphen, da die Tiere auf der Suche nach Nahrung auch auf den Schieber krabbeln, danach aber selten zurück in den Bienenstock gelangen. Die auf diese Art und Weise ausgewanderten Pseudoskorpione überleben, sofern sie keinen geeigneten Unterschlupf finden, den Winter in unseren Breitengraden nicht. Die Bücherskorpionpopulation nimmt daher in Beuten mit Gitterböden stetig ab und stirbt schließlich aus.

Das herunterfallende Gemüll eines Bienenvolkes ernährt eine Vielzahl von Kleinstlebewesen, welche wiederum kleinen Prädatoren als Nahrung dienen, unter anderem auch den Nymphen des Bücherskorpions. Das Gemüll ist somit ein wichtiger Faktor für eine intakte Mikrofauna. Säubert man die Schieber von dem Gemüll, hat dies weitreichende, negative Folgen für das gesamte Ökosystem. Daher sind Gitterböden ein Ausschlusskriterium für eine erfolgreiche Symbiose von Bienen und Bücherskorpionen.

SAMMELN UND AUFZUCHT

Beim Umgang mit dem Bücherskorpion, sei es beim Sammeln oder der späteren Aufzucht, gilt es, bestimmte Regeln zu beachten.

Das Hantieren mit Bücherskorpionen

Bücherskorpione lassen sich am besten mit einem weichen Pinsel aufnehmen und bewegen. Wenn die Tiere hochgenommen werden sollen, empfiehlt es sich, die Pinselhaare leicht anzufeuchten und das Tier damit flächig auf dem Hinterkörper (Ophistosoma) zu berühren. Wenn das Tier dann haften bleibt, dreht man den Pinsel so, dass es auf dem Rücken liegt, denn dann verharren die Bücherskorpione meist in einer Starre und können sich auch nicht so einfach lösen und herunterfallen. Darüber hinaus kann man die Tiere auch gut mit dem Pinsel dirigieren, da sie stets versuchen, dem vermeintlichen Feind zu entkommen. Man sollte niemals versuchen, Bücherskorpione mit bloßen Fingern aufzunehmen, da die Tiere dadurch sehr schnell verletzt werden.

Fangorte

Bücherskorpione findet man in Nordeuropa nicht in der Natur, da sie ursprünglich aus wärmeren, trockeneren Gebieten stammen. Daher sind sie ausschließlich in menschlichen Behausungen, bzw. tierischen Behausungen anzutreffen. Kamen sie vor wenigen Jahrzehnten noch recht häufig in unseren Häusern vor, beschränkt sich ihr Aufenthaltsort heutzutage überwiegend auf alte, holzgebaute Scheunen. Ein Heuboden in welchem Heu und Stroh eingelagert wird, eignet

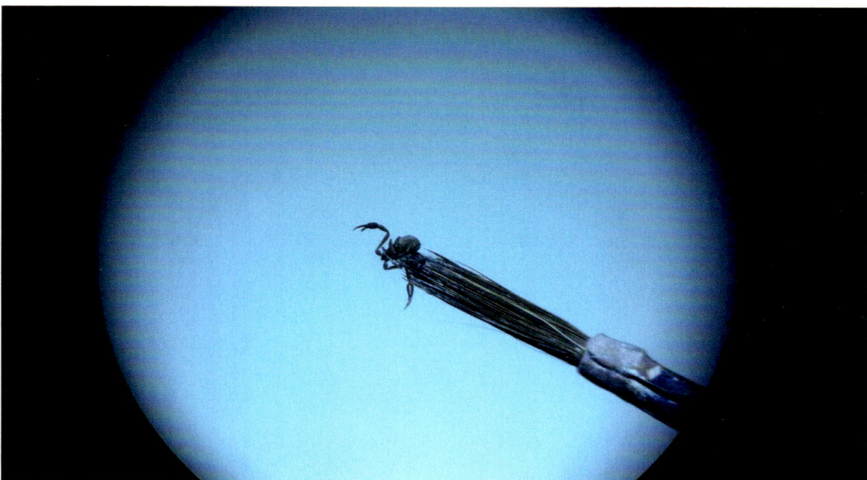

An einem feuchten Pinsel haftender Bücherskorpion. Das Tier fällt in eine Starre und verhält sich absolut ruhig.

Die Scheune, in der ich seit Jahren Bücherskorpione für meine Forschungstätigkeiten fange. Die Baustruktur ist aus Holz, die Bretter sind morsch und die Scheune bereits fast 100 Jahre alt. Im Untergeschoss befindet sich ein Kuhstall.

sich hervorragend für die Suche, da die Tiere hier stets anzutreffen sind. Zusätzlich zeigte sich, dass eine unter dem Heuboden gelegene Nutztierhaltung, die Populationsgröße positiv beeinflusst.

Fangmethoden

Das Fangen der Bücherskorpione stellte sich anfangs als sehr schwierig dar. Denn die Tiere sind lichtscheu, erschütterungsempfindlich und flüchten bei jeder Störung umgehend in kleine Ritzen und Spalten. Erst nach vielen Versuchen gelang es mir, eine simple Methode zu entwickeln, die es erlaubt, Bücherskorpione zeitökonomisch und in ausreichender Anzahl einzufangen. Dafür machte ich mir den Umstand zunutze, dass die Tiere sich gerne kopfüber in engen Spalten ansammeln. Die direkt auf die Kleinstreu gelegten Fangbretter bilden mit dem Boden zusammen ein räumlich enges und daher von Bücherskorpionen gerne angenommenes Habitat. Bücherskorpione mögen keine Zugluft, da Luftbewegungen ihre Orientierung beeinflussen. Daher halten sie sich selten in Bereichen von Fensteröffnungen oder Türen auf. Man sollte darauf achten, dass die ausgelegten Bretter nicht zu hundert Prozent aufliegen, sondern sich noch ein paar Halme beziehungsweise Kleinstreu darunter befindet, sodass die Tiere den Eindruck haben, sie befänden sich in einer Spalte. Die so entwickelte

Brettchenfangmethode konnte durch die Verwendung rauer, unbehandelter und profilierter Bretter noch verbessert werden. Es zeigte sich, dass Bücherskorpione raue Oberflächen bevorzugen und glatte oder lackierte Oberflächen meiden. Besonders gerne halten sich die Tiere auf profilierten Bangkiraibrettern auf. In den Vertiefungen bauen sie gerne ihre Nester und beanspruchen kleine Reviere. Im Prinzip braucht man in einem entsprechenden Heuboden nur eine gewisse Anzahl von Brettchen auszulegen und ein bis zwei Wochen abzuwarten. Dann kehrt man mit der entsprechenden Ausrüstung zurück, um die Tiere einzusammeln.

Jahreszeiten

Bücherskorpione sind nur während der Frühjahrs- und Sommerzeit aktiv. Im Winter spinnen sie sich in engen Spalten in kleine Nester ein und verfallen in eine Winterstarre. Erst nachdem die Außentemperaturen 15 °Celsius überschreiten, findet man die Tiere zahlreich in den Scheunen. Im Frühjahr ist eine besonders ergiebige Zeit, da sich dann auch besonders viele Nymphen in der Kleinstreu, aber auch unter den Fangbrettchen aufhalten. Wird es im Herbst kälter (ab 10 °Celsius), kann man schlagartig keine Tiere mehr aufspüren.

Die ausgelegten Fangbrettchen aus profiliertem Bangkiraiholz (Terrassenholz aus dem Baumarkt) werden direkt auf den Boden gelegt.

In den Vertiefungen halten sich die Bücherskorpione besonders gerne auf. Nun braucht man sie nur noch mit einem weichen Pinsel in ein Gefäß zu „fegen".

Ausrüstung & Werkzeug

Empfohlene und bewährte Ausrüstung zum Sammeln von Bücherskorpionen:

- Kopflampe
- Pinsel
- leere Honiggläser
- Frischhalteboxen
- Siebgitter
- Eimer
- Staubmaske

Da man für das Einsammeln beziehungsweise Abfegen von den Fangbrettern beide Hände einsetzt, benötigt man in den meist mäßig beleuchteten Scheunen unbedingt eine Kopflampe. Zusätzlich empfehle ich, gut schließende, hohe Gefäße – wie zum Beispiel Honiggläser – beim Einsammeln zu verwenden und die Tiere anschließend in ein großflächigeres Gefäß umzusetzen. Damit die Tiere sich im Stress nicht gegenseitig angreifen, befüllt man die Honiggläser zuvor mit ein wenig Kleinstreu. Die Tiere versuchen dann überwiegend, sich darin zu verkriechen. Einige Bücherskorpione werden immer wieder die Gefäßwände hinaufklettern, sodass man diese des Öfteren mit dem Pinsel wieder hineinschubsen muss. Um hier Zeit zu sparen, ist ein Gefäß mit hohen Seitenwänden zu empfehlen.

Wenn eine Sammelpause eingelegt und das Glas dafür verschlossen wird, empfehle ich es –insbesondere vor dem Öffnen – einmal auf dem Holzboden aufzuschlagen, sodass die am Deckelspalt sitzenden Bücherskorpione zurück ins Glas fallen. Ansonsten besteht die Gefahr, dass sie beim Aufschrauben des Deckels verletzt oder getötet werden. Wenn ein mit Bücherskorpionen besetztes Gefäß geöffnet wird, sollte man immer zuerst unter den Deckel schauen, denn dort halten sich die Tiere gerne auf. Ein Honigglas eignet sich jedoch ausschließlich zum Sammeln und zur kurzzeitigen Aufbewahrung, denn die Grundfläche ist zu klein und die Bücherskorpione geraten in Aufruhr, was schnell zum Kannibalismus führen kann. Wenn man die Tiere dennoch in einem Honigglas aufbewahren möchte, empfehle ich über der Kleinstreu den Einsatz vieler Schichten von Kaffeefilterpapier. So wird die Oberfläche vergrößert und mehr Raum

Die Kopflampe ermöglicht beste Sicht und die Verwendung beider Hände.

Honigglas mit Kleinstreu, das Sammelbrett wird über die Öffnung des Glases gehalten und der Bücherskorpion mit dem Pinsel abgefeg

geschaffen. Vorteilhafter ist die Aufbewahrung in großen, gut schließenden Frischhaltegefäßen. Hierbei sollte zuvor eine Öffnung in den Deckel geschnitten werden, in die dann Filterpapier eingeklebt wird, um den Luftaustausch zu gewährleisten. Wichtig hierbei ist, dass das Filterpapier von der Innenseite fixiert wird, da die Tiere sich ansonsten in die Lücke setzen, schnell mit dem Klebeband in Kontakt kommen und verkleben.

Cheridium museorum (roter Kreis) zusammen mit einem Bücherskorpion.

Cheridium museorum im Detail. Dieser rötliche, nur etwa 1,1 mm kleine Pseudoskorpion ist oft zusammen mit Bücherskorpionen anzutreffen, jedoch kein geeigneter Symbiont für Bienen.

Das Aussieben der Kleinstreu aus Heu und Stroh ist eine extrem staubige Angelegenheit. Daher wird eine Staubmaske empfohlen. In der Streu leben Hunderte Kleinstlebewesen, die als Nahrung für Bücherskorpione (etwa in der Aufzucht) dienen.

Die gefangenen Bücherskorpione werden großflächig in das Aufzuchtgefäß gestreut, um sie nicht zu verschütten.

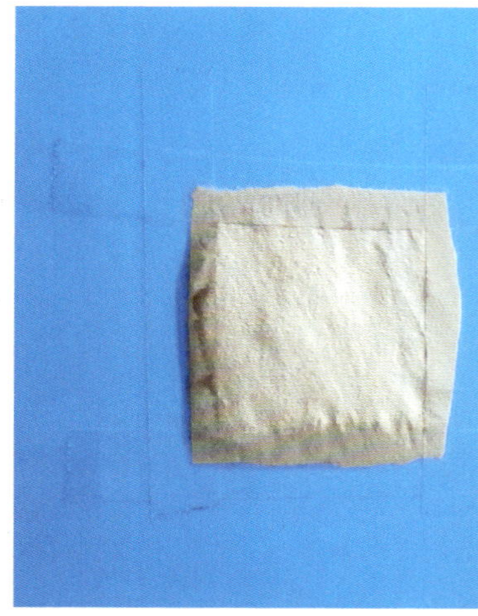

Das Filterpapier zum Luftaustausch muss von der Unterseite her mit Klebeband fixiert werden, um zu verhindern, dass Tiere zwischen Deckel und Filterpapier gelangen und am Klebeband hängen bleiben.

Die Aufzucht von Bücherskorpionen

Werden gewisse Grundregeln beachtet, etwa beim Sammeln der Kleinstreu als Nahrung der Zucht oder gut schließende Aufzuchtgefäße, ist das Halten von Bücherskorpionen weitgehend unproblematisch.

Grundsätzliches

Um Bücherskorpione aufzuziehen, benötigt man ein großflächiges Behältnis, das kleintierdicht verschlossen werden kann. In dieses wird auf dem Boden eine Schicht Kleinstreu eingefüllt, auf die dann ein paar raue, trockene Holzbretter oder Rindenstücke gelegt werden. Die bereits erwähnten Bangkiraihölzer eignen sich ebenfalls hervorragend für die Aufzucht. Unprofilierte Bretter werden mithilfe eines Flachschraubendrehers und eines Hammers perforiert, sodass kleine Vertiefungen im Holz entstehen. Nun streut man die gesammelten Bücherskorpione großflächig auf die eingebrachten Rindenschalen und Bretter. Es sollte kein Wasser oder vollgesogener Schwamm hineingegeben werden, die Bücherskorpione mögen es trocken und decken ihren Wasserbedarf ausschließlich über Beutetiere.

Das Aufzuchtgefäß darf nicht in die Sonne gestellt werden!

In der Fortpflanzung aktiv sind die Tiere zwischen 18 und 28 °Celsius. Wenn die Bücherskorpione bei dieser Temperatur gehalten werden, stellt sich auch keine Winterruhe ein. Das bedeutet jedoch, dass weiter Nachkommen erzeugt werden und alle Bücherskorpiongenerationen laufend Nachschub an Futtertieren benötigen. Im Sommer ist dies kein Problem, da wir hier auf die Feinstreu zurückgreifen können.

In der feinen Streu lassen sich unerwünschte Tiere wie etwa Spinnen und große Käfer schnell erkennen und entfernen (natürliche Feinde wie Spinnen sind natürlich auszusortieren). Man sieht bei genauer Betrachtung eine Vielzahl von Holzläusen und Raubmilben, die sehr gerne von den Bücherskorpionen als Beutetiere angenommen werden.

Die adulten Bücherskorpione können auch ohne Probleme mit flugunfähigen Fruchtfliegen ernährt werden. Die Nymphen hingegen benötigen kleinere Beutetiere wie Springschwänze. Beide Arten können ganzjährig in Tierfutterhandlungen bestellt werden, sodass der Nachschub im Winter möglich ist, auch wenn sich in der Streu keine Beutetiere mehr finden lassen. In einer solchen Aufzuchtbox sollten nicht mehr als 30 Tiere gehalten werden. Spätestens alle 14 Tage muss neue Kleinstreu – mit den darin befindlichen Kleinstlebewesen – eingebracht werden. Bei zu geringer Fütterungsfrequenz oder Überbesetzung zeigt sich unter den Bücherskorpionen Kannibalismus.

Der Aufbau einer Zuchtbox mit Kleinstreu, mehrere Lagen von Rindenschalen.

Geschlossenes Zuchtgefäß mit Filterpapiereinsatz für den Luftaustausch.

Nester

Sobald sich die fertilen Weibchen unter den Hölzchen in ihre Brutnester eingesponnen haben, entnimmt man diese aus dem Aufzuchtgefäß, um zu verhindern, dass die frisch schlüpfenden Protonymphen dem Kannibalismus zum Opfer fallen. In einer Scheune kommt dies in der Regel nur sehr selten vor, da sich die winzigen Nymphen in kleinste Ritzen und Spalten zurückziehen können, in welche die adulten Tiere nicht hineingelangen. Alle adulten, sich mit auf den Hölzchen befindlichen Bücherskorpione werden daher zurück in das Ursprungsgefäß gefegt und neue (leere) Bruthölzer dazugegeben. Die Hölzchen mit den Nestern verbringt man in ein neues Gefäß, in das man zuvor eine dünne Schicht Kleinstreu einbringt. Die Brutpflege der Weibchen in den Nestern dauert etwa drei bis vier Wochen. In dieser Zeit nehmen die Tiere keine Nahrung zu sich. Nach spätestens vier Wochen öffnen die Muttertiere die Nester und entlassen ihre Sprösslinge in ein autonomes Leben. Nun entnimmt man die adulten Weibchen aus dem Gefäß. Das Aussortieren erfolgt schrittweise, indem man ein paar Tage in Folge die Hölzer absucht und die sich dort sammelnden Tiere zurück in das Ursprungsgefäß fegt. Dies wiederholt man so lange, bis sich keine adulten Bücherskorpione mehr unter den Hölzern finden lassen. Vorsicht ist geboten beim Hantieren und Zurücklegen der Hölzer! Die Protonymphen sind mit bloßem Auge kaum zu erkennen und können leicht zerdrückt werden. Daher sollte man die Stellflächen der Brettchen zuvor immer mit einem weichen Pinsel abfegen. Die neue Generation muss nun entsprechend gefüttert werden und entwickelt sich im Laufe eines Jahres zu adulten Nachkommen. Ein Bücherskorpionweibchen kann unter Optimalbedingungen fünf bis sechs Mal pro Jahr brüten.

Zuchtholz mit Bücherskorpionen. Es wurde bereits ein Brutnest in einer Spalte angelegt.

Zwei Nester in der Detailansicht.

Mit einem Flachschraubendreher perforiertes Holz. Die Vertiefungen werden auch gerne zum Nestbau angenommen.

Befall mit fremden Arten

Die Kleinstreu zur Fütterung der Zucht muss unbedingt genau dort gesammelt werden, wo man auch die Bücherskorpione gefunden hat. Ansonsten läuft man Gefahr, fremde Arten in das Zuchtgefäß einzubringen, die für die Bücherskorpione und deren Nymphen gefährlich, ja sogar tödlich sein können. Hierzu ein Beispiel:
Als ich in den kühleren Frühjahrsmonaten, selbst nach intensivem Sieben von Heu und Stroh, keine Kleinstlebewesen mehr im Heuboden für meine Aufzucht finden konnte, sammelte ich die Kleinstreu schließlich aus dem Erdgeschoss der Scheune. Hier waren, im Gegensatz zum oberen Stockwerk, noch etliche Organismen zu finden. Da sich im Untergeschoss ein Kuhstall befindet, ist hier jedoch die Feuchtigkeit – aufgrund der Wassertränken und der Ausscheidungen der Rinder – viel höher. Dann streute ich die Ausbeute in mein Zuchtgefäß und erkannte kurz darauf, dass die darin befindlichen Bücherskorpione von etlichen kleinen Milben befallen wurden. Es handelte sich offensichtlich um einen phoretischen Befall, da die Milben den Pseudoskorpionen keinen direkten Schaden zufügten, sondern sich nur mit einem Saugnapfapparat an die Skorpione anhefteten. Da sich die Milben zu Hunderten an einem Pseudoskorpion sammelten, verklebten sie die Scheren mitsamt der Becherhaare, die Mundwerkzeuge, Augen und sogar die Geschlechtsöffnungen. Die Pseudoskorpione versuchten die Milben mithilfe ihrer Scheren zu entfernen, jedoch wurden diese dadurch nur noch mehr befallen.

Es zeigte sich, dass die Pseudoskorpione nach einigen Tagen zugrunde gingen und noch Wochen später einige phoretische Milben auf den ausgetrockneten Körpern verweilten. Doch was genau war dort passiert? Die Milben stammen aus einem feuchten Habitat und sind auf die dort herrschenden feuchten Bedingungen angewiesen. Als ich diese in das trockene Terrarium der Zucht einbrachte, befanden sich die Milben in einer für sie lebensfeindlichen Umgebung. Daher hefteten sie sich an die vorbeikommenden Bücherskorpione, um sich von den Tieren in ein feuchteres Habitat tragen zu lassen (Phoresie). Die Milben waren jedoch so zahlreich, dass die Bücherskorpione orientierungslos wurden, nicht mehr jagen und fressen konnten und schließlich starben.

Dieses Beispiel zeigt eindrücklich, dass manchmal nur wenige Meter zwischen zwei komplett unterschiedlichen Biotopen liegen, in denen sich die Tiere auf die jeweiligen abiotischen Faktoren spezialisiert haben und nicht miteinander vermengt werden sollten.

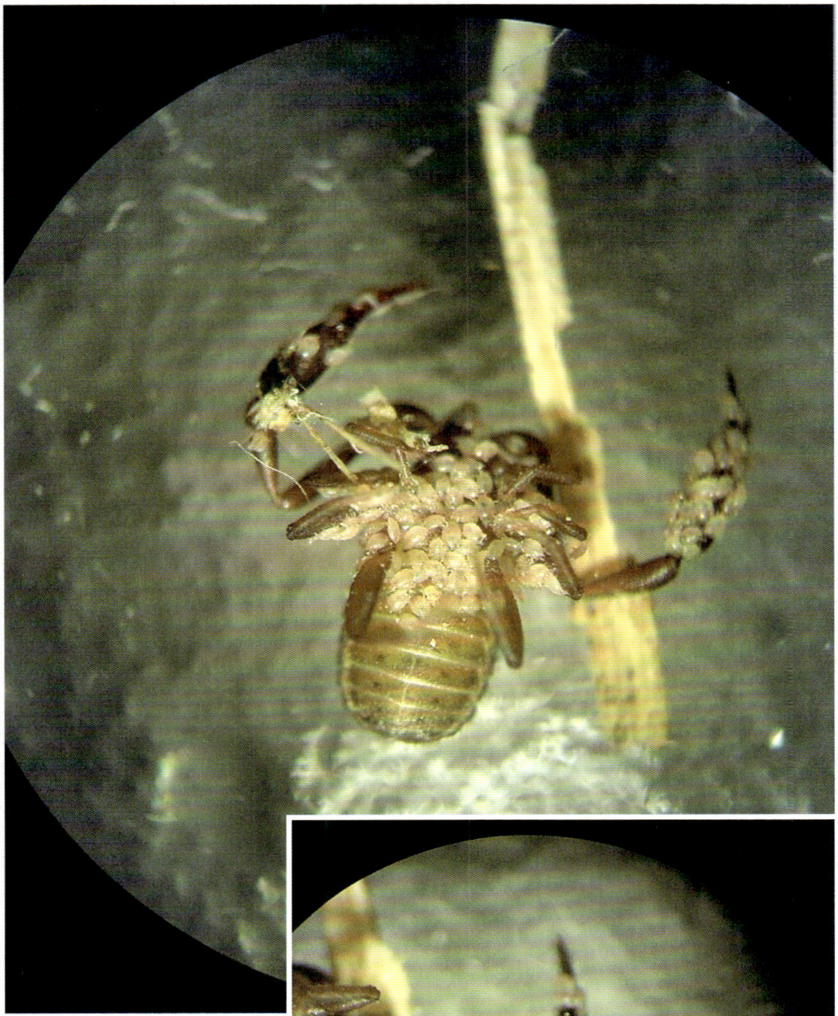

Ventralansicht (Bauchseite) des befallenen Bücherskorpionweibchens. Die phoretischen Milben besetzten Beine, Scheren, Geschlechtsöffnungen und Chelizeren.

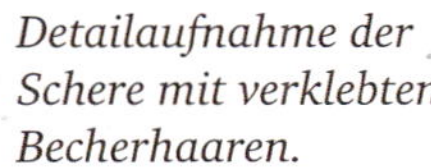

Detailaufnahme der Schere mit verklebten Becherhaaren.

BÜCHERSKORPIONE ALS SCHÄDLINGSBEKÄMPFER

Bücherskorpione sind Nützlinge, da sie zahlreiche Schädlinge jagen und fressen. In alten Häusern, insbesondere solchen, die viel Holz in der Bausubstanz haben, kann man die Tiere oftmals noch in Böden und Zwischenwänden antreffen. Hier machen sie sich durch das Vertilgen von Staubläusen, Käferlarven, Milben und Wanzen nützlich. Auch im Bienenstock nutzen sie ihrem Wirt, indem sie zahlreiche Schädlinge biologisch bekämpfen. Offensichtlich kommt hier einigen Pseudoskorpionarten eine wichtige Schlüsselrolle zu, da sie weltweit bei allen noch wildlebenden Bienenvölkern aufgefunden werden können. Einige haben sich sogar auf die Bienen spezialisiert (z. B. einige *Ellingsenius*-Arten) und dürften für die Bienenvölker genauso wichtig sein wie die Putzerfische in den Riffen, die sich auf größeren Meeresbewohnern durch das Befreien der Kiemen und Schuppen von Parasiten nützlich machen. In einer natürlichen Baumhöhle werden die Waben großflächig direkt an das Stirnholz der Baumhöhle gebaut, sodass die Pseudoskorpione diese einfach begehen und wieder verlassen können. Die Tiere durchwandern auf der Suche nach Beute das gesamte Bienennest. Sie können daher in allen Bereichen gleichermaßen angetroffen werden.

Beutetiere

Wachsmotten, Wachsmottenlarven, Gemüllmilben, Bienenläuse, Varroamilben und demnächst der Kleine Beutenkäfer …

Bücherskorpionmännchen beim Aussaugen einer Wachsmotte.

Neben den zahlreichen uns bekannten Schädlingen, die der Bücherskorpion im Bienenstock bekämpft, ist nun ein Schädling im Anmarsch, der Kleine Beutenkäfer (*Aethina tumida*). Im Jahr 2014 wurde dieser erstmals auf dem europäischen Festland, in Italien, festgestellt. Von seinem Anlandungsort breitet er sich nun sukzessive Richtung Norden aus. Das Bundesamt für Lebensmittelsicherheit und Veterinärwesen geht davon aus, dass sich der Schädling über Bienentransporte auch in der Schweiz etablieren könnte. So ist es nur eine Frage der Zeit, bis der Kleine Beutenkäfer auch bei uns in Deutschland angekommen sein wird. Der Einsatz von Bekämpfungsmitteln gestaltet sich schwierig, da es sich hierbei ebenfalls um ein Insekt handelt, Resistenzen gegen die eingesetzten Mittel zu erwarten sind und diese zudem die Bienenprodukte kontaminieren. Es existieren keine Bekämpfungsmittel, die den Bienen selbst nicht auch schaden würden.

Die Kleinen Beutenkäfer dringen in eine Bienenbeute ein und legen dort, insbesondere in den Ritzen und Spalten, Eier ab, um sie vor den Putzbienen zu schützen. Ein Eigelege besteht aus zehn bis 30 Eiern[30]. Nach drei bis sechs Tagen schlüpfen die kleinen Larven, klettern auf die Waben und fressen Gänge durch Brut, Pollen und Honig. Die Brut stirbt ab, es kommt zu Fäulnis und der Vergärung des Honigs. Schwächere Völker können so innerhalb von zwei Wochen durch den Befall abgetötet werden.

Die Grundvoraussetzungen für die biologische Bekämpfung durch Bücherskorpione sind aussichtsreich, da die Brut der Käfer direkt in das bevorzugte Habitat der Bücherskorpione abgelegt wird: die Ritzen und Spalten. Die Beute wird hier den Bücherskorpionen praktisch direkt aufgetischt. In Versuchen zeigte sich, dass Käferlarven zu ihren bevorzugten Beutetieren gehören. Da die frisch geschlüpften Larven nicht einmal eine Länge von 1,5 Millimetern bei weniger als 0,3 Millimetern Breite aufweisen, wären diese ebenfalls geeignete Beutetiere für die Pseudoskorpionnymphen. Ein einzelner adulter Bücherskorpion kann bis zu neun Varroamilben pro Tag aussaugen und könnte daher vermutlich ohne Probleme zwei Dutzend dieser Larven pro Tag vernichten. Selbst bei einem Gelege von 500 Eiern des Käfers bräuchte man dann nur 25 Bücherskorpione, um die daraus schlüpfenden Larven innerhalb eines Tages abzutöten. Wenn es dennoch einige Larven schaffen sollten, auf die Waben zu gelangen, so würde der Befall wahrscheinlich gering ausfallen und dem Bienenvolk keinen dauerhaften Schaden zufügen.

---

30 Michael Hood: The small hive beetle, *Aethina tumida*: a review (2004). Bee World 85, S. 51–59.

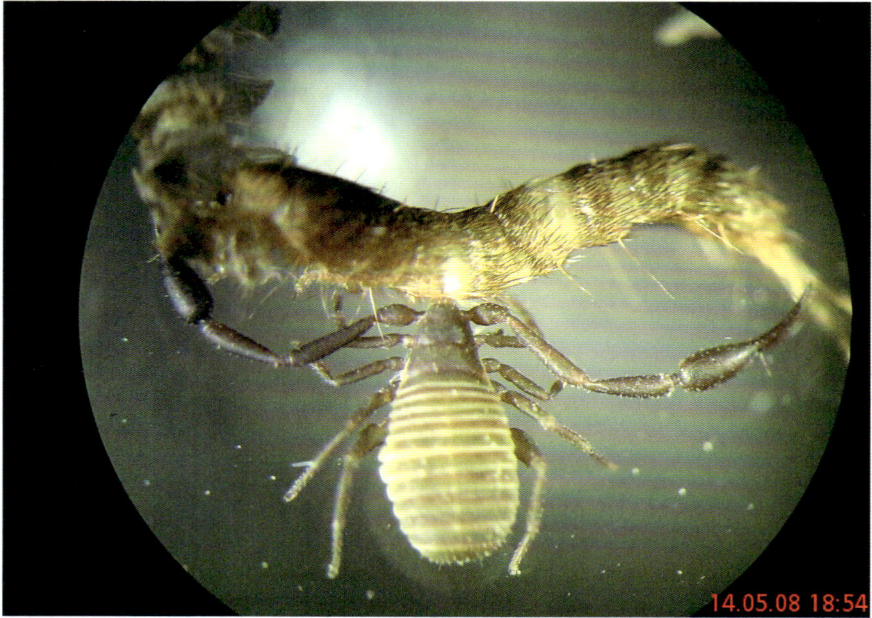

Ein Bücherskorpionweibchen beim Aussaugen einer Pelzkäferlarve.

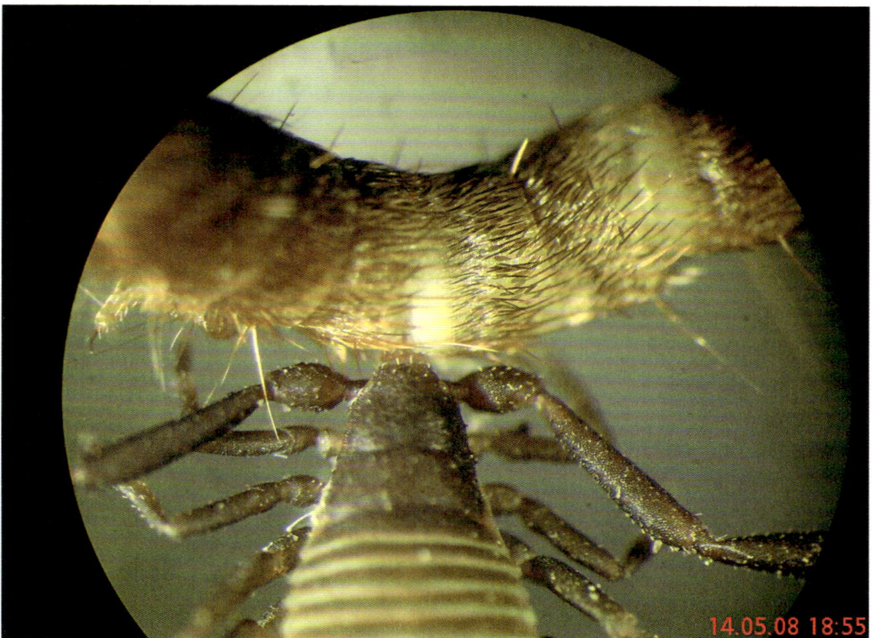

Die Mundwerkzeuge wurden auch hier in die zarte intersegmentale Verbindungshaut eingeschlagen. Bücherskorpione lieben Käferlarven aller Art.

SOLL-ZUSTAND: DAS ARTENSCHUTZPROGRAMM

Die Bienen brauchen wahrlich keine weiteren Imker – sie brauchen Artenschützer!

Honigbienen brauchen Menschen, die die vermeintliche Alternativlosigkeit der etablierten Standardhaltungsformen hinter sich lassen. Wir brauchen Aufklärung und Wahlfreiheit für die Menschen, die sich den Bienen zuwenden. All jene müssen die Haltungsform frei wählen dürfen, ob sie also die Tiere wirtschaftlich nutzen wollen oder die Spezies ihrer selbst wegen schützen und erhalten möchten. Gute Entscheidungen können nur auf der Grundlage von ebenso guten Informationen getroffen werden – und diese sind derzeit genauso wenig verbreitet wie eine signifikante Wahlfreiheit der Haltungsform.

Aufrufe von bekannten Institutionen, ja sogar Politikern, auf den Dächern der Städte Bienenstöcke aufzustellen, kommen einer Aufforderung zur artfremden, medikamentengestützten Massentierhaltung gleich. Zahlreiche Buchtitel, die das wesensgemäße und natürliche Imkern in Großraumbeuten propagieren, wirken in Anbetracht der Auswirkungen auf die Bienengesundheit schon fast sarkastisch und belegen, wie wenig man sich mit den natürlichen Bedürfnissen der Bienen auseinandergesetzt hat. Durch diese irreführenden Beschreibungen werden die idealistisch motivierten Menschen abgegriffen, die sich aus Gründen des Naturschutzes den Bienen zuwenden. Letztendlich werden sie in das etablierte System überführt, welches den Bienen ein chemiefreies Überleben in der Regel unmöglich macht.

Zusammenfassend kann man sagen, dass die moderne Imkerei kontinuierlich damit beschäftigt ist, die Symptome der eigenen, unnatürlichen Haltungsform zu behandeln. Als gäbe es für die Honigbienen keine besseren Bedingungen als in einer Kiste zu leben, werden die Haltungsformen mitsamt ihrer symptomatischen Behandlungen über die Ausrede der Alternativlosigkeit gerechtfertigt ...

Doch anstatt die Ursachen der regelhaften Erkrankungen und der Parasitierung durch die Varroamilben zu bekämpfen, geht der Zeitgeist zunehmend dahin, durch gezielte menschliche Zucht und Selektion Bienen erschaffen zu wollen, die von sich aus mit den artfremden Bedingungen, den Manipulationen und der Ausbeutung zurechtkommen. Über 40 Jahre institutionalisierte Zucht und Selektion in Reinzuchtverbänden sowie in den Bienenforschungsinstituten konnten diese Wunderbiene jedoch nicht hervorbringen. Was hier seit mehr als vier Jahrzehnten unter maximalem Einsatz erfolglos versucht wird, erledigt die natürliche Selektion nachweislich innerhalb weniger Jahre nebenbei.

Die Bewegung der Beekeeping (R)evolution durchbricht den scheinbar endlosen Kreis der Symptombehandlungen sowie der vermeintlich alternativlosen wirtschaftlichen Nutzung der Honigbienen. Sie adressiert damit die ungehörten, lange ignorierten Bedürfnisse der idealistischen Natur- und Artenschützer sowie der Bienen selbst. Auf Grundlage aller wissenschaftlichen Erkenntnisse der Beuten- und Baumhöhlenforschung wurde eine Baumhöhlensimulation entwickelt und konstruiert, die alle bekannten Schwächen der modernen Beuten eliminiert und den Bienen naturorientierte, artgerechte Lebensbedingungen bietet. Außerdem wurde erstmals der historische Schritt unternommen, die artgerechte Honigbienenhaltung zu definieren. Für jede andere Nutztierart wurden artgerechte Haltungsbedingungen festgelegt und in die Gesetzgebung implementiert. Dass eine solche gesetzliche Verankerung sowie eine Aufstellung der Kriterien, die eine artgerechte Bienenhaltung ausmachen, bislang unterblieb, ist der Tatsache geschuldet, dass es zuvor keine entsprechende Erforschung der natürlichen Habitate der Bienen und somit auch keine validen Daten gab. Diese Lücke wird nun durch die aktuellen Untersuchungen zunehmend kleiner.

ARTGERECHTE HONIGBIENENERHALTUNG

Die artgerechte Honigbienenerhaltung dient, wie der Name schon sagt, dem Erhalt der Spezies und verfolgt keine wirtschaftlichen Interessen. Alle wissenschaftlichen Untersuchungen hinsichtlich der Überlebensfähigkeit der Honigbienen – bei denen die Bienen sich gänzlich selbst überlassen blieben – offenbarten, dass sie sich innerhalb von wenigen Jahren an die jeweiligen örtlichen Situationen sowie die Varroamilben anpassen und überleben können. Nur die Natur – mit der Gesamtheit ihrer selektiven Prozesse – ist dazu imstande, vom Menschen unabhängiges, überlebensfähiges Erbgut zu erschaffen und somit den Fortbestand der Spezies zu sichern.

Die artgerechte Honigbienenerhaltung ist daher ganzheitlich naturorientiert und klammert somit Eingriffe, die sich maßgeblich auf das Verhalten, die Volksentwicklung und die Biologie auswirken, ausdrücklich aus. Hierbei grenzt sie sich eindeutig von allen anderen Haltungsformen, insbesondere denen der Standardimkerei, ab.

Bei den Honigbienen handelt es sich um eine systemrelevante Schlüsselspezies, welche maßgeblich das Ökosystem, in dem wir leben und von dem wir leben, durch ihre einzigartige Bestäubungsleistung der Blütenpflanzen aufrechterhält. Dem Erhalt dieser – in seiner ökologischen Wichtigkeit unverzichtbaren Spezies – kommt die größtmögliche Bedeutung zu. Aus nachhaltiger Perspektive verlieren alle wirtschaftlichen Interessen an Bienenerzeugnissen (ausgenommen die Bestäubungsleistung!) an Wichtigkeit und sind dem Arterhalt unterzuordnen.

Das Konzept der artgerechten Honigbienenerhaltung kommt daher einem Artenschutzprogramm gleich, welches das Ziel verfolgt, den durch menschliche Zucht und Selektion beeinträchtigten Genpool der Honigbienen in der Imkerei zu stabilisieren und für nachkommende Generationen zu erhalten.

Als die überwiegende Anzahl der Honigbienenvölker noch unter natürlichen Bedingungen in unseren Wäldern lebte, stellte die menschliche Zucht und Selektion keine systemrelevante Gefahr dar. Heutzutage haben sich die Verhältnisse jedoch umgekehrt. Der überwiegende Anteil der Genetik liegt jetzt in den Händen einer Imkerschaft, welche praktisch ausschließlich ökonomische Ziele verfolgt und nach Belieben züchterisch in den 45 Millionen Jahre alten Genpool der Honigbienen eingreift. Dabei wird übersehen, dass jedes den Bienen angezüchtete Verhalten auch etwas kostet. Die regelhaft in der Imkerei von den Honigbienen erwarteten Kriterien wie Sanftmut, Honigertrag, Wabenstetigkeit, Schwarmträgheit, wenig Propolisierung, eint die Tatsache, dass jedes einzelne

Kriterium die Überlebenswahrscheinlichkeit der Spezies unter natürlichen Bedingungen verringert.

Die gezielte Zucht und Selektion der Honigbienen hinsichtlich von Menschen gewünschten Eigenschaften bedroht also nicht nur die Spezies selbst, sondern stellt langfristig eine nicht zu unterschätzende Gefahr für das gesamte Ökosystem – in welchem wir leben und dessen Teil wir sind – dar. Die artgerechte Honigbienenerhaltung verfolgt daher das Ziel, die durch die Rodung der Wälder verlorengegangene natürliche Balance als Gegengewicht zur menschlichen Zucht und Selektion wiederherzustellen. Dies kann mittelfristig nur dann erreicht werden, wenn der überwiegende Teil des Genpools der Honigbienen wieder der natürlichen Selektion übergeben wird. Die Gesamtheit aller Kriterien und Facetten, welche die Überlebensfähigkeit eines Bienenvolks in der Natur und jeweiligen Region ausmachen, sind größtenteils unerforscht. Kein menschgemachtes Zuchtprogramm kann für sich hinsichtlich der Komplexität der Angepasstheit beanspruchen, die Bienengenetik effektiver und fundierter formen zu können als die Prozesse der natürlichen Selektion.

Jedes von der Natur ausselektierte Bienenvolk ist ein Gewinn für die gesamte Spezies, da das nicht angepasste Erbgut aus dem Genpool verschwindet und nicht an weitere Generationen übertragen wird. Das Sterben nicht angepasster Völker ist die Grundlage der Evolution und Anpassung. Der Erhalt der Honigbienen ist letztendlich kein imkerlicher, sondern vielmehr ein gesellschaftlicher Auftrag, bei dem fast jeder tätig werden kann.

Artgerechte, ertragsfreie Honigbienenerhaltung

Die artgerechte, ertragsfreie (bedingungslose) Honigbienenerhaltung stellt die artspezifischen Bedürfnisse der Honigbienen **uneingeschränkt** in den Vordergrund. Sie nimmt insbesondere auf die natürlichen und ursprünglichen Lebensbedingungen* der Spezies mitsamt ihrer angeborenen Verhaltensweisen Rücksicht.

* in Baumhöhlen, inklusive der spezifischen abiotischen Faktoren (etwa Klima, Wärmehaushalt, Kondensationsgrenze, antibiotischer Wasserkreislauf, Nestduftwärmebindung) sowie der spezifischen biotischen Faktoren, wie beispielsweise die umgebende Mikrofauna. Die Biozönose bildet ein geschlossenes, eigenständiges Ökosystem, in welchem jede Spezies einen wichtigen Platz einnimmt. Hierzu gehören auch die Pseudoskorpione, welchen unter anderem eine wichtige Rolle in der Abwehr von Bienenschädlingen zukommt[31].

---

[31] https://www.researchgate.net/publication/324562005_Bucherskorpione_als_Varroabekampfer

Im Gegensatz zur Imkerei werden keinerlei (manipulative) Eingriffe am Bienenvolk vorgenommen.

Es geht **ausschließlich** darum, den Honigbienen ein naturorientiertes Habitat in Form einer geeigneten Baumhöhle beziehungsweise Baumhöhlensimulation zur Verfügung zu stellen, um den Verlust des natürlichen Lebensraums durch die Abholzung der Höhlenbäume zu kompensieren. Hier wird das Ziel verfolgt, die vom Menschen unabhängige, genetisch verortete Überlebensfähigkeit der wildlebenden Honigbienen zu ermöglichen. Da keinerlei manipulative Eingriffe am Bienenvolk stattfinden, unterliegen diese Völker ausschließlich der natürlichen Selektion, welche letztendlich die alleinige, natürliche Kraft darstellt, nachhaltig überlebendes, angepasstes Erbgut hervorzubringen.

Artgerechte Honigbienenerhaltung mit geringfügigem Ertrag

Die artgerechte Honigbienenerhaltung mit geringfügigem Ertrag stellt die artspezifischen Bedürfnisse der Honigbienen in den Vordergrund. Sie nimmt ebenfalls auf die natürlichen und ursprünglichen Lebensbedingungen* der Spezies mitsamt ihrer angeborenen Verhaltensweisen Rücksicht.

* in Baumhöhlen, inklusive der umgebenden Mikrofauna.

Im Gegensatz zur Wirtschafts- und Hobbyimkerei sind nur geringfügige, in Anzahl und Art strikt definierte Eingriffe zulässig. Diese erlauben es dem Bienenhalter, eine verhältnismäßig kleine Honigmenge von etwa fünf Kilogramm pro Volk und Jahr zu gewinnen. Der Honigraum wird einmalig im Frühjahr – in einer stabilen Warmwetterperiode – aufgesetzt und erst ein Jahr später im nächstem Frühjahr entleert. Der leere Ring wird danach umgehend wieder aufgesetzt. Die Manipulation wird somit auf einen Vorgang im Jahr reduziert und fällt so geringfügig aus, dass die Biologie und das Verhalten des jeweiligen Volks nur für eine kurze Dauer (von etwa 14 Tagen im Jahr) verändert werden. Nur so können natürliche Verhaltensweisen und Stockabläufe, die letztendlich die Überlebensfähigkeit eines unter naturorientierten Bedingungen lebenden Bienenvolks ausmachen, in überwiegender Weise erhalten bleiben. Der menschliche Einschlag muss also ein einmaliges Ereignis darstellen und im Gesamtumfang so gering ausfallen, dass er vom Bienenvolk in kürzester Zeit kompensiert werden kann, ohne das fragile Gleichgewicht der natürlichen Abläufe nachhaltig zu beeinflussen. Er kommt damit dem Raubzug eines natürlichen Feindes gleich, welcher sich in Art und Umfang ebenfalls begrenzt auswirkt.

Es geht primär darum, den Honigbienen ein naturorientiertes Habitat in Form einer geeigneten Baumhöhle oder Baumhöhlensimulation zur Verfügung zu stellen, um den Verlust des natürlichen Lebensraums durch die Abholzung der

Höhlenbäume zu kompensieren. Das Ziel hierbei ist, die vom Menschen unabhängige, genetisch verortete Überlebensfähigkeit der Honigbienen zu erhalten und gleichzeitig eine **geringe Honigmenge** für den Eigenbedarf zu ermöglichen.

Auch diese Völker unterliegen der natürlichen Selektion (bei im Vergleich zur ertragsfreien artgerechten Honigbienenerhaltung erschwerten Grundvoraussetzungen).

Die weltweit erste Baumhöhlensimulation – der SchifferTree

Alle modernen Bienenbeuten wurden konzipiert, um möglichst einfach in die Abläufe des Bienenvolks eingreifen zu können sowie die Erträge zu steigern. Sie weisen erhebliche Unterschiede zu den natürlichen Lebensbedingungen der Bienen in Baumhöhlen auf, mit zahlreichen – zuvor beschriebenen – negativen Auswirkungen auf die Bienengesundheit.

Noch nie zuvor wurde eine Behausung gebaut, welche die natürlichen physikalischen Eigenschaften sowie Funktionsweisen von Baumhöhlen – und somit die abiotischen Faktoren – berücksichtigt, an die sich die Bienen und andere Baumhöhlenbewohner im Laufe ihrer Evolution anpassten.

Genau dieser Schritt war jedoch zunächst einmal notwendig, um bedrohten Baumhöhlenbewohnern wie Bienen, Hornissen und Fledermäusen möglichst natürliche (und somit die besten!) Grundvoraussetzungen für das Überleben in der Natur beziehungsweise unter naturorientierten Bedingungen zu geben. Alle bis dato gewonnenen Erkenntnisse und Daten aus der Beuten- und Baumhöhlenforschung flossen in die Entwicklung und Konzeption des SchifferTrees mit ein. Auf Basis der wissenschaftlichen Untersuchungen und Daten entstand die weltweit erste Baumhöhlensimulation, die nun „Open Source" der Öffentlichkeit zur Verfügung gestellt wird.

Alle bekannten Schwächen der Beuten wurden mit dem SchifferTree eliminiert (siehe Tabelle ab S. 141).

Vorteile des SchifferTrees

Beute	Auswirkungen	Baumhöhle / SchifferTree	Auswirkungen
dünnwandig	⊙ Wärmeverlust, keine Temperaturspeicherkapazität ⊙ verursacht ein instabiles Klima ⊙ steigert den Grundumsatz, somit auch den Brutumsatz und die Varroamilbenreproduktion ⊙ bindet Arbeitskapazität zu Lasten natürlicher Verhaltensweisen ⊙ Notfütterungen notwendig ⊙ behindert Ansiedlung natürlicher Mikrofauna. Keine Nestduftwärmebindung möglich	**dickwandig**	⊙ energiesparend, temperaturspeichernd, klimastabil ⊙ Millionen von Arbeitsstunden werden für natürliche Verhaltensweisen (wie z. B. Grooming) frei ⊙ weniger Brut und somit weniger Varroa ⊙ beste klimatische Bedingungen für die natürliche Mikrofauna. Begünstigt die Nestduftwärmebindung
großvolumig / Raumerweiterungen	⊙ i. d. R. > 100 Liter Volumen = Selektionsfaktor: Bienen überleben in großen Volumina schlechter ⊙ Wärme strömt in die gesamte Geometrie ab und geht für die Bienen größtenteils verloren ⊙ verursacht instabiles Klima ⊙ steigert den Grundumsatz, somit auch den Brutumsatz und die Varroamilbenreproduktion ⊙ führt zur Erschöpfung der Königin ⊙ bindet Arbeitskapazität zu Lasten natürlicher Verhaltensweisen ⊙ Notfütterungen erforderlich ⊙ Raumerweiterungen manipulieren das Bienenverhalten: Überlebenswichtige Verhaltensweisen werden durch nicht vorhandene Vorratssicherheit nicht oder kaum ausgeführt ⊙ Kompensationsverhalten statt natürlicher Verhaltensweisen ⊙ keine Nestduftwärmebindung möglich	**kleinvolumig**	⊙ Volumen 31–36 Liter ⊙ Konzentration der Wärme auf kleinen Raum senkt Grundumsatz, erwärmt auch die Vorratswaben und begünstigt eine wetterunabhängige Klimastabilität ⊙ Lebenszeit der Bienen und der Königin (vier bis sechs Jahre) verlängert sich ⊙ keine Raumerweiterung, dadurch Brutnestverdrängung und Verkleinerung zu Gunsten des Eintrags (Minimierung der Varroamilbenreproduktion) ⊙ Auslöser für natürliche Verhaltensweisen, z. B. Grooming, Washboarding, Larvenhygiene, Steigerung der Abwehr gegen Schädlinge im Allgemeinen (z. B. Wachsmotten) ⊙ begünstigt das Schwärmen und führt somit zu einer deutlichen Reduktion der Varroamilben im Volk ⊙ begünstigt die Nestduftwärmebindung

Beute	Auswirkungen	Baumhöhle / SchifferTree	Auswirkungen
eckig	⊙ Kältebrücken, unregelmäßige Wärmeverteilung in derselben Ebene der Beuten, Kondensation und Schimmel, Infektion der Bienen ⊙ Einfrieren der Waben im Winter ⊙ Verlust des äußeren Immunsystems – der „Nestduftwärmebindung“ ⊙ dadurch höhere immunologische Aktivität, kürzere Lebensdauer, höhere Anfälligkeit für Krankheiten, Amerikanische / Europäische Faulbrut, Nosema	**zylindrisch**	⊙ gleichmäßige Wärmeverteilung und Nestduftwärmebindung, kein Vorratswabenschimmel möglich ⊙ keine Entstehung, Verbreitung oder Infektion der Bienen mit zahlreichen Pathogenen, die nur der Kistenhaltung entsprechende Krankheiten auslösen (z. B. Faulbrut) ⊙ äußeres Immunsystem intakt, weniger Immunaktivität, längere Lebenszeit, resistenter gegen Keime insgesamt (auch diejenigen, die durch die Varroamilben übertragen werden) ⊙ optimaler Wärmeerhalt, kaum Luftaustausch, bis zu zehnfache Reduktion des Grundumsatzes ⊙ geringere Sammelaktivität, längere Lebensdauer der Einzelbienen, weniger Brutumsatz, weniger Varroamilbenreproduktion ⊙ antibiotischer Wasserkreislauf
Deckel und Boden	⊙ Leichtbaudeckel: keine Temperatur- oder Wasserspeicherkapazität, dadurch unstabiles Klima ⊙ meist geringe Dämmung führt zum Energieverlust und steigert das Kompensationsverhalten ⊙ dampfdichte Folien sorgen für eine Übersättigung der Luft mit Feuchtigkeit, begünstigen die Bildung von Krankheitskeimen (Schimmel & Bakterienbildung) ⊙ Gitterböden verhindern die Ansammlung von organischem Material, die Grundlage für eine Mikrofauna ⊙ verursachen einen erheblichen Wärmeverlust (Steigerung des Grundumsatzes) ⊙ in Bodennähe aufgestellt, gelangen Bodenfeuchte und Vielzahl pathogener Keime in den Stock ⊙ keine Nestduftwärmebindung möglich	**massive Stirnholzklötze**	⊙ Faserrichtung wie in der Baumhöhle zum Innenraum offen. Speicherung von Temperatur und Feuchtigkeit ⊙ Aufbau und Erhalt des äußeren Immunsystems durch das gründliche Propolisieren der offenen Fasern mit entsprechenden Effekten auf die Bienengesundheit ⊙ begünstigt die Nestduftwärmebindung

Beute	Auswirkungen	Baumhöhle / SchifferTree	Auswirkungen
Wabenbau: Rähmchen und Wachsplatten	⊙ Rähmchen und vorgeprägte Wachsplatten: Wärmeenergie verteilt sich in der Behausung, geht für die Bienen größtenteils verloren (Beespace) ⊙ Steigerung des Grundumsatzes und des instabilen Innenklimas mit allen bereits genannten negativen Auswirkungen ⊙ unnatürliche einheitliche Körpergröße (5,4 mm) ⊙ unnatürliche Unterbrechung der taktilen Kommunikation (Vibrationen) in die Felder der Rähmchen; Völker reagieren nicht einheitlich und mit großer Verzögerung ⊙ keine Nestduftwärmebindung möglich	**Naturwabenbau**	⊙ fest an die Höhlendecke und oberen Seitenwände angebaute, in der Größe variierende Waben mit unterschiedlichen Zellgrößen ⊙ unterschiedlich große Bienen innerhalb eines Volkes ⊙ jede Wabenkammer bildet einen geschlossenen Raum, in dem die warme Luft „festgehalten“ wird ⊙ keine Vorgabe der Baurichtung, nur Holzkreuze zur Stabilisierung ⊙ begünstigt die Nestduftwärmebindung ⊙ Bienen reagieren als Einheit durch barrierefreie Kommunikation
glatte Oberfläche (Seitenwände)	⊙ Propolisierung unterbleibt, das äußere Immunsystem fehlt: keine Nestduftwärmebindung möglich	**aufgeraute Oberfläche**	⊙ gründliche Propolisierung als Grundlage für die Nestduftwärmebindung
Materialien: Metall, Plastik, Klebstoffe, Styropor, Lacke	⊙ Schrauben: Metall (Wärmeleiter / Kältebrücken, Kondensation) ⊙ Styropor: giftige Treibmittel wie Pentan, isoliert, jedoch nicht klimastabil ⊙ Klebstoffe: Giftige Lösungsmittel (z. T. Formaldehyd bei Verleimungen) ⊙ Holz: Masse zu gering für eine ausreichende Klimastabilität. Kein Stirnholz ⊙ Plastik: Bisphenol A (BPA) ⊙ Lösungsmittel ⊙ Aluminiumgitter im Boden: Wärmeverlust, Gemüllverlust, Einflüsse des Bodens auf den Innenraum (Bodenfeuchte / Destruenten) ⊙ Plastikfolien: Übersättigung der Luft mit Feuchtigkeit, Tropfwasser, Wabenschimmel	**Materialien: Massivholz und Edelstahl (SchifferTree)**	⊙ hervorragende Isolierung und Klimastabilität ⊙ Stirnholz: Offene Holzkanäle absorbieren Feuchtigkeit ⊙ Holzmasse speichert die Außentemperatur ⊙ keine Schrauben im Holz und somit keine Kältebrücken durch Wärmeleiter ⊙ begünstigt die Nestduftwärmebindung ⊙ keine Klebstoffe, keine Lösungsmittel ⊙ Edelstahl nicht magnetisch, keine Störung der Bienen durch elektromagnetische Wellenstrahlung. Rostfrei ⊙ zwischen Holz und Edelstahl befindet sich eine Korkdichtung zum Ausgleich der Holzkontraktion und -expansion. Gleichzeitiger Schutz gegen Holzkorrosion

Beute	Auswirkungen	Baumhöhle / SchifferTree	Auswirkungen
Flugloch schlitzförmig $\geq$ 80 cm²	⊙ hoher Wärmeverlust ⊙ schlecht zu verteidigen (da zu lang) ⊙ Flugbetrieb gestört (ankommende Bienen müssen landen und hineinkrabbeln) ⊙ behindert die Nestduftwärmebindung	**Flugloch rund $\leq$ 20 cm²**	⊙ geringer Wärmeverlust ⊙ gut zu verteidigen ⊙ störungsfreier Flugbetrieb (ankommende Bienen fliegen meist direkt hinein, startende Bienen krabbeln am Rand bis zur Kante und starten) ⊙ begünstigt die Nestduftwärmebindung
Mikrofauna	⊙ keine natürliche Mikrofauna durch den Gitterboden, das fehlende Gemüll und die klimatischen Verhältnisse möglich ⊙ Chemikalien zur Bekämpfung von Varroamilben töten auch die Mikrofauna	**Mikrofauna**	⊙ ausgeprägte Mikrofauna mit zahlreichen Organismen, darunter auch der Bücherskorpion ⊙ keine Chemikalien notwendig
Schwarmverhinderung	⊙ exponentielle Varroaentwicklung, die ab dem Spätsommer letales Maß erreicht und behandlungsbedürftig ist	**Schwärme**	⊙ großer Abtrag von Varroamilben und zweimonatige Reproduktionspause; bis zu 70 Prozent weniger Varroa (im Spätsommer) als vor dem Schwarmabgang
Standort Wiese / Freiflächen	⊙ nicht artgerecht! Allen Wettersituationen ausgesetzt (Wind, Sonne, Niederschläge) ⊙ Steigerung der instabilen innenklimatischen Verhältnisse; ständiges Kompensieren des Innenklimas durch die Bienen, Steigerung des Grundumsatzes ⊙ Bindung der Arbeitskapazität zu Lasten natürlicher Verhaltensweisen ⊙ behindert die Nestduftwärmebindung	**Standort geschützt unter einem Baum** optimal: aufgehängt (in drei bis fünf Metern Höhe) oder hochgestellt (mindestens einen Meter)	⊙ vor den Unbilden des Wetters geschützt: kein Einfluss von Wind, Sonne, Niederschläge ⊙ Stabilisierung des ohnehin stabilen Innenklimas durch geringere äußere Schwankungen ⊙ begünstigt die Nestduftwärmebindung
Interventionen / Manipulationen / Biologie	⊙ ständige Manipulationen, dadurch Kompensationsverhalten und Unterdrückung natürlicher Verhaltensweisen ⊙ Generieren einer massiven, behandlungsbedürftigen Varroamilbenpopulation ⊙ behindert die Nestduftwärmebindung	**keinerlei manipulative Eingriffe!**	⊙ kein Öffnen! ⊙ Millionen von Stunden werden für natürliche Verhaltensweisen genutzt, die in der Imkerei nur in Grundumsatz und Ertrag fließen ⊙ begünstigt die Nestduftwärmebindung

Beute	Auswirkungen	Baumhöhle / SchifferTree	Auswirkungen
menschliche Selektion / Kistenselektion	⊙ alle Bienenvölker werden mithilfe von Chemikalien oder durch physikalische Manipulationen (z. B. Brutentnahme) am Leben gehalten ⊙ viele überleben die Behandlungen oder die Bedingungen in der Kiste nicht. Gen-Erosion! Eine natürliche Anpassung wird aktiv verhindert ⊙ Zucht und Selektion: Vom Menschen gewünschte Verhaltensweisen werden Bienen gezielt angezüchtet oder durch künstliche Besamung generiert ⊙ natürliche Verhaltensweisen fallen dem zum Opfer ⊙ Bienen verlieren ihre vom Menschen unabhängige Überlebensfähigkeit	**natürliche Selektion**	⊙ Anpassung und Weiterentwicklung auf der Grundlage der natürlichen Selektion ⊙ erzeugt nachweislich varroaresistente und an die jeweiligen örtlichen Situationen angepasste Bienenvölker ⊙ einziger Weg, die Spezies dauerhaft und somit für nachfolgende Generationen zu erhalten

Bienenhaltung im SchifferTree

Im SchifferTree lassen sich Bienen artgerecht unterbringen. Das bedeutet zum einen, dass die Behausung grundsätzlich die – natürlichen – physikalischen Bedingungen einer für Bienen geeigneten Baumhöhle aufweist, und zum anderen, dass keinerlei manipulative Eingriffe stattfinden, die sich maßgeblich auf das Verhalten, die Volksentwicklung und die Biologie auswirken. Alle imkerlichen Kontrollen, Behandlungen sowie Fütterungen fallen weg. Es wird im Gegensatz zur Imkerei kein besonderes Equipment benötigt wie Mittelwände, Rähmchen, Anstriche, Plastikfolien, Königinnenkäfige, Utensilien zum Zeichnen der Königin, Stockmeißel, Rähmchenheber, Wabenschleudern, Wachsbehälter, Schmelzeinrichtungen, Chemikalien usw. Der Arbeitsaufwand in der Bienenhaltung geht also gegen Null. Besondere Kenntnisse sind – sofern die Baumhöhlensimulation als Angebot für Lebensraum leer aufgehängt wird – nicht erforderlich. Jede Privatperson, die über einen geeigneten Standort verfügt, kann ohne Weiteres einen SchifferTree aufstellen und abwarten, von welchen Tieren er besiedelt wird.

Wenn man einen Bienenschwarm anlocken möchte, empfiehlt es sich, den Innenraum mit einer Alkohol-Propolis-Lösung und ein wenig Bienenwachs einzureiben. Honigbienen besiedeln bevorzugt Baumhöhlen, in denen bereits vorher Bienen lebten, und können ehemals besetzte Baumhöhlen über weite Distanzen riechen. Des Weiteren ist es hilfreich, den SchifferTree an einem Baum aufzuhängen. Insbesondere höher gelegene Baumhöhlen werden bevorzugt: Ich empfehle hierbei eine Höhe von fünf Metern.

Sobald im Frühjahr die Schwärme losgehen, wird es spannend! Ein Schwarm besteht meist aus der alten Bienenkönigin und einem Großteil des Bienenvolks. Wenn der Schwarm das angestammte Zuhause verlassen hat, setzt er sich zunächst in einen nahe gelegenen Baum. Nun machen sich die Späherbienen, eine Spezialeinheit der Bienen, auf die Suche nach einer neuen Unterkunft. Das Verhalten der sogenannten „Bienenscouts“ wurde unter anderem von Thomas Seeley untersucht und detailliert beschrieben. Die Scouts suchen vorwiegend Baumstämme nach dunklen Flecken ab, die auf Eingänge schließen lassen. Sobald eine Höhle gefunden wurde, wird diese von dem Scout genauestens inspiziert. Dabei durchkrabbelt und durchfliegt die Biene die Geometrie und schätzt das Volumen und die Eignung zur Besiedelung ab. Danach kehrt der Scout zurück zum Schwarm und kommuniziert – direkt auf den Bienen laufend – die erkundeten Parameter der potenziellen neuen Behausung über einen Bienentanz. Daraufhin machen sich weitere Scouts auf den Weg in dieselbe Höhle, um sie ebenfalls in Augenschein zu nehmen. Je mehr Bienen sich für dieselbe Behausung entscheiden und dies entsprechend kommunizieren, desto größer wird die Chance, dass sich der Schwarm dafür entscheidet. Schließlich kommt das Signal für den Aufbruch und der gesamte Schwarm fliegt los in Richtung der neuen Unterkunft[32].

Hinweis

In Deutschland bewegen sich wildlebende Völker in einem gesetzlichen Graubereich (siehe Kapitel „Das Bundesartenschutzgesetz“, S. 194). Wenn man mehrere Bienenvölker halten möchte, wird die Teilnahme an einem Kursus zur **artgerechten** Bienenerhaltung dringend empfohlen (Achtung: Wesensgemäß heißt nicht artgerecht!). In diesen Lehrgängen werden alle notwendigen Kenntnisse über den Umgang mit Schwärmen und Baumhöhlensimulationen, die Entnahme von Honig, die Gesetzeslage, Pflichten und Rechte als Bienenhalter vermittelt. Das konventionelle Handwerk der Imkerei muss für die artgerechte Bienenerhaltung nicht erlernt werden.

[32] Jürgen Tautz: Phänomen Honigbiene (2007). Spektrum Akademischer Verlag.

Natürliche Baumhöhle im Querschnitt.

Ein massiver Stirnholzklotz als Deckel und Boden fungiert als Speicher für Temperatur und Feuchtigkeit – wie in Baumhöhlen.

Massive, aufgeraute Wände lösen eine gewissenhafte Propolisierung durch die Bienen aus. Sie isolieren gut und speichern die Umgebungstemperatur.

Das Volumen der geschlossenen Röhre beträgt ohne Aufsatzring etwa 30 Liter und erlaubt so eine natürliche Biologie, Entwicklung sowie zahlreiche natürliche Verhaltensweisen. Die Geschlossenheit schützt das Volk gegen manipulative Eingriffe. Der kleine Durchmesser garantiert eine homogene Wärmeverteilung, die Entstehung der Nestduftwärmebindung und einen extrem geringen Energieverbrauch.

Ein rundes, unten liegendes Flugloch sorgt für einen natürlichen, störungsfreien Flugbetrieb. Es kann von den Bienen gut verteidigt werden und verliert nur sehr wenig Wärme.

Bereich der Mikrofauna: Hier sammelt sich organischer Abfall, der ein kleines Ökosystem entstehen lässt – darunter auch die varroafressenden Bücherskorpione.

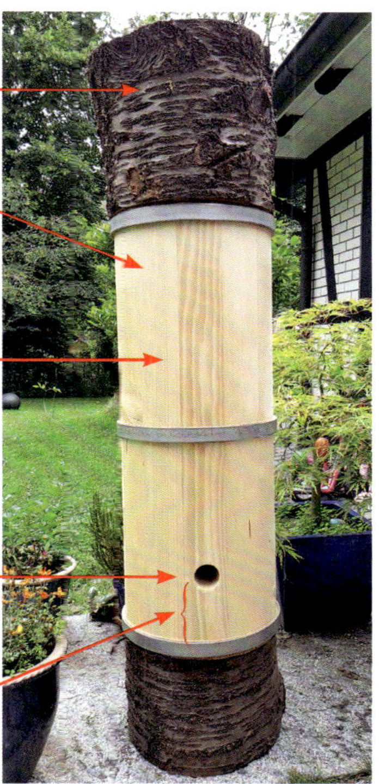

Minimalistischer SchifferTree ohne Zusatzring mit Naturholzklötzen.

V.l.n.r.: Wärmebildaufnahme aus der technischen Messung bei einem historischen Strohstülper. In der Bildmitte zu sehen der SchifferTree, rechts ein massiver Eichenstamm mit Bienen (Eichvolk). Deutlich zu erkennen ist der äußerst geringe Wärmeenergieverlust über die Außenwände.

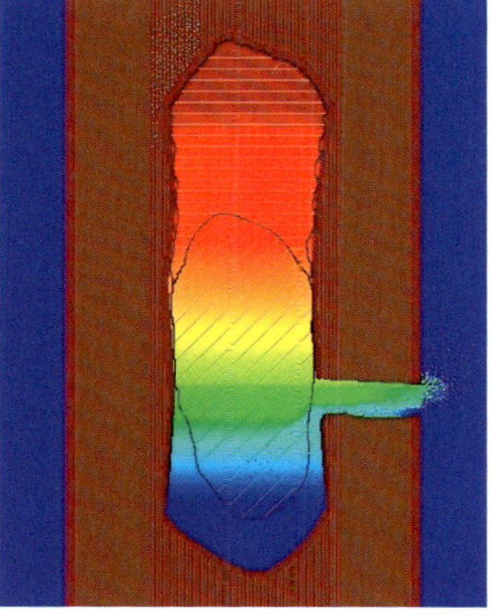

Vergleich der Wärmeverteilung in einer natürlichen Baumhöhle (zylindrisch). Die warme Luft umgibt die Bienen und ihr Vorratswabenmaterial. Der Grundumsatz ist in einer solchen Geometrie bis zu zehn Mal geringer als in konventionellen Bienenbeuten.

Oben links: Das Herzstück des SchifferTrees im Detail. Die eingesetzten Holzstäbe imitieren die in das Kernholz stehenden Äste in natürlichen Baumhöhlen (vergl. oben rechts). Die natürlichen Bienenwaben werden so stabilisiert. Auch Hornissen nutzen diese Verstrebungen zum Anbau ihrer Waben, Fledermäuse hängen sich gerne mit den Füßen daran, um zu schlafen. Mitte links: Naturholzklotz mit ausgefrästem Dom (rechte Winkel werden gebrochen) und Korkdichtung. Unten links: Die Innenseite wird mit einer Drahtbürste gründlich aufgeraut, sodass die Bienen die Oberfläche propolisieren. Rechts: Auf einem Holzständer und geschützt unter einem Baum aufgestellter SchifferTree mit Naturholzklötzen wird von einem Schwarm besetzt.

Blick ins Innere eines SchifferTrees am Vormittag; die Sammelbienen sind außer Haus, das Wabenwerk gut zu sehen.

Das gleiche Bienenvolk am Abend des Tages. Die Nektarbienen sind heimgekehrt und die Fermentierung des eingetragenen Nektars beginnt. Die dabei entstehende Feuchtigkeit wird von den Ventilationsbienen nach draußen gefächert (links an der Wand zwischen Waben und Flugloch).

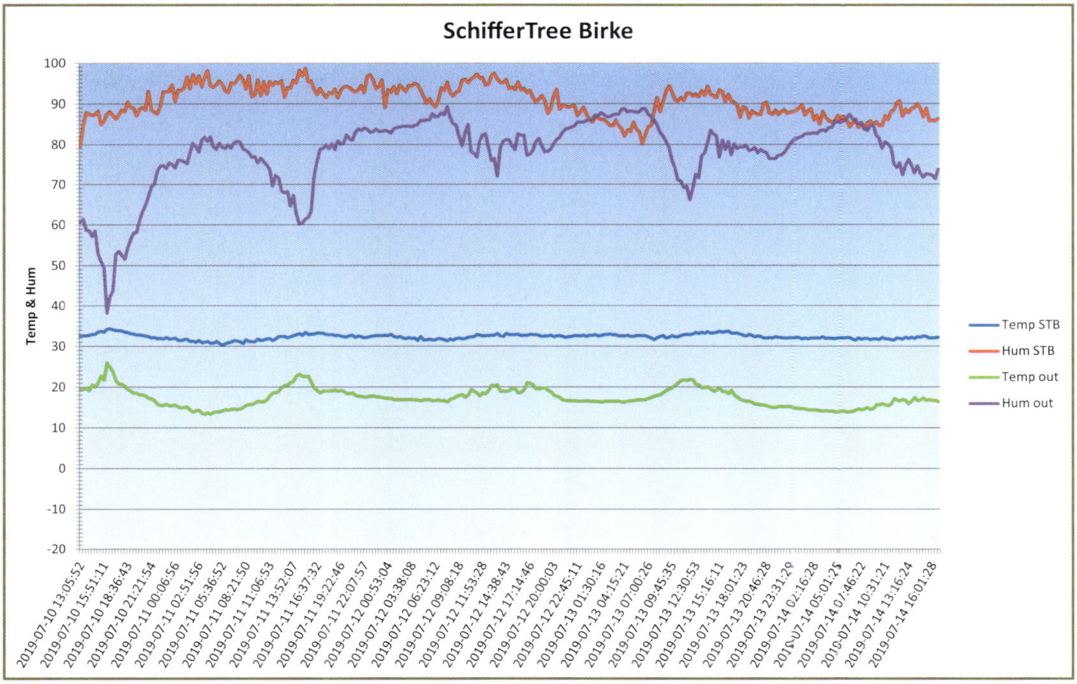

SchifferTree Birke

Temp & Hum

Temp STB
Hum STB
Temp out
Hum out

SchifferTree: Erste Messungen aus einem SchifferTree mit Naturholzklötzen aus Birke. Klimastabil wie eine natürliche Baumhöhle! Die täglichen Temperaturschwankungen (grüne Linie) zeigen im Inneren des SchifferTrees keine signifikanten Auswirkungen (blaue Linie), obwohl der dort ansässige Nachschwarm zu diesem Zeitpunkt noch recht klein und das Wabenwerk noch nicht vollständig ausgebildet war.

1 *Edelstahldeckel**

2 *Edelstahlringe mit Dehnungsunterlagen aus Kork halten das Konstrukt zusammen (keine Schrauben penetrieren das Holz und kein Kleber oder Leim wird verwendet)*

3 *Zwischen jedem Segment sitzt eine Dichtung aus Kork.*

4 *Seilspanner ziehen die einzelnen Bauteile fest zusammen. An diesen Seilen kann der SchifferTree auch aufgehängt werden.*

5 *Edelstahlfuß*

6 *Deckel mit Stirnholzeinsatz*

7 *Optionaler Honigring (Volumen fünf Liter)*

8 *Fuß mit Stirnholzeinsatz**

Außenwandung, verzahnt und unverleimt. Verhindert den Energieverlust durch Radialrisse, die in den Naturholzklötzen auftreten können.

Dehnungsfuge aus Kork.

Zusammengesetzter Stirnholzblock (Holzart bestimmt das Stockklima): Speichert Temperatur und Feuchtigkeit und gleicht äußere Temperaturschwankungen aus.

Durch die Vertiefung kann (im Falle einer Honigentnahme) ein Teil der direkt an das Stirnholz angebauten Waben nach dem Abtrennen mithilfe eines Drahtes stehen bleiben. Die Bienen können diese somit in gleicher Baurichtung reproduzieren.

Edelstahlring: nicht magnetisch (kein Elektromagnetismus), mit Korkunterlage zum Ausgleich der Volumenveränderungen des Holzes. An der Verschraubung sitzt eine Spannfeder, die einen gleichbleibenden Klemmdruck gewährleistet. Der Boden ist baugleich.

* Wenn Naturholzblöcke als Deckel und Boden verwendet werden, ist es wichtig, Holzarten zu wählen, die nicht zu großer Rissbildung neigen (also kein Tannenholz). Mit der Motorsäge wird der rechte Winkel gebrochen, sodass ein Dom entsteht. Der Block darf auf keinen Fall Niederschlag ausgesetzt sein, da das Wasser ansonsten durch die feinen Holzkapillaren bis in den Innenraum laufen würde.

Die Honigentnahme im SchifferTree

Der kleine Honigring weist einen Rauminhalt von nur fünf Litern auf. Er entspricht damit einem Fünftel des Gesamtraums und ist bewusst so gering ausgelegt, damit die Bienen den Eingriff durch Honigentnahme innerhalb begrenzter Zeit kompensieren können. Jeder Eingriff verursacht einen Schaden und verändert das Verhalten der Bienen! Allein um die Waben zu reproduzieren und die zehn Kilogramm Nektar (Mindestmenge für fünf Kilogramm Honig) wieder einzutragen und in Honig umzuwandeln, benötigen die Bienen bis zu einer halben Million Stunden. Ebenso viele Stunden werden folglich von natürlichen Verhaltensweisen abgezogen. Hierbei werden überlebenswichtige Tätigkeiten – wie zum Beispiel das Grooming oder Washboarding – zurückgestellt, die Brutmenge und somit auch die Reproduktion der Varroamilben erhöht. Zusätzlich geht beim Öffnen des Deckels ein Großteil der Wärmeenergie und der antibiotischen Stockluft verloren. Auch die Schwärme werden hierdurch verzögert. Somit entsteht ein Wettbewerbsnachteil gegenüber den Schwärmen aus anderen Bienenvölkern, welche früher starten und die nur begrenzt vorhandenen Lebensräume (Baumhöhlen) der Umgebung besetzen. In der heutigen Zeit finden viele Schwärme keine geeignete Unterkunft und sind somit dem Tode geweiht.

Wichtig ist, das Volumen, in dem die Bienen leben, nicht zu verändern. Der Ring wird also von Anfang an aufgesetzt und nur für wenige Minuten entfernt. Danach kommt er umgehend wieder an seine Stelle zurück. Hierbei ist darauf zu achten, dass der Honigring exakt an dieselbe Stelle kommt, an der er auch vorher saß. Dabei kann man sich gut an der Verschraubung der Spannringe orientieren. Eine mehrmalige Ernte pro Jahr oder gar eine Vergrößerung des Honigraums verstärken in direkter Weise die negativen Effekte auf die Gesundheit, die Biologie und das Verhalten des gesamten Bienenvolks aus und sind mit dem Konzept der artgerechten, chemiefreien Bienenerhaltung unvereinbar!

Um den Honigring zu entfernen, muss zunächst ein möglichst dünner Draht (z. B. Rähmchendraht) langsam unter dem Deckel durchgezogen werden. Dafür wickelt man die Drahtenden am besten jeweils um ein Rundholz, sodass zwei einfache Griffe entstehen. Beim Durchziehen sollte man gleichzeitig eine Hin- und Herbewegung ausführen, indem man abwechselnd der einen und dann der anderen Hand etwas Vorsprung gibt. Die Waben werden dabei vom Draht durchschnitten. Der massive Deckel wird danach abgenommen und sofort umgedreht, sodass aus den in der Vertiefung verbliebenen Wabenresten kein Honig verkleckert wird (Räubereigefahr). Als Nächstes muss per Sicht kontrolliert werden, ob sich eventuell Brut innerhalb des Ringes befindet. In diesem Fall muss der Deckel umgehend und ohne jegliche Entnahme wieder aufgesetzt werden! Befinden sich jedoch ausschließlich Vorratswaben in diesem Bereich, wird nun von oben etwas Rauch in den Ring hineingeblasen, sodass die Bienen nach unten getrieben werden. Sobald der Honigring bienenfrei ist, wird der Draht erneut mit derselben Bewegung unterhalb des Ringes durchgezogen, wobei die Zugrichtung optimalerweise der Baurichtung der Waben entspricht, um diese nicht zu verschieben oder einzudrücken. Nun wird der Ring abgenommen und sofort auf den vorbereiteten Eimer gestellt. Mit einem langen Messer schneidet man an der Innenwand die Waben frei, sodass diese in den Eimer fallen, der danach umgehend verschlossen wird. Daraufhin werden der entleerte Honigraum sowie der Deckel wieder exakt an ihre bisherige Stelle gesetzt.

Ob dieser Eingriff und der daraus resultierende Schaden wirklich im Verhältnis zum gewonnenen Honig stehen, muss jeder für sich selbst beantworten (siehe auch „Artgerechte Honigbienenhaltung mit geringfügigem Ertrag“, S. 139).

Biologie und Bienenverhalten in artgerechten Behausungen

Das Frühjahrserwachen der Baumhöhlenvölker beginnt mit der Anlage der ersten Brut an den ersten warmen Tagen im Jahr. Das klimatische System der Baumhöhlen ist jedoch so träge, dass es weitestgehend als wetterunabhängig betrachtet werden kann. Es unterliegt nicht den Tagesschwankungen des

Außenwetters – wie das Klima in den modernen Kistenbeuten. Erst wenn über einen längeren Zeitraum hinweg die Außentemperaturen angestiegen sind, beginnen auch die Innentemperaturen der Baumhöhlen zu steigen. Die gesamte temperaturspeichernde Holzmasse sowie die in ihr eingelagerte Feuchtigkeit sorgen dafür, dass das Innenklima der Baumhöhlen stets einen zeitverzögernden, trägen Durchschnitt der umgebenden Wetterverhältnisse aufzeigt. Daher ist es erstaunlich, dass die Völker in den Baumhöhlen ihre Brut dennoch fast zeitgleich mit denen der Kistenvölker anlegen.

1 *Zeidlerbaum mit ausgebauten Waben. Das Bienenvolk hat viele Jahre unbehandelt in diesem Baum überlebt. Das oben liegende Flugloch mit dem darin befindlichen Keil wurde vom Baum umwallt und verschlossen. Die Bienen flogen daraufhin aus kleineren Ritzen heraus, die sich neben der Hauptöffnung gebildet hatten. Die Größe und Lage der Ritzen bestimmten die Bienen selbst durch Propolisierung (das bedarfsmäßige Öffnen und Schließen der Ritzen mit Propolis). Während der Schwarmzeit im Frühjahr 2019 gingen mehrere Schwärme ab, sodass die Baumhöhle schließlich leer war. Der restliche Vorrat wurde kurz darauf von anderen Bienenvölkern geräubert. Deutlich zu sehen: die starke Propolisierung an den Seitenwänden des Verschlusskeils (Foto: Jonathan Powell – Natural Beekeeping Trust England).*

2 *Der rot markierte Bereich zeigt das zugunsten des Honigeintrags stark verkleinerte Brutfeld, welches von Pollenwaben (Versorgung der Brut) umgeben ist. Die Verdrängung und Verkleinerung des Brutfeldes ist ein natürlicher Prozess, der regelhaft während des Frühjahrs in naturorientierten Geometrien vorkommt, bevor die Schwärme abgehen. Im Vergleich zur konventionellen Imkerei ist diese Brutmenge geradezu minimalistisch. Die leeren Zellen im Randbereich waren mit Honig gefüllt, bevor der Vorrat „geräubert“ wurde (Foto: Jonathan Powell).*

Schon bald nach dem Reinigungsflug werden die ersten Pollen eingetragen und die erste Brut in dem vor den Wetterunbilden geschützten, natürlichen Habitat aufgezogen.

Das stetig wachsende Volk trägt nun emsig Nektar ein und bedient somit seinen stärksten Überlebensinstinkt, der sich in dem Bedürfnis nach Überlebenssicherheit auf Basis von Vorratssicherheit ausdrückt. **Der Dachboden muss mit Honig gefüllt werden!** Das Brutfeld wird zugunsten des Eintrags sukzessive weiter und weiter nach unten in die Baumhöhle verdrängt und letztendlich sogar verkleinert. Diejenigen Arbeitsbienen, welche im Zuge des schrumpfenden Brutfeldes keine kräftezehrende Ammenbienentätigkeit vollziehen müssen, werden in der Regel zu langlebigen Sommerbienen, die mehrere Monate an Lebenszeit aufweisen[33] und somit das Bienenvolk mitunter den Großteil des Sommers begleiten.

Vorratssicherheit – Auslöser für natürliche Verhaltensweisen

Während des Prozesses der Brutverdrängung durch den Eintrag (der in der modernen Imkerei durch die Handlungsweisen und/oder Geometrien verhindert wird) wird eine ganze Kaskade natürlicher Verhaltensweisen ausgelöst, die maßgeblich die Vitalität und Überlebensfähigkeit der wildlebenden Völker bestimmen und regelhaft bei diesen beobachtet werden können. So stellten wir durch intensive Observationen und Untersuchungen fest, dass mit zunehmender Vorratssicherheit auch das Hygieneverhalten wie Grooming und Washboarding sowie die Abwehr von unerwünschten Untermietern – wie zum Beispiel Wachsmotten – zunimmt, während die Flugtätigkeit abnimmt. Die deutlich reduzierte Flugtätigkeit wirkt sich aller Erkenntnis nach ebenfalls positiv auf die Lebensdauer der einzelnen Bienen aus. Hieraus ergibt sich ebenfalls eine Verlangsamung des Brutumsatzes.

Die sich durch die natürlichen Prozesse verringernde Brutmenge sowie die längere Lebensdauer der Einzelbienen führt bereits vor dem Schwarmabgang zu einer geringeren Reproduktionsrate der Varroamilben.

Die verringerte Nektarsammeltätigkeit ist für das Bienenvolk nur deshalb möglich, weil die Geometrie, Physik, das Bienenverhalten und der Naturwabenbau in den Baumhöhlen (ganz im Gegensatz zu den modernen Beuten) die von den Bienen erzeugte Wärme sehr effizient erhält. Die Bienenarbeitskapazität, welche in der Standardimkerei für die energiehungrigen großvolumigen Beuten sowie zum Ausgleichen die imkerlichen Manipulationen aufgewendet werden

33 https://www.bienenpodcast.at/bg039/ Zeit: 4:19 min Dr. Ralph Büchler

muss, wird in artgerechten Bedingungen für überlebenswichtige Verhaltensweisen genutzt. Einige dieser erstaunlichen Fähigkeiten werden nachfolgend aufgeführt:

Effektives Grooming

Es ist bekannt, dass Bienen ihre Verhaltensweisen dynamisch an die umgebenden Umweltfaktoren anpassen. So konnte unter anderem in Untersuchungen des Bienenforschungsinstituts Kirchhain unter der Leitung von Doktor Ralph Büchler aufgezeigt werden, dass eine totale Brutentnahme Mitte Juli nicht etwa dazu führt, dass die Völker am Ende des Bienenjahres kleiner wären als Vergleichsvölker, denen man nicht die Brut entnimmt. Die Bienenkönigin gleicht den Brutverlust durch eine stärkere Eilegetätigkeit bis zum Ende des Jahres wieder aus. Die Schwarze Nordbiene (*Apis mellifera mellifera*) ist dafür bekannt, ihre Bruttätigkeit an das Nektarangebot der Natur anzupassen; sie geht bei einer Nektarknappheit selbstständig in eine Brutpause. Im Allgemei-

Wenn eine Biene von einer anderen geputzt werden möchte, dann schüttelt sie sich (ähnlich wie ein Hund, der baden war). Diese Bewegung löst in den Artgenossen den Putzreflex aus. Die sich entlausende Biene spreizt dabei ihre Flügel v-förmig ab, sodass die Putzbiene besonders gut an jene Bereiche kommt, in denen sich typischerweise gerne die Varroamilben aufhalten. Ein solcher Vorgang kann bis zu 20 Minuten dauern.

Bienenvolk in einem SchifferTree mit Naturholzklötzen aus Eiche. Ein Teil des Volks kam jeden Nachmittag nach getaner Flugtätigkeit nach draußen. Hier ließen sich zahlreiche Verhaltensweisen beobachten, die man in konventionellen Kisten niemals zu Gesicht bekommt. Viele Bienen schliefen oder kommunizierten über die Fühler miteinander, während zahlreiche weitere Bienen sich gegenseitig groomten (Entlausen).

nen kann das Bienenverhalten als dynamisch und anpassungsfähig beschrieben werden. Daher ist es eigentlich auch nicht weiter verwunderlich, dass auch das effektive Grooming – gegenseitiges Entlausen – erst ausgeführt wird, wenn das Überleben durch Vorratssicherheit gewährleistet ist.

Während des Sommers 2018 sammelte ich über 2000 Bienengemüllproben aus 100 verschiedenen Bienenvölkern. Bei nur drei Völkern konnten wir effektives Grooming feststellen. Über 70 Prozent der in den Proben befindlichen Milben waren von den Bienen tödlich verletzt worden. Interessanterweise trat dieses Verhalten **nur** bei jenen Völkern auf, die **nicht** der wirtschaftlichen Nutzung des Imkers unterlagen. Diese Völker wurden zudem unter naturnäheren Bedingungen gehalten. Ihr Raum wurde nicht erweitert, um Schwärme zu provozieren. Die Geometrie der Kiste war kleiner (etwa 40 Liter), und es wurde kein Honig entnommen. Es gab auch noch weitere Völker – die an dem gleichen Stand in baugleichen Kisten gehalten wurden –, bei denen effektives Grooming jedoch nicht beobachtet werden konnte.

Zusammenfassend kann man sagen, dass alle Bienenvölker, die dieses Verhalten aufweisen, unter bestimmten, naturnäheren Bedingungen leben, aber dennoch nicht alle Völker in diesen Bedingungen dieses Verhalten zeigen. Der Großteil der anderen Völker in der entsprechenden Untersuchung zeigte eine Grooming-Rate zwischen fünf und zehn Prozent.

Gemülltuch aus einem der 100 Völker, bei denen wir die Grooming-Analyse durchführten.

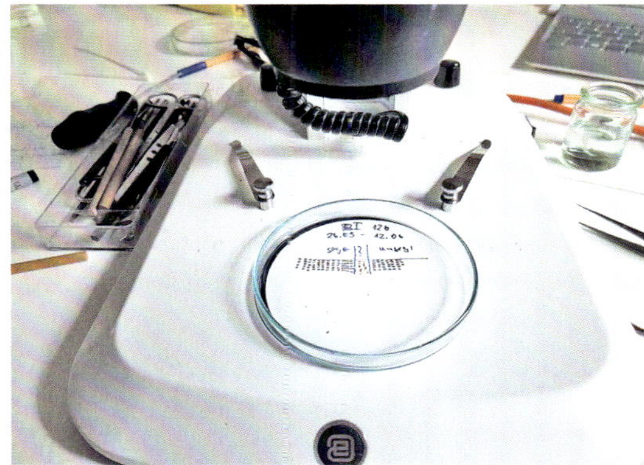

Die Varroamilben wurden alle einzeln unter dem Mikroskop untersucht, sortiert und die von den Bienen getöteten Milben mit der Anzahl des natürlichen Totenfalls abgeglichen.

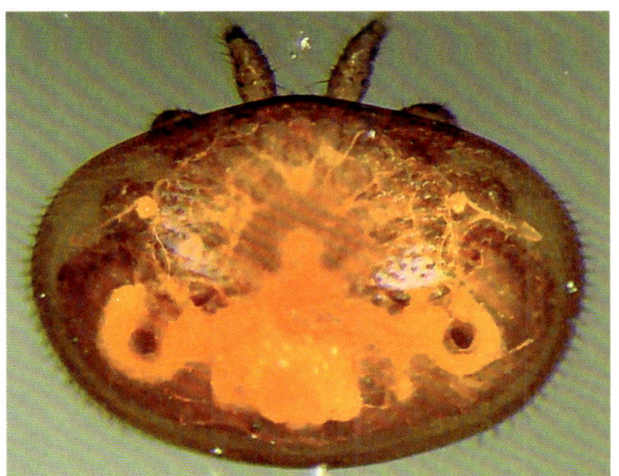

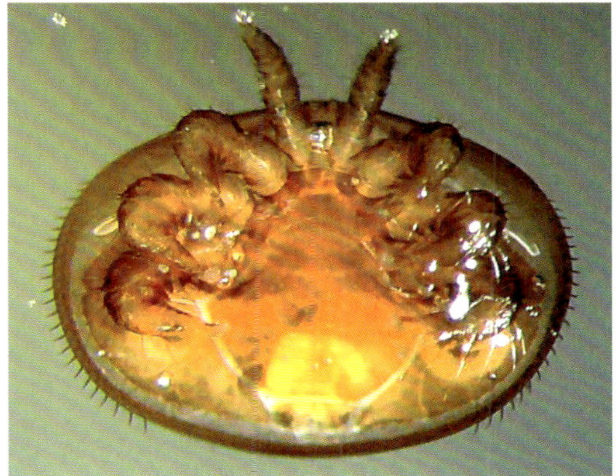

Varroamilbe, Detailansicht. Links dorsale, rechts ventrale Ansicht.

Bereits vor vielen Jahren beobachteten wir ein Bienenvolk in einem speziellen Schaukasten, das ebenfalls ein ausgeprägtes Grooming-Verhalten aufwies. Auch hier waren die Bedingungen ähnlich. Die Bienen wurden ohne imkerliche Eingriffe und rein für die wissenschaftliche Observation gehalten. Als wir ihnen eine Raumerweiterung zukommen ließen, fiel die Grooming-Rate innerhalb weniger Tage von mehr als 70 Prozent auf weniger als 15 Prozent ab.

Effektives Grooming kann regelhaft in naturorientierten Behausungen und Baumhöhlen beobachtet werden. Auch die Proben aus unseren Baumhöhlensimulationen zeigen eine im Vergleich zu Kistenvölkern der Imkerei deutlich erhöhte Grooming-Aktivität, die zwischen 35 und 70 Prozent liegt.

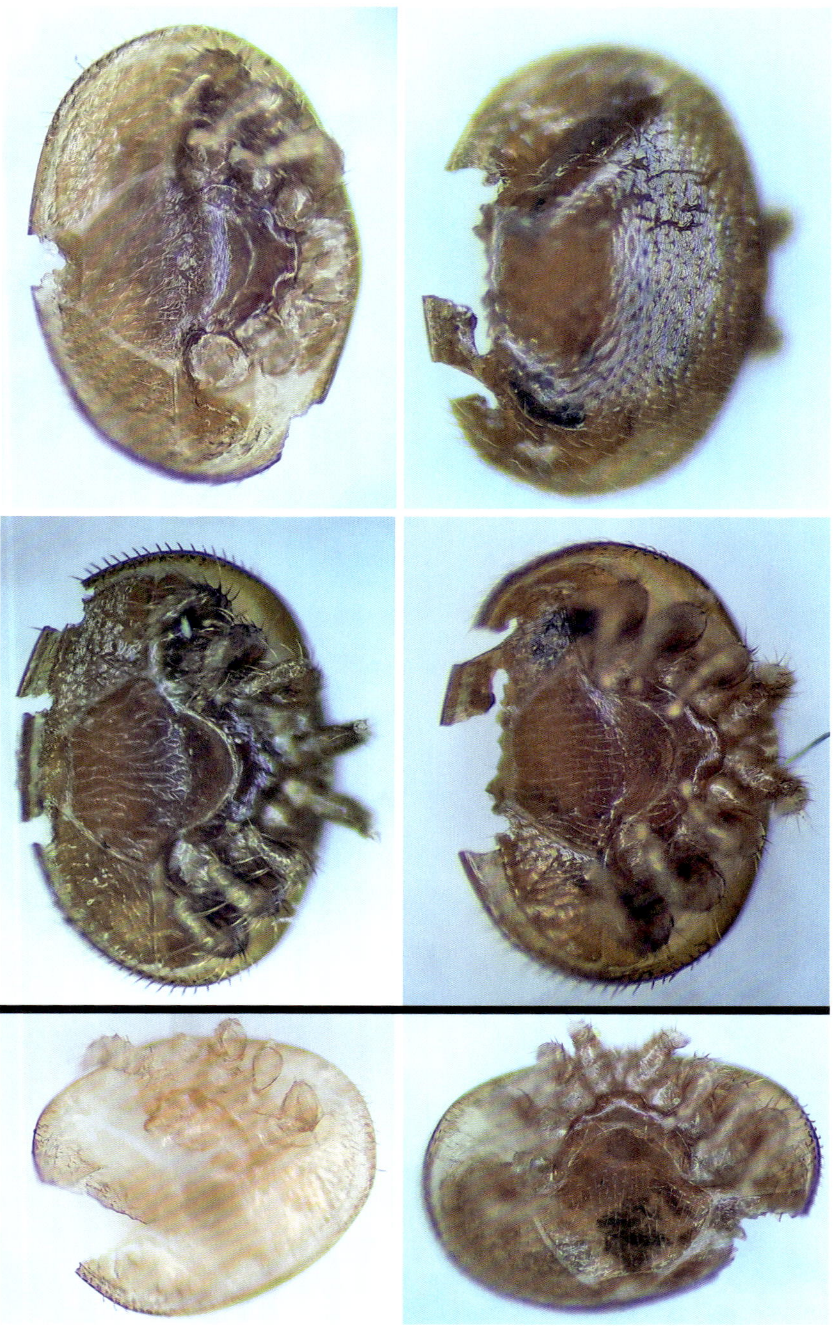

Diese Varroamilben wurden von Bienen getötet. Hierbei werden den Milben schlimmste Verletzungen zugefügt. Nur Völker, die nicht den imkerlichen Management unterlagen, zeigten dieses Verhalten in verstärkter, effizienter Weise.

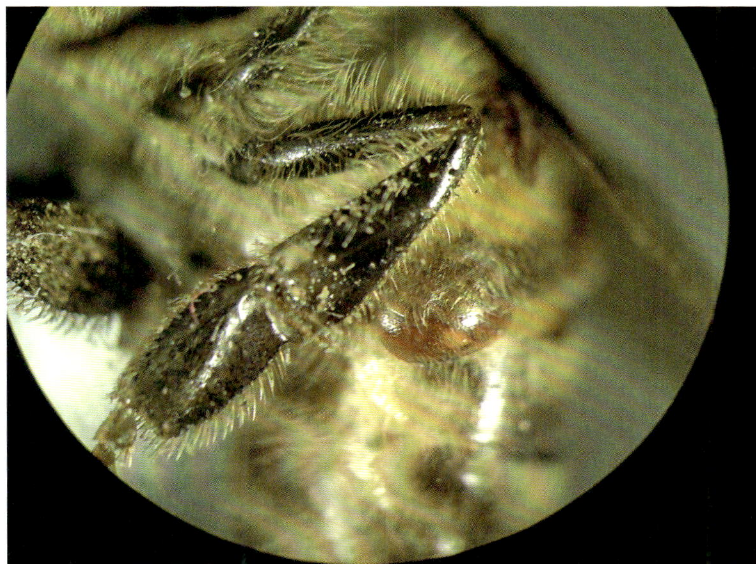

Die Varroamilben verbergen sich mitunter tief in den Segmentfalten der Bienen, sodass nur die Randbereiche herausschauen. Sobald die Bienen sich gegenseitig groomen, entstehen auf diese Weise die typischen Verletzungen am Panzerrand der Milben.

Es kommt offensichtlich nicht nur darauf an, dass dieses Verhalten genetisch als Information in den Bienen veranlagt ist, sondern darauf, dass es auch ausgelöst wird. Der Auslöser für diese Aktivität scheint die Vorratssicherheit in Form von eingelagertem Honig zu sein. Bevor diese Überlebenssicherheit nicht hergestellt ist, wird dieses bemerkenswerte Verhalten – wenn überhaupt – nur ansatzweise ausgeführt. Dabei wirkt sich das effektive Grooming direkt auf die Reduktion der Varroamilben aus.

Zusammen mit der geringeren Brutmenge und den langlebigeren Bienen stellt dieses Verhalten einen wichtigen Bestandteil zur vom Menschen unabhängigen Überlebensfähigkeit der Bienenvölker dar.

Wenn wir die Bienen das ganze Jahr hinweg im Notstand halten, indem wir stetig neuen, leeren Raum aufsetzen, werden all diese Aspekte unterminiert.

Washboarding oder Hobeln

Auch das „Hobeln" bzw. Washboarding, ein Hygieneverhalten zur Verhinderung von pathogenem Wachstum, das ebenfalls regelhaft in naturorientierten Geometrien ausgeführt wird, kann in Kisten nur selten beobachtet werden. Dieses interessante Verhalten – welches viele Imker gar nicht kennen – zeichnet sich dadurch aus, dass Bienen mit ihren Vorderbeinen die Oberfläche der Wände „abhobeln". Ihre Fühler sind dabei in stetigem Kontakt mit der Oberfläche, die Biene selbst bewegt sich in regelmäßigen Abständen vor und zurück. Es gibt verschiedene Theorien, wozu die Bienen dieses Verhalten ausführen, jedoch keine abschließende Klarheit. Eigene intensive Observationen mithilfe modernster endoskopischer Kameratechnik sowie Versuche mit unterschiedlich befeuchteten Holzflächen legen zumindest eine (überlebens-)wichtige Funktion nahe. Hierbei fällt auf, dass dieses Verhalten insbesondere in Bereichen ausgeführt wurde, in denen eine Gefahr der Schimmelbildung besteht. Besonders in den natürlichen Kondensationsbereichen artgerechter Geometrien – also in Bereichen, die unterhalb der Bienen mit ihren Vorratswaben liegen – tritt dieses Verhalten verstärkt auf. Im untersten Bereich der Baumhöhlen oder der Baumhöhlensimulationen herrschen nahezu Außentemperaturen, die dort befindliche Luft unterliegt durch das Flugloch einem beständigen Austausch mit der

Runde Schaubeute aus Plexiglas. An dieser künstlichen Behausung lässt sich deutlich der untenliegende Kondensationsbereich erkennen. Im oberen Teil befinden sich die fest angebauten Waben mit den auf ihnen sitzenden Bienen. Unterhalb des Bienenvolks liegt der Kaltbereich, in dem die von den Bienen erzeugte Feuchtigkeit kondensiert. Das gleiche Prinzip finden wir auch in Baumhöhlen und den Baumhöhlensimulationen vor. Hier bildet sich unter natürlichen Bedingungen aufgrund der gründlichen Propolisierung ein antibiotisches Wasserreservoir. Die Bienen nehmen dieses Wasser mitsamt den darin gelösten antibiotischen Substanzen bei Bedarf wieder auf und trinken somit ihre eigene Medizin.

Endoskopische Aufnahme aus einem SchifferTree. Das Bienenvolk war zwei Monate zuvor als Schwarm eingezogen. Der untere Bereich ist daher noch unpropolisiert. In der Mittagszeit bildet sich hier Kondenswasser an den Außenwänden, was innerhalb kürzester Zeit zur Schimmelbildung führen würde, wenn die Bienen kein regelmäßiges und gründliches Washboarding machen würden.

Der gleiche Bereich am Abend. Die beiden rot markierten Bienen ventilieren die Oberfläche mit ihren Flügeln, während alle anderen Bienen die Oberfläche mit ihren Vorderbeinen gründlich abreiben. Hierdurch wird pathogenes Wachstum verhindert.

Washboarding am Eingangsbereich des Strohkorbs. Die Biene links ventiliert feuchte, warme Luft aus dem Korb, während die anderen Bienen mit Washboarding beschäftigt sind. Dieses Verhalten findet in der warmen Jahreszeit regelmäßig statt und wird (alle praktizierenden Bienen zusammengenommen) viele Hundert Stunden täglich ausgeführt. Ein solcher Arbeitseinsatz lässt auf die enorme Wichtigkeit des Washboardings schließen (ein Verhalten, das den meisten Imkern unbekannt ist und auch in der menschlichen Zucht und Selektion keinerlei Berücksichtigung findet).

Außenluft. Dadurch erhalten wir dort auch keine sterilisierende Nestduftwärmebindung, die das Wachstum von Schimmel verhindern würde.

Die Bienen suchen gezielt diese Areale auf und reiben die Oberfläche gründlich mit ihren Vorderbeinen ab. Dieses Verhalten zeigt dabei zwei Auswirkungen: Zum einen wird die Oberfläche durch die Reibung schneller getrocknet, zum anderen Wachstum und Ausbildung von Schimmel jeglicher Art verhindert. In den Kisten der modernen Imkerei kann dieses Verhalten nur äußerst selten beobachtet werden. Viele Imker haben noch nie etwas Derartiges gesehen, was daran liegen dürfte, dass Bienen in Kisten beständig damit beschäftigt sind, den Vorrat aufzufüllen.

Ketten- und Netzbildung

Ein besonderes Verhalten der Bienen in artgerechten Geometrien, das viele Auswirkungen hat, ist die Kettenbildung. Wenn ein Bienenschwarm in eine neue Baumhöhle oder Baumhöhlensimulation einzieht, steht für die Bienen nicht genügend Wabenfläche zur Verfügung. Die Bienen hängen sich dann in langen Ketten aneinander, während im oberen Teil eifrig an der Herstellung von Waben gearbeitet wird. Die an den Ketten hängenden Bienen geben den Platz für die an und auf den Waben stattfindenden Arbeitsprozesse frei.

Die Bienen bilden lange Ketten, indem sie sich aneinanderhängen. Diese Ketten durchspannen das gesamte Nest und verästeln sich zu einem komplexen Netzwerk.

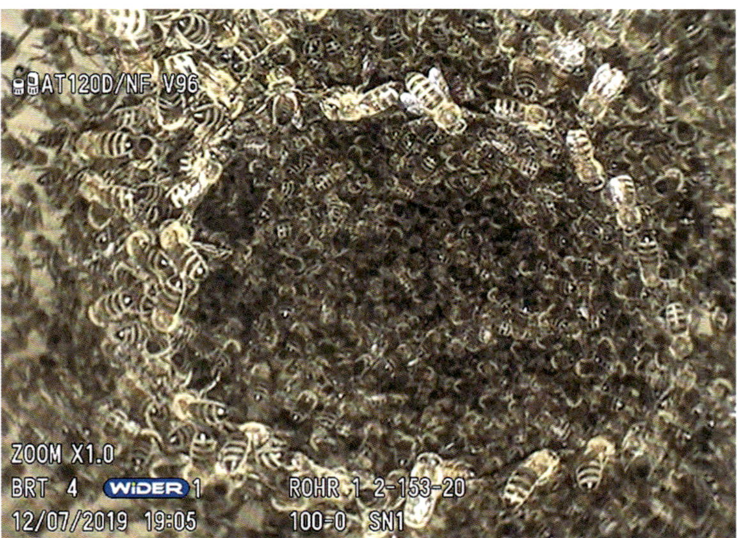

Das gesamte Netzwerk ist ständig in Bewegung. Die Netzwerkbienen formen dabei Flugstraßen (Kreis in der Mitte), durch welche die heimkehrenden Bienen hindurchfliegen müssen. Hierbei werden sie auf ihre Nestzugehörigkeit überprüft. Ein Durchkommen für nestfremde Räuber oder andere Bienenfeinde wie Wespen wird verhindert. Das lebendige Netz ist dabei so dicht, dass es sogar den Blick auf die Waben komplett versperrt. Ein solches Bienenvolk reagiert einheitlich und somit ganz anders als ihre Artgenossen in den modernen Beuten. Dort wird aufgrund der vielen in sich abgeschlossenen Rähmchen die Kommunikation in ihrer Gesamtheit unterbrochen. Der Bien ist dann auf viele Wabenfelder aufgeteilt, die nicht miteinander in Verbindung stehen. Informationen über Vibration bleiben somit örtlich begrenzt. Das Volk verliert damit eine seiner wichtigsten Eigenschaften: die barrierefreie Kommunikation. Diese Verhaltensweisen konnten in allen SchifferTrees nachgewiesen werden.

Observationen in Baumhöhlen und Baumhöhlensimulationen wie dem SchifferTree zeigten, dass dieses Verhalten mehrere Funktionen aufweist, die bislang noch nicht beschrieben wurden: Die Bienen formen ein hochkomplexes Netzwerk aus lebendigen Ketten, das an ein kunstvolles, dreidimensionales Spinnennetz erinnert. Dabei werden Flugstraßen freigehalten, durch welche die nach Hause kommenden Nektarbienen einfliegen müssen. Das gesamte Netz reagiert mit einer wellenartigen Bewegung, die den Flugweg der durchfliegenden Biene nachvollzieht. Offenbar werden die heimkommenden Bienen auf ihren Geruch kontrolliert. Das gesamte Netz reagiert dabei als Einheit. Die entsprechende Information wird barrierefrei durch Vibrationen über die Körper der Bienen weitergetragen und erfasst in Sekundenschnelle das gesamte Bienenvolk – als wäre das Bienenvolk ein einzelnes, vielzelliges Lebewesen.

Ein derartig bemerkenswertes Verhalten habe ich zuvor in all den Jahren meiner imkerlichen, aber auch meiner forschenden Tätigkeit noch nie beobachten können. Es erinnert an das Abwehrverhalten von Japanischen Honigbienen *(Apis cerana japonica)*, die sich gegen Hornissen zur Wehr setzen. Auch hier geht unmittelbar vor dem Angriff eine wellenartige Bewegung durch das gesamte Volk und löst einen kollektiven Angriff auf den Eindringling aus. Ob dieses Verhalten tatsächlich der Abwehr dient, ermittelten wir in einem Versuch. Hierzu wurde eine Wespe eingefangen und über das Flugloch in den SchifferTree eingebracht. Die Reaktion erfolgte unmittelbar. Es ging eine von einem Aufbrausen begleitete gemeinschaftliche Bewegung durch das Volk, was dazu führte, dass gleich mehrere Dutzend Bienen die Wespe anflogen, sie einknäulten und bekämpften. Nach wenigen Minuten löste sich das Bienenknäuel wieder auf und gab den Blick auf die getötete Wespe frei.

Ein weiterer Effekt des Netzwerks ist die Klimastabilisierung. Tausende warme Bienenkörper bilden eine Art lebendigen Korken, der von unten gesehen den Blick auf die Waben komplett versperrt. Hierdurch wird auch das Innenklima im oberen Bereich stabiler (und somit linearer).

Dieses komplexe Verhalten der bienischen Ketten- und Netzbildung wird in modernen Stöcken durch die vielen Rähmchen und Mittelwände weitestgehend verhindert.

Ventilationsbienen

Bereits wenige Wochen, nachdem wir Schwärme in die Baumhöhlensimulationen einlaufen ließen, konnten wir ein weiteres, sehr interessantes Phänomenen beobachten. Die Honigbienen kamen regelmäßig am Nachmittag heraus und setzten sich zu Tausenden auf die Oberfläche der Außenwandung. In der Schweiz zeigten dort eingesetzte Schwärme das gleiche Verhalten. Zunächst beunruhigte mich dieser Vorgang, da mir nicht klar war, worin die Ursache lag. Es ist zwar ein geläufiges Bild, dass Honigbienen ihren Stock verlassen und sich draußen versammeln, wenn es zu heiß ist (etwa bei intensiver Sonnenstrahlung auf freistehende Standardbeuten im Sommer), jedoch konnten zu hohe Temperaturen durch die verbaute Messtechnik ausgeschlossen werden. Außerdem stehen die SchifferTrees überdacht in einer Höhe von vier Meter. Ein wenig Erleichterung verspürte ich, als mir im Laufe des Sommers mehrere wildlebende Baumhöhlenvölker gemeldet wurden, die das gleiche Verhalten zeigten. Auch die Bienen in England, die in ähnlichen Geometrien leben, verhielten sich gleich. Was war also die Ursache?

Die Antwort lieferte letztendlich die endoskopische Untersuchung. Hierzu musste ich in der Abendzeit, während mehrere Tausend Bienen direkt vor mir auf der Außenwand des SchifferTrees saßen, das Endoskop durch das Flugloch einführen, um entsprechende Aufnahmen machen zu können. Diese Arbeit ist hochspannend, denn das Volk reagiert – wie im vorherigen Kapitel beschrieben – als Einheit. Bereits kleinste Mengen meines Atems, der durch eine ungünstige Thermik zu den Bienen getrieben wurde, verursachte ein kollektives Aufbrausen Tausender Bienen. Es ist offensichtlich, dass man von dem Bienenvolk wahrgenommen und meist auch geduldet wird, solange die Arbeiten mit äußerster Behutsamkeit, Respekt und Achtung durchgeführt werden.

Natürliches Verhalten kann nur observiert werden, wenn die Bienen sich nicht gestört fühlen. Die so gewonnenen Aufnahmen lieferten ein eindrückliches Beispiel der bemerkenswerten Schwarmintelligenz. Dieser Begriff beschreibt ein kollektives Bewusstsein, das zu einem intelligenten Verhalten führt. Das gesamte Volk koordiniert seine Aktivität in einer Weise, in der komplexe Aufgaben durch Kooperation durchgeführt und bewältigt werden können.

Der am Tage eingetragene Nektar wird in den Abend- und Nachtstunden zu Honig bearbeitet. Dafür setzen sich etliche Bienen auf die Nektarwaben und ventilieren mit ihren Flügeln den überschüssigen Wasseranteil heraus. Die Luftfeuchtigkeit wird dann von Bienen, die am Flugloch sitzen, herausventiliert. Dieses Verhalten ist auch in Kisten zu beobachten und soweit bereits bekannt, jedoch verlassen die Kistenbienen dafür nicht den Stock, da sie auf den unnatürlich vielen Wabenflächen sowie dem großen Volumen genügend Raum finden und die modernen Beuten über großflächige, lange Flugschlitze verfügen.

Ganz anders stellt sich dieses Raumverhältnis jedoch in artgerechten geometrischen Verhältnissen dar. Als das Endoskop über das Flugloch an den ventilierenden Fluglochbienen vorbei ins Innere der Baumhöhlensimulation geschoben wurde, zeigte sich, dass die Bienen Luftkanäle frei hielten. Das den hinteren und mittleren Teil der Höhle komplett ausfüllende Bienennetz reichte nun fast bis zum Boden. Zwischen dem Flugloch und der Bienentraube wurden jedoch Ventilationskanäle gebildet, die es erlaubten, die im oberen Teil der Höhle aus dem Nektar herausventilierte Luftfeuchtigkeit nach unten zu treiben. Hierzu saßen auf der Innenwand viele Dutzend Ventilationsbienen, die mit hochfrequenten Flügelschlägen die feuchte Luft von den Waben direkt durch die so

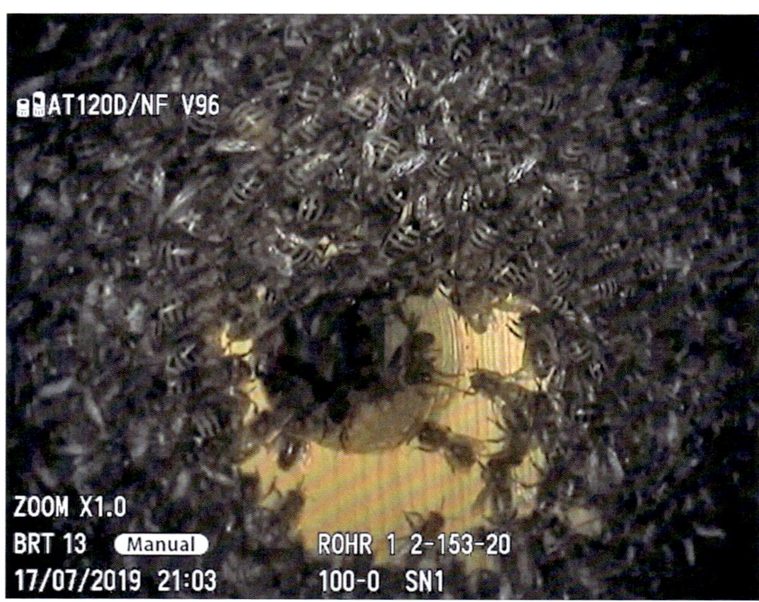

Außenansicht des Fluglochs. Ein Großteil der Bienen hat die Höhle verlassen und sich auf die Außenwand gesetzt. Das Flugloch wird freigehalten. Die im Flugloch sitzenden Ventilationsbienen fächern die Luft mit hochfrequenten Flügelschlägen nach draußen.

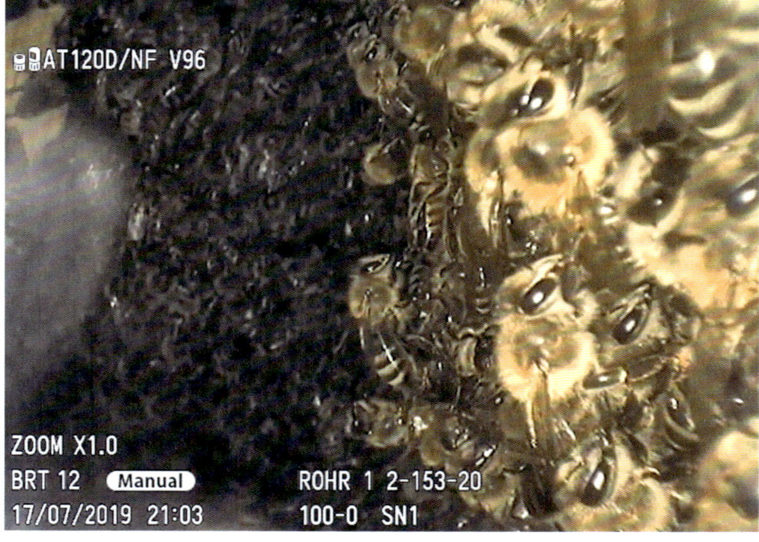

Der Innenraum ist bis auf die freigehaltenen Luftkanäle komplett mit Bienen gefüllt, die sich alle aneinander festhalten und verketten. Der milchige Schatten am linken Bildrand zeigt die Flügelschläge einer ventilierenden Biene.

gebildeten Luftkanäle herunter zum Flugloch ventilierten, welche dann von den am Flugloch sitzenden Ventilationsbienen nach außen gefächert wurde.

Sobald der Nektar zu Honig verarbeitet war, liefen die vielen Tausend Bienen, die sich – um Platz zu schaffen – nach draußen bewegt hatten, zurück in ihren

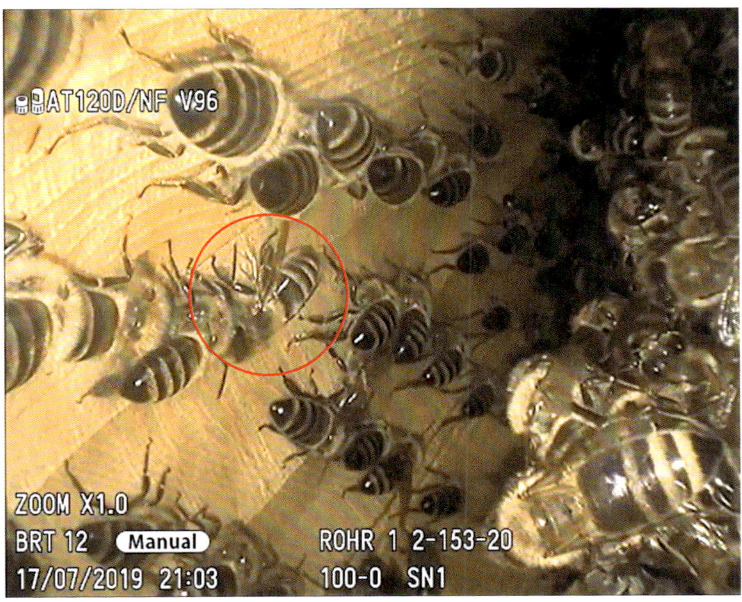

Rückwärtiger Blick auf die Innenwand. Die Bienen bilden kollektive Ventilationsstraßen. Der zwischen der Bienentraube und der Außenwand frei gehaltene Luftkanal führt direkt zu den oben befindlichen Waben. Die auf der Innenwand sitzenden ventilierenden Bienen haben ihren Hinterleib Richtung Flugloch ausgerichtet. Mitten unter ihnen (rote Markierungen) befinden sich die sogenannten Tankstellenbienen, welche ihre fächernden Schwestern mit Energie in Form von Honig versorgen. Diese Spenderbienen pendeln zwischen dem Vorrat und den Ventilationsbienen hin und her. In 20 Minuten schaffen sie dabei bis zu sechs Versorgungsgänge, sodass die Ventilationsbienen ohne Unterbrechung weiterarbeiten können.

Stock. Gegen Ende des Sommers konnte man auf diese Weise leicht erkennen, ob die Bienen am Tage viel Nektar eingetragen hatten oder nicht.

Interessanterweise ventilieren die Bienen die Luftfeuchtigkeit immer von oben nach unten aus dem Flugloch heraus, auch dann, wenn die Höhle eine obenliegende Öffnung aufweist. Dabei wäre es sehr viel einfacher, die überschüssige Feuchtigkeit mit der nach oben steigenden, warmen Luft hinauszufächern. Hierbei würde jedoch auch ein Großteil der Wärme verloren gehen. Daher dient dieses Verhalten vermutlich dem Erhalt der Wärme und ist wahrscheinlich auch energieeffizienter.

Volksentwicklung, Schwärme und Varroaentwicklung

In der Phase der Brutfeldverkleinerung zugunsten des Eintrags werden bereits neue Königinnenzellen (Weiselzellen) sowie Drohnenzellen angelegt und das Volk gerät zunehmend in Schwarmstimmung. Die natürlichen Baumhöhlen und die Baumhöhlensimulationen sind also in der Regel bereits im Mai mit Frühjahrestracht gefüllt. Der Schwarmzeitpunkt ist perfekt gewählt, denn mit den vollen Vorratswaben ist die nachfolgende Königin und das zurückbleibende Restvolk gut versorgt. Es bleibt noch genügend Zeit einen neuen Anfang zu wagen, bevor sich der Nektarfluss in der Natur deutlich verringert. Der abgehende Schwarm besteht aus etwa der Hälfte, manchmal sogar aus zwei Dritteln der gesamten Kolonie und minimiert somit auch in entsprechender Weise den Energiebedarf in der angestammten Bienenbehausung. Außerdem trägt er einen beachtlichen Anteil – zwischen 20 und 25 Prozent – der Varroamilbenpopulation mit aus der Höhle heraus.

Bereits einige Tage zuvor lassen sich die ersten Anzeichen für dieses großartige Ereignis erkennen. Die Königin geht aus der Eiablage und verschlankt etwas, sodass sie flugfähiger wird. Die Kettenbildung und viele am Flugloch ausharrende Bienen sind verstärkt zu beobachten. Irgendwann in den Folgetagen und bevor die Jungköniginnen schlüpfen, gibt es das Signal zum Aufbruch. Abertausende Bienen drängen sich aus dem Flugloch, heben ab und bilden eine laut summende Wolke, die sich meist langsam in einem nahegelegenen Baum als geschlossene Traube sammelt und niederlässt.

Nun beginnen die Bienenscouts mit ihrer Suche nach neuen Behausungen. Haben sie dabei Erfolg, kehren sie zu ihren wartenden Artgenossen zurück und tanzen direkt auf deren Körpern den Weg ins neue Habitat. Sobald sich eine gewisse Anzahl der Sucherbienen für die gleiche neue Unterkunft entschieden hat, hebt der Bienenschwarm in seiner Gesamtheit erneut ab. Dabei wird er stetig von den Spurbienen (Bienenscouts) in Richtung neuer Heimat durchflogen und so auf dem richtigen Weg gehalten. Wer einmal einen Schwarm bei seinem

Auszug aus der alten Nisthöhle sowie bei seinem Einzug in eine neue Behausung beobachten durfte, der wird dieses geradezu magische Ereignis wohl sein Leben lang in Erinnerung behalten. Der Sound von Abertausenden durch die Luft schwirrenden Bienen, die überwältigenden optischen Reize, mit der eine solche Bienenwolke unseren Sehsinn herausfordert, und dieser unglaublich weiche, blumige Duft machen jeden Schwarm zu einem atemberaubenden Naturschauspiel. Seit 45 Millionen Jahren vermehren sich Honigbienen auf genau diese Weise ...

Sobald die ersten Bienen das Ziel erreicht haben, formieren sich um den Eingang herum Dutzende Sterzelbienen. Diese Helfer strecken ihren Hinterleib in die Höhe und entfalten ihr letztes Segment, unter dem sich eine Pheromondrüse verbirgt. Nun geben sie einen nach Melisse duftenden Signalstoff ab, den sie mit ihren Flügeln in der Luft verteilen und der allen anfliegenden Bienen bereits aus vielen Metern Entfernung den richtigen Weg weist. Das sogenannte Sterzeln kann dabei mit den Landelichtern auf einem Flughafen verglichen werden, das von den Piloten ebenfalls auf große Entfernung wahrgenommen wird und das Ziel markiert.

Bienenschwarm beim Anflug auf einen Baum, die lebendige Wolke besteht aus etwa 20 000 Bienen mitsamt der Königin.

Die Bienentraube hat sich an einem Baum niedergelassen.

Der Schwarm wurde mithilfe einer Leiter mitsamt dem Ast geborgen.

Obwohl der ausfliegende Schwarm bereits beim Verlassen der alten Höhle nur eine geringe Überlebenschance hat, stellt dieser Prozess in vielerlei Hinsicht die einzige nachhaltige Fortpflanzung der Bienen dar. In diesen vielschichtigen Vermehrungsprozess fließen multiple selektive Faktoren mit ein, die in besonderer Weise die Anpassung und Evolution der Honigbienen über Jahrmillionen bestimmt haben. Kein Kunstschwarm (also ein vom Imker gebildeter Schwarm oder Ableger) kann die Vitalität und Produktivität eines natürlichen Schwarmes überbieten. Dies liegt letztendlich daran, dass nur die Bienen selbst die richtige Zusammensetzung für Produktivität, Vitalität und Leistungsfähigkeit kennen und zusammenstellen können. Die natürliche Komposition besteht also aus einer nahezu perfekten Mischung von Bienen, die sich physiologisch gesehen im richtigen Lebensabschnitt befinden. So gibt es genügend Baubienen, deren Wachsdrüsen auf dem Höhepunkt ihrer Produktivität angelangt sind, ausreichend erfahrene Nektarbienen und entsprechend viele junge Bienen, um alle

Mit einem kräftigen Ruck werden die Bienen vom Ast in den Korb geschüttelt.

Die Bienen beginnen mit dem Sterzeln. Dabei strecken sie ihren Hinterleib in die Luft, entfalten ihr letztes Segment und geben ihre Pheromondrüse frei (rote Markierung). Der nach Melisse duftende Signalstoff wird mit den Flügeln in die Luft ventiliert.

bevorstehenden notwendigen Tätigkeiten in der gebotenen Eile ausführen zu können. Diese ausgewogene Mischung ist letztendlich die beste Überlebensstrategie des natürlichen Schwarms.

Sobald der Schwarm sein neues Zuhause erreicht hat, werden umgehend zahlreiche Tätigkeiten ausgeführt und ein neues Nest aufgebaut. Hierfür wird die Höhle gesäubert, andere Höhlenbewohner vertrieben oder in den unteren Teil verdrängt (etwa andere Insekten), und eifrig mit dem Wabenbau sowie dem Eintrag von Nektar und Pollen begonnen. Aufgrund der schier unglaublichen Produktivität eines Schwarms wird in atemberaubendem Tempo das neue Wabenwerk errichtet und Brut sowie Vorräte angelegt. Bis der erste Nachwuchs etwa zweieinhalb bis drei Wochen später verdeckelt wird, gibt es für die mit den Bienen mitgereisten Varroamilben keinerlei Versteckmöglichkeiten. Da Bienen sich durch die Milben durchaus gestört fühlen (im Verhältnis wäre es so, als würde eine Zecke von der Größe eines Kaninchens an uns hängen), werden viele von ihnen abgeschüttelt oder abgebissen. Auch einige der täglich ausfliegenden Sammelbienen kommen nie wieder zurück. Auf diese Weise werden die Varroamilben in der Regel signifikant dezimiert. Selbst wenn man einen Schwarm in einer Kiste hält, entwickelt sich im ersten Jahr aufgrund dieser Zusammenhänge meist keine behandlungsbedürftige Varroamilbenpopulation.

In der alten Behausung schlüpfen wenige Zeit später ein gutes Dutzend junger Königinnen aus ihren tannenzapfenähnlichen Weiselzellen, die von der Altkönigin vor dem Schwärmen bestiftet wurden. Zwischen den Jungköniginnen kommt es letztendlich zum selektiven Konkurrenzkampf.

Wenn mehrere Königinnen zeitgleich schlüpfen, aber kein Schwarm mehr ansteht, beginnt ebenfalls ein weiterer bislang weitestgehend unerforschter Selektionsprozess, an dessen Ende nur eine Königin übrig bleibt. Hierbei kann beobachtet werden, dass die jungen Königinnen selbst miteinander kämpfen oder dass Arbeiterinnen eingreifen und alle bis auf eine töten.

Die erste, die schlüpft, ist meist im Vorteil, da sie sich sozusagen warmlaufen kann. Ich konnte einmal mitansehen, wie eine solche Erstkönigin von Wabe zu Wabe lief und gezielt die ungeschlüpften anderen Königinnenzellen aufsuchte. Dort angekommen, legt sie sich flach an diese an und erzeugte eine Sequenz von aufeinanderfolgenden hellen Tönen, die mit der Flugmuskulatur erzeugt werden. Die in den Weiselzellen verharrenden Konkurrentinnen ließen daraufhin davon ab, ihre Zellendeckel von innen zu öffnen. Sie wurden schließlich von Arbeiterinnen „ausgegraben" und getötet.

Das von der Königin erzeugte „Tuten" wird von den in den geschlossenen Zellen befindlichen Königinnen beantwortet. Es klingt etwas dumpfer und wird daher als „Quaken" bezeichnet. Solange die erstgeschlüpfte Weisel diese Signale abgibt, kommen die anderen Königinnen nicht heraus. Sofern das Bienenvolk noch in Schwarmstimmung ist, werden die verbliebenen Weiselzellen von den Arbeiterinnen umgeben und geschützt. Sie schlüpfen erst, wenn die tutende Königin mit einem weiteren Teil des Volks geschwärmt ist.

Auf diese Weise kann es durchaus zu einem oder sogar mehreren Nachschwärmen kommen. Die deutlich kleineren Schwärme fliegen dann mit einer Neukönigin heraus, was die Überlebenschancen entsprechend schmälert – denn die jeweilige Königin muss zunächst einmal begattet werden, was die Nachkommenschaft verzögert. Darüber hinaus stehen weniger Bienen für die notwendigen Aufgaben zur Verfügung.

Der Imker spricht auch manchmal davon, dass sich ein Volk totschwärmt. Obwohl ein Widerspruch in sich, da sich das Volk auf mehrere Schwärme aufgeteilt und somit vervielfältigt hat, meint dieser Begriff vielmehr, dass in der alten Behausung für einen Neuaufbau zu wenige Bienen zurückbleiben oder diese gleich ganz verlassen wird. Wenn mehrere Königinnen zur selben Zeit schlüpfen und noch Schwarmstimmung vorhanden ist, dann kann es sogar zu einem Nachschwarm mit zwei oder drei Königinnen kommen. Einen solchen Schwarm ließen wir in 2019 in einen SchifferTree einlaufen und beide Königinnen gingen mit hinein. Wie, warum, von wem und auf welche Weise im Nachlauf eine der beiden ausgewählt und die andere abgetötet wird, ist bislang vollkommen unerforscht.

Die von den Bienen angelegten Kriterien für dieses ausgeklügelte Auswahlverfahren sind uns Menschen unbekannt. Letztendlich hat sich dieses Verfahren über Millionen Jahre hinweg entwickelt, erhalten und durchgesetzt. Daher gilt es als sicher, dass nur die geeignetste Königin aus diesem vielschichtigen Selektionsprozess hervorgeht.

Der Hochzeitsflug

Nachdem in der alten Behausung eine neue Königin feststeht, wird diese nach sechs bis zehn Tagen auf den sogenannten Hochzeitsflug gehen. Dabei lockt sie über spezielle Duftstoffe bis zu 20000 Drohnen an, die sich in der Luft an sogenannten Drohnensammelplätzen konzentrieren. Die genauen Zusammenhänge, welche die Bienen dazu veranlassen, sich für einen bestimmten Ort zu entscheiden, sind bislang ungeklärt. Sicher ist, dass spezifische Signale – wie zum Beispiel Pheromone, optische Reize oder für den Menschen nicht sichtbare Polarisationsmuster – dazu führen müssen, diese Treffpunkte aufzusuchen. Wirft man an diesen Plätzen zum Beispiel ein kleines Steinchen in die Luft, sieht man einzelne Drohnen, die sich reflexartig auf die vermeintliche Königin stürzen wollen.

Die Paarung der Jungkönigin erfolgt während des Fluges. Auch hier findet eine äußerst effiziente Selektion bezüglich des am besten geeigneten Erbguts statt. Nur die schnellsten, vitalsten, geschicktesten und mit einwandfrei funktionierenden Sinnesorganen ausgestatteten Flieger können sich dabei aufgrund der großen Konkurrenz behaupten. Die jeweilige Drohne dockt während des Fluges an die Königin an und kopuliert. Dabei wird der Geschlechtsapparat des Drohns ausgestülpt und abgerissen, was den Tod der jeweiligen männlichen Biene verursacht. Auf diese Weise wird sie schließlich von zehn bis 15 Drohnen begattet. Die Königin selbst speichert die ihr übergebenen Samenpakete in ihrem Körper. Die etwa 10 Millionen Spermien, die in ihrer Samenblase lebend erhalten werden, reichen für ihr ganzes Leben: Sie hat somit bezüglich der benötigten männlichen Keimzellen ausgesorgt.

Vitalität und Anpassungsfähigkeit durch genetische Vielfalt

Die durch die hohe Anzahl der Drohnen angelegte Spermienvielfalt stellt eine enorm wichtige Grundlage für die Vitalität, Anpassungsfähigkeit und Evolution der Honigbienen dar. Durch sie entstehen vielfältige genetische Variationen, die in analoger Weise die Vielfältigkeit der Eigenschaften des daraus entstehenden Volkes bestimmen. Die aus einem jeweiligen Spermienpaket entstehenden Arbeiterinnengruppen zeigen nachweislich spezialisiertes Verhalten (Fraktionierung), wodurch eine große Bandbreite an unterschiedlichen Kompetenzen und Fähigkeiten entsteht. Diese Prinzipien bilden seit Urzeiten die wohl wichtigste Grundlage, um sich an die im stetigen Wandel befindlichen Umweltbedingungen anzupassen, und sorgten dafür, dass die Honigbienen über Jahrmillionen und trotz dramatischer Umweltveränderungen niemals ausstarben.

Bezeichnenderweise wird in der sogenannten „Reinzucht" auch das Verfahren der Eindrohnenbesamung durchgeführt. Den Bienenköniginnen wird also das Sperma von nur einer Drohne injiziert. Auf diese Weise lassen sich die gewünschten Merkmale wie Sanftmut, Honigertrag und Schwarmträgheit sehr viel effizienter herauszüchten. Auch eine Varroatoleranz soll durch dieses Verfahren erschaffen werden. Es stellt letztendlich den Versuch dar, „einheitliche, standardisierte" Bienenvölker zu erzeugen, die sich entsprechend der gewünschten Kriterien verhalten.

Die natürliche Varroamilbenreduktion während der Brutpause

Neben dem Schwund von 20 bis 25 Prozent der Varroamilben, die mit dem natürlichen Schwarm aus dem Stock herausgetragen werden, kommt es durch die darauffolgenden biologischen und physiologischen Zusammenhänge zu einer noch viel deutlicheren Reduktion der Gesamtmilbenpopulation im verbliebenen Bienenvolk. Die eintretende Brutpause hat zur Folge, dass die Milben sich auch hier nicht mehr in den Zellen der verdeckelten Nachkommen verstecken können, sodass die Parasiten von den Bienen gut bekämpft werden können. Die Varroamilbenreduktion geht hier auf die gleichen Prinzipien zurück, die wir auch in der neuen Behausung des Schwarms beobachten können.

Interessanterweise reagieren die Varroamilben selbst auf die Brutpause mit körperlichen Veränderungen. Es hat für die Milben keinen Sinn, Eier zu produzieren, die nicht gelegt werden können, da deren Produktion erhebliche körperliche Ressourcen beansprucht. Die Milbenweibchen gestalten sich daher physiologisch um und gehen in ein unfruchtbares (infertiles) Stadium über.

Wenn die neu angelegte Bienenbrut nach etwa vier Wochen kurz vor der Verdeckelung steht, gehen die Milbenweibchen zwar mit in diese Zellen hinein, jedoch sind sie zunächst weiterhin infertil. Um wieder in die fruchtbare Phase zu gelangen, benötigen sie einen weiteren Monat, sodass die Reproduktionspause bei ihnen acht Wochen andauert – was den Bienen vier Wochen Vorsprung gibt. Während dieser langen Pause erfährt die Varroamilbenpopulation einen signifikanten Schwund von bis zu 70 Prozent. Damit fällt die spätsommerliche Belastung deutlich geringer aus als bei Völkern, die nicht schwärmen oder bei denen das Schwärmen verhindert wird. Zumeist erreicht die Varroamilbenpopulation (auch in der Kistenhaltung) bis zum Ende des Sommers keine letale Stärke mehr.

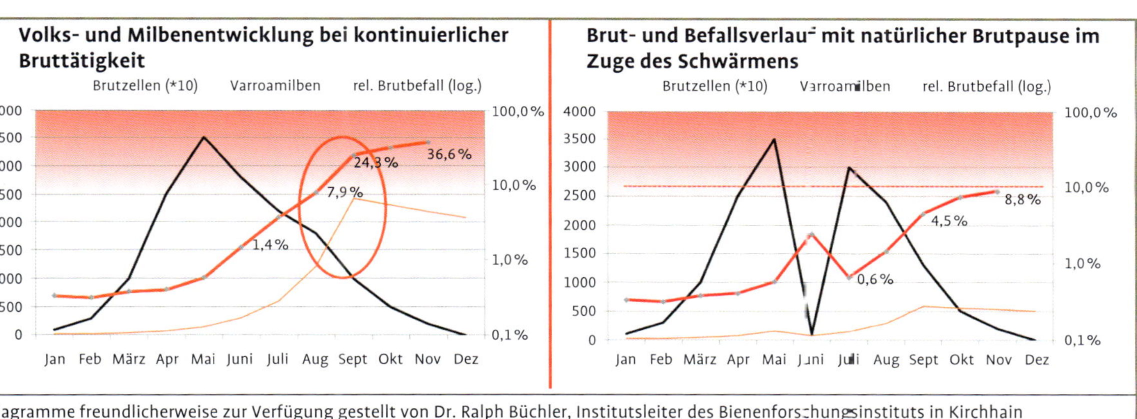

iagramme freundlicherweise zur Verfügung gestellt von Dr. Ralph Büchler, Institutsleiter des Bienenforschungsinstituts in Kirchhain

afik links: Volks- und Milbenentwicklung ohne Schwarm; wenn ein Bienenvolk das Frühjahr erreicht hat, dann gendet es zunächst. Denn die Brutproduktion erfährt einen steilen Anstieg (schwarze Linie) und ist sehr viel schneller s die der Milben (rote Linie). Viele unbelastete Jungbienen lösen die sterbenden – meist chemisch behandelten – ten Winterbienen ab, die für das Erzeugen der Nachkommenschaft ihre letzten Lebensenergiereserven verbraucht aben. Ab Mitte Mai bis Anfang Juni verkleinert sich die Brutmenge der Bienen. Dieser Prozess hält bis zum Ende des ommers an. Dadurch kehren sich die Prozesse der Gesundung schließlich um. Denn die Varroamilbenpopulation mmt im Frühjahr zunächst erst langsam, aber mit der Zeit stetig beschleunigend zu. Ab Mitte August wird dann reits die letale Schadschwelle von 10 Prozent überschritten und steigt im Folgemonat rapide bis auf das 2,5-Fache s Schwellenwerts an. Solchen Völkern ist in manchen Fällen nicht einmal mehr mit chemischen Entmilbungsverhren zu helfen (diese Überpopulation an Parasiten ist ein direktes Resultat der regelhaften Schwarmverhinderung der Imkerei). ***(Anmerkung: Die Skala der Varroamilbenentwicklung am rechten Rand der Grafiken ist garithmisch dargestellt, da die rote Linie ansonsten aufgrund des dramatischen Wachstums die Grafik rengen würde.)***

afik rechts: Volks- und Milbenentwicklung mit Schwarm; die Frühjahrsprozesse sind zunächst identisch. Auf dem öhepunkt der Brutentwicklung geht schließlich der Schwarm ab. So kommt es zu einer etwa vierwöchigen Brutpau- bei den Bienen, in der die Varroamilben schließlich in eine infertile Phase übergehen. Da die von der Altkönigin legte Brut – mit den sich darin entwickelnden Milben – in der Brutpause noch ausschlüpft, zeigt sich Mitte Juni n deutlicher Anstieg der Milbenpopulation. Die darauf folgende achtwöchige Reproduktionspause der Milben bengt letztendlich einen Populationsschwund von etwa 70 Prozent, sodass die Belastung im Spätsommer (Ende Juli / ıfang August) bis unter ein Prozent relativen Brutbefalls abfällt. Sobald die Jungkönigin wieder beginnt, Eier zu gen, läuft die Brutentwicklung der Bienen der Reproduktion der Milben zunächst einmal erneut davon. Wenn diese wa vier Wochen später mit ihrer Reproduktion beginnen, schaffen sie es in der Regel nicht, noch ein letales Ausmaß erreichen.

Im Laufe der letzten Jahrzehnte zeigten sich zahlreiche unterschiedliche Anpassungsstrategien von Honigbienen mit der Varroamilbenparasitierung, einige sind nachfolgend aufgeführt:

- Zurückschrumpfen der Brut oder Einlegen einer Brutpause (z. B. Gotlandbienen) mit einem darauffolgendem Brutschub;
- eine um einen Tag verringerte Entwicklungsdauer der Bienen (Varroanymphen haben meist nicht genügend Entwicklungszeit und sterben);
- Open Capping / Recapping: Die Ammenbienen öffnen die bereits verdeckelten Zellen, lassen diese für eine gewisse Zeit offen und verschließen sie im Anschluss wieder. Die Nymphen der Varroamilben sterben dabei ab;
- das Ausräumen der befallenen Brut. Die in der Zelle befindlichen Nachkommen der Varroa sterben.

Während sich die meisten dieser Anpassungsstrategien auf den Honigertrag auswirken, da die Bekämpfung der Varroamilben auch für die Bienen zeitintensiv ist, gibt es zumindest eine zeitextensive Adaption – die der verkürzten Entwicklungszeit der Bienenlarven. Bienenvölker, die über diese Genetik verfügen, gewinnen sogar etwas an Zeit, während die Varroamilbenpopulation zugleich am Wachstum gehindert wird. Diese Anpassungsstrategien liegen vermutlich bei den wenigen bekannten Fällen von nicht behandelten, aber imkerlich genutzten Bienenvölkern in unseren Breiten vor.

MENSCHLICHE ZUCHT UND SELEKTION – EIN SCHLEICHENDER ÖKOZID!

Gegenüberstellung der Biologie in imkerlichen und artgerechten Geometrien

Jahresentwickung	Auswirkungen auf das Kistenvolk	Auswirkungen auf das Baumhöhlenvolk
erster Eintrag, erste Brut	40 Liter erste Zarge: ⊙ Brutfeldentwicklung von der Mitte zu den Randwaben hin (seitlich)	40 Liter festes Volumen: ⊙ Brutfeld wird sukzessive nach unten verdrängt ⊙ Verdrängung des Brutfeldes bedeutet Vorratssicherheit und somit Überlebenssicherheit
Verhaltensweisen wie z. B. Grooming und Washboarding	⊙ rudimentär, Auslöser fehlen	⊙ mit der Verdrängung sukzessive ansteigende Grooming- und Washboarding-Aktivität
Eintrag erreicht Raumkapazität	⊙ Raumerweiterung durch zweite Zarge. Brutfeld wird um das Doppelte erweitert (= 80 Liter)	⊙ Brutfeld wird zugunsten des Eintrags verkleinert, Weiselzellen und Drohnen werden angelegt
Auswirkungen	⊙ keine Auslösung überlebenswichtiger, natürlicher Verhaltensweisen wie in der natürlichen Höhle ⊙ Grundumsatz steigt um das Doppelte (Raum muss ausgebaut und beheizt werden – Geometrie verliert viel Energie) ⊙ Flugaktivität nimmt entsprechend zu ⊙ Kurzlebigkeit der Nektarbienen bedingt einen beschleunigten Umsatz der Brut ⊙ Varroamilbenreproduktion steigt mit der Brutmenge sowie des beschleunigten Umsatzes an Brut	⊙ Flugaktivität sinkt (Höhle ist voll) ⊙ Lebenszeit der Bienen erhöht sich dadurch (kaum Sammeldienst) ⊙ Freiwerdende Zeit wird für die Eigenpflege (z. B. Grooming, Washboarding) aufgewendet ⊙ Bienen, die keine Ammenbienentätigkeit ausführen, werden extrem langlebig (mehrere Monate) ⊙ Verkleinerung des Brutfeldes = Verringerung der Varroamilbenreproduktion
Schwarm	⊙ wird verhindert	⊙ geht ab: Diverse natürliche Selektionsprozesse finden statt. Im Ergebnis wird nur das beste Erbgut rekombiniert
Auswirkungen	⊙ neuer Aufsatzkasten (Honigraum, insgesamt 120 Liter) ⊙ Grundumsatz steigt erheblich (Raum muss ausgebaut und beheizt werden – Geometrie verliert viel Energie) ⊙ Bienen fliegen dem Energieverlust hinterher, Kompensationsverhalten statt natürlicher Verhaltensweisen ⊙ keine Auslösung natürlicher Verhaltensweisen durch künstlichen Notstand (das Dach ist nicht mit Vorrat gefüllt, keine Verdrängung des Brutfeldes) ⊙ Königin legt bis zu 2000 Eier pro Tag, erschöpft sich ⊙ beschleunigte (exponentielle) Varroamilbenreproduktion	⊙ Grundumsatz sinkt erheblich (weniger Bienen) ⊙ 20–25 Prozent der Varroamilben werden durch den Schwarm mitgenommen ⊙ vierwöchige Brutpause ⊙ Dadurch: Infertilität der Varroamilben; verursacht eine zweimonatige Reproduktionspause der Milben ⊙ tägliche Reduktion der Varroamilbenpopulation durch natürliche Prozesse und Bienenabwehr
Raumerweiterung	⊙ insgesamt circa 160-Liter-Erhöhung des Grundumsatzes, Brutumsatzes und der Varroamilbenreproduktion	⊙ Grundumsatz unverändert niedrig

Jahresentwickung	Auswirkungen auf das Kistenvolk	Auswirkungen auf das Baumhöhlenvolk
Ende Juli	⊙ Varroamilbenpopulation steigt immer weiter an, sprengt bereits im August das tödliche Ausmaß von 10 Prozent relativem Brutbefall	⊙ Varroamilbenpopulation liegt weit unter ein Prozent. Die Gesamtpopulation ist um irca 70 Prozent gesunken
Trachtlücke	⊙ Stöcke laufen leer, Notfütterungen mit nährstofffreiem Zuckerwasser ⊙ Wildbienen werden zurückgedrängt ⊙ Krankheiten und Seuchen werden begünstigt ⊙ keine antibiotische Stockatmosphäre	⊙ verursacht keine Probleme ⊙ kaum Energieverbrauch, kaum Sammelaktivität, aber viel Hygieneverhalten ⊙ Nestduftwärmebindung verhindert Krankheiten und Seuchen
Nahrungssituation	⊙ von aktueller Zeit und Blütentracht abhängig ⊙ keine langfristige Vorratssituation ⊙ dadurch oftmals Mangelernährung durch Monokulturen und Pestizidbelastungen	⊙ bunte Mischung aller Blütentrachten ⊙ vielfältige, unbelastete Frühtracht überwiegt ⊙ keine Mangelernährung
Ernten und Spättracht	⊙ die Entnahme des Honigs verstärkt die Problematik der nicht vorhandenen Vorratssicherheit ⊙ jeder imkerliche Eingriff verursacht im Bienenvolk einen Schaden und muss kompensiert werden ⊙ monokulturelle Spättracht verursacht Mangelernährung und begünstigt Krankheiten (Ruhr) ⊙ Honig neigt zum Kristallisieren. Muss daher ausgeschleudert und durch Zuckerwasser ersetzt werden. Enorme Arbeitskapazitätsbindung (Kompensationsverhalten)	⊙ ausbleibende Störungen (durch Manipulationen des Volumens oder Vorrats) erlauben es den Bienen, ihre wahren Kompetenzen und Fähigkeiten ungestört zu entwickeln. Sie führen natürliche Verhaltensweisen aus, die in der Natur ihre Überlebensfähigkeit bestimmen
Raumverkleinerung	⊙ Volumen wird wieder verkleinert (Honigräume werden abgenommen) ⊙ Varroamilbenüberpopulation bleibt	⊙ gleichbleibendes Volumen
Behandlungen	⊙ werden notwendig, um die durch die Manipulationen erzeugte Varroasituation zu korrigieren	⊙ keine Eingriffe ⊙ natürliche Selektion anstatt menschlicher Manipulation
Überwinterung	⊙ bis zu zehnfach erhöhter Energieverlust und Umsatz, dadurch verkürzte Lebensdauer und erhöhter Totenfall ⊙ viel Kondensation und Vorratswabenschimmel ⊙ Kondensat mit pathogenen Keimen versetzt ⊙ Infektionen der Bienen mit Krankheitserregern ⊙ Immunsystem und Zellerneuerung durch Zuckerwasser unterminiert (fehlende Nährstoffe) ⊙ Wahrnehmungsfähigkeit durch eventuelle Säurebehandlungen eingeschränkt, Bienen physiologisch geschädigt	⊙ warmhaltig ⊙ bis zu zehnfach geringerer Energieumsatz, dadurch langlebige Winterbienen ⊙ Kondensation meist unterhalb der Vorratswaben, antibiotisch ⊙ Pathogene werden durch die Propolisierung und sterile Stockatmosphäre abgetötet ⊙ Zellstoffwechsel ohne Einschränkungen möglich ⊙ Immunsystem: immunologische Aktivität gering aufgrund geringer mikrobieller Belastung in der Höhle
Zucht und Selektion	⊙ Zucht von Bienen zu gewünschten Eigenschaften ⊙ Verhinderung der natürlichen Selektion durch gezielte Eingriffe und Behandlungen ⊙ die Betriebsweise und die Kiste ist der größte Selektionsfaktor	⊙ natürliche Selektion, erschafft ganzheitlich gesehen angepasste Bienenvölker, die alle Kriterien und Facetten für eine vom menschlichen Eingriffen unabhängigen Überlebensfähigkeit besitzen

Jahresentwickung	Auswirkungen auf das Kistenvolk	Auswirkungen auf das Baumhöhlenvolk
Evolution und Anpassung	⊙ wird u. a. durch die Behandlungen unterbunden. Jedoch wird seit Jahrzehnten versucht, künstlich Bienen zu erschaffen, die alle imkerlichen Kriterien erfüllen ⊙ der Mensch entscheidet über „lebenswürdiges und lebensunwürdiges Bienenmaterial" ⊙ Bienenvölker brechen ohne Behandlungen in der Regel zusammen	⊙ findet laufend statt ⊙ überlebensfähige Bienenvölker in unseren Wäldern beweisen diese Tatsache

Bezeichnenderweise werden all diese vielschichtigen, perfekt entwickelten selektiven Prozesse regelhaft in der modernen Imkerei unterdrückt und durch die vergleichsweise einfältige menschliche Zucht und Selektion ersetzt. Wider besseres Wissen propagieren viele Ausbildungsverbände, dass Schwärme zu verhindern seien. Wer schwärmen ließe, sei ein schlechter Imker, so heißt es. Als wäre das nicht genug, werden Bienenköniginnen heutzutage durch menschliche Manipulation erzeugt. Die Auswahl der dafür benötigten Eier trifft der Imker selbst. Es geht sogar so weit, dass Bienenköniginnen künstlich über eine Injektion mit Drohnensperma begattet werden. Hierfür wird die Königin mit Kohlendioxid (CO_2) betäubt, in eine Gerätschaft eingeklemmt und ihr das von Drohnen ausgequetschte Sperma mit einer Kanüle in die Geschlechtsöffnung injiziert. Die dabei zugrunde liegenden Kriterien etwa des Deutschen Imkerbundes[34] für die „Rasse" Carnica sind:

1. Honigleistung – hoch und ausgeglichen
2. Sanftmut – sehr sanft bis sanft
3. ruhiger Sitz auf den Waben (Wabensitz) – fest bis ruhig
4. Winterfestigkeit – gut bis mittel
5. Frühjahresentwicklung – sehr schnell bis schnell
6. Volksstärke – sehr stark bis stark
7. Schwarmtrieb – fehlt bis leicht lenkbar
8. hohe Widerstandsfähigkeit gegenüber Krankheiten und Parasiten

Dabei müssen die Bienen nicht nur diese Verhaltenskriterien erfüllen, sondern auch vom Aussehen dieser künstlich geschaffenen Norm entsprechen.

---

[34] Zuchtrichtlinien des Deutschen Imkerbundes: https://www.google.com/url?sa=t&rct=j&q=&esrc=s&source=web&cd=1&cad=rja&uact=8&ved=2ahUKEwjogs7cwd3kAhVPK1AKHco9CAoQFjAAegQIARAC&url=https%3A%2F%2Fdeutscherimkerbund.de%2Fuserfiles%2FWissenschaft_Forschung_Zucht%2FZuchtrichtlinien_06_2017_docx.pdf&usg=AOvVaw0mSR1dTK5cWXBwqeSKcTSM

Folgende Körpermerkmale werden bei den Arbeitsbienen beurteilt:

1. Panzerzeichen
2. Haarlänge
3. Filzbinden
4. Cubitalindex (eine feine Linie in der Ästelung der Flügel)

Geringfügige Abweichungen in Färbung, Haarlänge etc. sind zulässig.

Für die Zucht werden sogenannte Reinzuchtkarten, Besamungsbücher, Abstammungsnachweise und Abstammungsbücher geführt. Den Völkern wird eine Art Zeugnis ausgestellt. Es wird bei den Bienen von „Zuchtmaterial, Nachzuchtwürdigkeit und Rassen" gesprochen. Wenn sie die Kriterien nicht erfüllen, werden die Königinnen totgequetscht. Der Zuchtlinie „Buckfast" möchte man als Zuchtziel auch das Propolisieren und den sogenannten Wirrbau abzüchten ...

Schlechtes „Bienenmaterial" wird diesen Kriterien entsprechend definiert und natürlich „aussortiert". Ganz ungeachtet der Tatsache, welche Eigenschaften die Bienen in freier Natur entfalten könnten, zählt hier nur die Vorgabenerfüllung dieses äußerst fragwürdigen, menschengefälligen Kriterienkatalogs. Hier wird die natürliche Fortpflanzung als „unvollkommen", ja sogar als Gefahr für die Reinzucht empfunden. Der „Züchter" entscheidet, ob Bienenvölker beziehungsweise deren Königinnen überhaupt „würdig" sind, am Leben zu bleiben.

Der moderne Mensch (*Homo sapiens*) existiert nach neuesten wissenschaftlichen Erkenntnissen seit etwa 300 000 Jahren[35]. Vor etwa 60 000 Jahren wanderten die ersten *Homo sapiens* mit einer Keule über der Schulter und einem Lendenschurz aus Afrika nach Eurasien ein. In den letzten 100 Jahren haben wir horrende Umweltschäden angerichtet, deren Folgen nicht abschätzbar sind. Und heutzutage verbieten wir sogar der wohl wichtigsten Spezies dieser Erde mit einer biologisch nicht nachzuvollziehenden menschenzentrierten Kurzsichtigkeit ihre natürliche Fortpflanzung und berauben sie ihrer natürlichen Selektion, Anpassungsfähigkeit und Evolution.

Die seit Urzeiten funktionierenden vielschichtigen und feingeschliffenen Selektionsprozesse der natürlichen Fortpflanzung – wie beispielsweise der Konkurrenzkampf der Königinnen und der Drohnen – werden komplett eliminiert. Dabei kann eine enorme Bandbreite an natürlichen Verhaltensweisen und (Auswahl-)Prozessen gar nicht berücksichtigt werden, da sie bislang unerforscht

---

35 https://www.sciencemag.org/news/2017/06/world-s-oldest-homo-sapiens-fossils-found-morocco

sind. Die Vitalität, Variabilität (Fraktionierung) und die daraus hervorgehende Anpassungsfähigkeit bleiben somit auf der Strecke (etwa als würde man versuchen, mit einem Standardschraubendreher im Halbdunkeln ein Schweizer Uhrwerk zu reparieren ...).

Die Bienen haben in den letzten 45 Millionen Jahren jedoch insbesondere aufgrund ihrer Anpassungsfähigkeit alle Umweltveränderungen und Naturkatastrophen überlebt!

Da der überwiegende Teil des Genpools heutzutage in menschlichen Händen liegt und das Mengenverhältnis der Gene letztendlich zu Ungunsten der vom Menschen unabhängigen Überlebensfähigkeit verschoben wird, steuern wir auf den Untergang der Spezies zu.

Die gezielte Zucht und Selektion kommt daher einem Ökozid auf Raten gleich.

Ein Honigbienenschwarm hat einen SchifferTree bezogen. Nach wenigen Augenblicken wird das Flugloch besetzt (im Hintergrund – verschwommener Bereich). Die im Vordergrund befindlichen Wächterbienen beäugen aufmerksam meine Aktivitäten mit der Kamera. Viele der in die SchifferTrees eingesetzten Völker zeigten bereits nach kürzester Zeit deutliche Verhaltensänderungen. Hier wird spürbar, wie das in den Standardbeuten der Imkerei durch die Rähmchen in viele Felder zerteilte Bienenvolk zu einer Einheit eines einzelnen vielzelligen Superorganismus verschmilzt. Diese Verhaltensänderungen lassen sich am ehesten mit der ungestörten Kommunikationsfähigkeit unter natürlichen Bedingungen erklären.

BEEKEEPING (R)EVOLUTION

Das weltweit erste Artenschutzprogramm für Honigbienen, mit dem Programm der Beekeeping (R)evolution, wollen wir nicht nur eine Alternative zur jetzigen Haltungsform bieten, sondern gleichzeitig ein Konzept umsetzen, das die Bevölkerung in Sachen Bienenschutz mit einschließt. Ein solches Bürgerwissenschaftskonzept (Citizens Science Project) ist unbedingt notwendig; es liefert ein wichtiges Puzzlestück, um ein flächendeckendes Monitoring von wildlebenden Bienenvölkern zu verwirklichen und entsprechende Daten zu gewinnen.

Der Fokus liegt dabei auf der Überlebensfähigkeit der freilebenden beziehungsweise unter artgerechten Bedingungen gehaltenen Bienenvölkern. Die Umsetzung ist einfach und in zwei Bereiche gegliedert.

1: Citizens Science – Monitoring wildlebender Völker

Jedes Jahr ziehen unzählige Bienenschwärme aus: Entweder weil der Imker die Weiselzellen übersehen hat und so ungewollt ein Schwarm abgeht, oder aus freilebenden Bienenvölkern. Vielerorts erregen diese Ereignisse die Aufmerksamkeit der Bürger und Bürgerinnen, welche dann oftmals einen Imker anrufen, um den Schwarm einzufangen (für ein Leben in der Kiste ...). Dennoch passiert es immer wieder, dass Schwärme in Zwischenwände von Gebäuden, in Dachböden, aber auch Baumhöhlen einziehen und dort unbehelligt über Jahre hinweg überleben. Auch diese fallen oftmals einigen Menschen auf und sind, sofern sie gemeldet werden, ein absoluter Glücksfall für die Bienenforschung!

Hierzu bedarf es keiner besonderen Mittel oder Ausbildung. Wir haben durch dieses Konzept bereits über 70 (Stand Dezember 2019) solcher Völker im Monitoring. Der Beitrag des jeweiligen Bürgerwissenschaftlers ist im Grunde genommen das Beobachten, Fotografieren sowie die Meldung besonderer Ereignisse (wie etwa Schwärme). Hierzu haben wir einen Fragebogen und eine Erklärung ausgearbeitet, die es uns erlaubt, die eingesandten Bilder verwenden zu dürfen.

2: Citizens Science – Monitoring artgerecht gehaltener Völker

Eine stetig steigende Anzahl von Imkern und Jungimkern wechselt zur artgerechten Bienenerhaltung. Hinzu kommen zahlreiche Bürger und Bürgerinnen, die nicht das Imkern erlernen, doch gern eine Baumhöhlensimulation in ihren Garten stellen möchten. Sobald diese Nisthilfen Bienenvölker beherbergen, ist das ebenfalls interessant für die Forschung. Daher wird den Käufern der SchifferTrees ein entsprechender Antrag zur Verfügung gestellt mit der Bitte, an diesem Projekt teilzunehmen. Dieses Monitoring ist jedoch nicht auf den SchifferTree beschränkt, denn auch Bienenvölker, die in vergleichbaren, naturorientierten Geometrien leben, sind für die Forschung wertvoll.

Die so gesammelten Daten werden dann in eine Datenbank eingefügt und auf einer Website publiziert. Auf diese Weise können die Öffentlichkeit, die Forschungsinstitute, aber auch die Veterinärämter und das Bundesamt für Justiz „live“ mitverfolgen, wie lange und wie viele der Völker überleben. Die so erhobenen Informationen dienen letztendlich dem Nachweis, dass Honigbienenvölker ohne menschliche Hilfe überlebensfähig sind. Mittelfristig wird es mithilfe der Datenlage gelingen, das Bundesartenschutzgesetz zu reformieren, um Honigbienen den notwendigen gesetzlichen Schutz zukommen zu lassen. Darüber hinaus müssen artgerecht gehaltene Bienenvölker, die nicht der wirtschaftlichen Nutzung unterliegen, von der Bienenseuchen-Verordnung und der darin gesetzlich angeordneten Behandlungspflicht befreit werden, da die natürliche Selektion und Anpassung durch dieses Gesetz institutionell verhindert wird.

Um dieses bewerkstelligen zu können, benötigen wir von den Bürgerwissenschaftlern mindestens einmal pro Jahr neue Bilder oder Videos. Insbesondere im Frühjahr, wenn die ersten warmen Tage kommen, ist ein solches „Update“ erforderlich, um sicherzugehen dass das Bienenvolk überlebt hat. Natürlicherweise überleben einige Bienenvölker die Winterzeit nicht. Die dann leer stehenden Habitate werden von den Schwärmen bevorzugt aufgesucht, da sie nach Bienenmaterialien riechen. Daher müssen neue Fotos oder Videos zwingend **vor der Schwarmzeit** aufgenommen werden, denn ansonsten könnte keine sichere Aussage darüber getroffen werden, ob das Volk den Winter tatsächlich überlebt hat oder aber ein neuer Schwarm eingezogen ist. Mithilfe dieser neuen Informationen wird die Online-Datenbank aktualisiert.

Personenbezogene Daten und genaue Standorte werden selbstverständlich nicht veröffentlicht! Zum einen, um die Bürgerwissenschaftler vor Anfragen anderer Interessensgruppen zu bewahren, zum anderen, um die Bienen selbst zu schützen. Zu oft habe ich bereits miterleben müssen, dass Baumhöhlen mit Bauschaum oder ähnlichem Material verschlossen wurden, was den langsamen und qualvollen Tod des gesamten Volkes nach sich zieht. Oder Imker versuchten, an das vermeintlich varroaresistente Erbgut zu gelangen ... Die Standorte der Bienenvölker sowie die Daten der Melder werden daher streng vertraulich behandelt!

Die so aus der Fläche gewonnenen Daten liefern bereits jetzt wichtige Hinweise und Informationen zum Thema. Somit können alle naturinteressierten Bürgerinnen und Bürger einen elementar wichtigen Beitrag zum Bienenschutz leisten. Appell: Bitte melden Sie wildlebene Bienenvölker.

Weitere Informationen zum Citizen Science Projekt „Beekeeping (R)evolution“ finden Sie auf der Website www.beenature-project.com oder www.beekeeping-revolution.com.

BIENENKRANKHEITEN UND SEUCHEN

Alle bekannten Bienenkrankheiten werden durch die nicht artgerechte Haltungsform in der Imkerei begünstigt. Auf die wichtigsten Erkrankungen soll hier kurz eingegangen werden – nicht allein da hier eine große Panik unter den Imkern herrscht, sondern auch weil die Zusammenhänge selbst vielen Veterinären gar nicht präsent sind. Die Diskussionen, in denen das artgerechte Erhalten von Bienen in Zweifel gezogen wird (da hier die gängigen konventionellen Kontrollen zur Seuchenprävention erschwert sind), scheinen niemals abzureißen. Veterinäre und Bienenseuchenbeauftragte sind im derzeit etablierten System der Imkerei geschult und setzen sich nicht zwangsläufig mit den vorliegenden wissenschaftlichen Belegen auseinander. Somit kommt es verständlicherweise regelmäßig zu Verunsicherungen und sogar zu substanzlosen Anfeindungen. In diesen Fällen gelingt es offenbar nicht, über den Rand der Kiste hinauszuschauen oder zu -denken und die bereits vorhandenen eindeutigen Untersuchungen zum Thema auf sachlicher Ebene zu berücksichtigen.

Das Veterinärwesen ist in einer Haltungsform, in der regelmäßig schwerste Erkrankungen auftreten, unverzichtbar wichtig, um die Ausbreitung von Seuchen zu verhindern. Jedoch sind diese Umstände nicht den Bienen selbst zuzuordnen, sondern vielmehr den Haltungsbedingungen, die jeglichen Kontakt zur Natur und natürlichen Lebensweise der Bienen verloren haben. Die regelhafte Entstehung von Krankheiten in der Imkerei ist multifaktoriell und kann daher nicht an einem Aspekt verortet werden. Die zugrundeliegenden Ursachen werden im Folgenden kurz zusammengefasst.

Die Behausung Die modernen Bienenbeuten weisen eine Vielzahl von Eigenschaften auf, die sich erwiesenermaßen nachteilig auf die Bienengesundheit auswirken. Die fehlende Propolisierung führt zu einer erhöhten Anzahl von Keimen sowohl in der Behausung als auch auf und in den Bienen selbst. Es konnte nachgewiesen werden, dass Bienen, denen man Propolis in Zuckersirup gab, Stoffe ausbildeten, die zur Neutralisierung von Pestiziden beitragen. Darüber hinaus waren die Tiere, welche in propolisierten Stöcken gehalten wurden, vitaler, langlebiger, hatten eine gesündere Brut und zeigten ein ausgeprägtes Hygieneverhalten.[36]

Der antibiotische Wasserkreislauf, in dem Bestandteile des antibiotischen Propolis mit aufgenommen werden, ist in den Kisten nicht vorhanden. Die

---

[36] Seasonal benefits of natural propolis envelope to honey bee immunity and colony health, Renata S. Borba, Karen k. Klyczek, Kim L. Mogen and Marla Spivak, 2015 Journal of Experimantal Biology p. 218

entstehenden Kältebrücken und die damit einhergehende Kondensation im Vorratswabenbereich führt zur Schimmelbildung auf den Vorratswaben und zur Infektion innerer Organe der Bienen. Eine sterile Stockatmosphäre, die Bakterien und andere Krankheitskeime neutralisiert, fehlt meist gänzlich. Selbst wenn die Oberflächen aufgeraut und propolisiert sind, wird eine Nestduftwärmebindung aufgrund der unterschiedlichen Temperaturbereiche in derselben Höhenebene verhindert. Somit akkumulieren sich sukzessive Bakterien, Sporen und andere Krankheitskeime in und auf den Waben, in denen sich Brut und Vorrat befinden. Eine Übertragung auf die Bienen ist auch mit erheblichen Eingriffen durch den Imker oftmals nicht zu verhindern.

Der vielfach höhere Energiebedarf der modernen Beuten hat eine kürzere Lebenszeit zur Folge und ändert das Gesamtverhalten des Bienenvolks (Kompensationsverhalten). Dieser Aspekt wird durch die Raumerweiterungen und Rähmchen signifikant verstärkt. In der Folge unterbleiben natürliche Verhaltensweisen wie zum Beispiel das Grooming und Washboarding, die zum einen der Varroamilbenabwehr, zum anderen der Verhinderung von Schimmelwachstum dienen. Folglich verstärken sich diese Belastungen. Es darf zudem nicht außer Acht gelassen werden, dass nicht der Biss der Varroamilbe die Bienenlarven beziehungsweise die Bienen schädigt, sondern die bei diesem Vorgang übertragenen Viren und Bakterien. Die unnatürlich starke Vermehrung der Milben durch imkerliche Praktiken führt zu einer ebenfalls unnatürlichen hohen Belastung des gesamten Volks mit diesen Krankheitskeimen. Zudem konnte über die Jahrzehnte der Behandlung eine zunehmende Virulenz der verschiedenen Viren festgestellt werden.[37] Kommen jene zu der ohnehin verstärkten Grundbelastung dazu, kann die Schadschwelle für alle erdenklichen Erkrankungen leicht überschritten werden.

Die Flugtätigkeit Die auf dem erhöhten Energieverlust der großvolumigen Beuten begründete verstärkte Flugtätigkeit führt dazu, dass täglich unzählige Keime zusätzlich in den Bienenstock eingetragen werden. Dort finden sie meist gute Grundvoraussetzungen zum Wachstum vor.

Die Ernährung Ein weiteres großes Problem, das direkt mit dem erhöhten Grundumsatz, aber auch der Honigernte des Imkers zusammenhängt, ist die monokulturelle Ernährung beziehungsweise die Ersatzfütterung mit Zuckerwasser. Wissenschaftliche Langzeituntersuchungen beweisen eindrücklich, dass die Zuckerfütterung dramatische Auswirkungen auf das Immunsystem, die Vitalität und Langlebigkeit der Bienen hat. So zeigten Bienen, die mit Zuckersirup gefüttert wurden, nicht nur gefährliche Veränderungen im Darmtrakt,

---

[37] Reviewpaper von Brosi et al 2017 doi:10.1038/s41559-017-0246-z.

sondern eine um mehr als 20 Prozent verringerte Lebenszeit[38]. Die im Zuckersubstitut fehlenden antibiotischen Bestandteile des Honigs sowie der Blütenpollen (als Träger aller essenziellen Nährstoffe) haben zudem signifikante Auswirkungen auf das Immunsystem sowie den gesamten Zellstoffwechsel. Bienen, denen man Pollen fütterte, zeigten eine wesentlich geringere Flügeldeformationsvirus-Belastung als die Vergleichsgruppe ohne Pollenfütterung.[39] Darüber hinaus konnte nachgewiesen werden, dass Honig auch gegen die Erreger der Nosemose (eine gefürchtete Darmerkrankung der Honigbienen) wirkt. Hierzu wurden Ammenbienen mit dem Erreger infiziert. Die dann erkrankten Bienen wählten gezielt Honige aus, die eine höhere antibiotische Aktivität aufwiesen. Im Resultat konnte eine Verringerung der Nosemainfektion und somit eine Gesundung der Bienen nachgewiesen werden. Diese erstaunlichen Fähigkeiten der Selbstmedikation bleiben in der modernen Imkerei auf der Strecke.

Varroamilbenbelastung und „Re-Invasion“

Ein beliebtes Argument gegen die artgerechte und behandlungsfreie Honigbienenerhaltung ist die in dieser Haltungsform scheinbar „unkontrolliert“ wachsende Varroamilbenpopulation, zudem die durch das potenzielle Zusammenbrechen dieser Völker vermeintliche Re-Invasion anderer Völker. Hier werden Stimmen laut, die Baumhöhlenvölker als Seuchen- und Varroaschleudern zu betiteln. Mit der Realität hat diese Sichtweise jedoch nichts zu tun.

Ursachen und Zusammenhänge

Die Varroamilben gelten zweifelsohne als eine der gefährlichsten Bedrohungen der konventionell genutzten Bienenvölker. Die Zusammenhänge der Entstehung einer letalen Belastung durch imkerliche Praktiken wurden in den vorherigen Kapiteln bereits ausführlich besprochen und werden daher an dieser Stelle nur auszugsweise wiedergegeben. Die unverhältnismäßig große Varroamilbenpopulation, die regelhaft in „der Imkerei“ entsteht, ist vor allem den Raumerweiterungen und unnatürlichen Volumina, der durch Manipulationen erzeugten vergrößerten Brutmenge, den Schwarmverhinderungen, den Honigentnahmen und dem beschleunigten Brutumsatz zuzuschreiben. Auf diese Weise entstehen Tausende Milben, die es **unter artgerechten Bedingungen gar nicht geben würde**. Auf den Punkt gebracht: Die konventionell gehaltenen Völker sind ursächlich für Zusammenbrüche und Re-Invasionen verantwortlich – nicht etwa die wildlebenden beziehungsweise artgerecht lebenden Bienen.

---

[38] G. Mirjanic, I. T. Gajger, M. Mladenovic und Z. Kozaric: Impact of different feed on intestine health of honey bees, Kyiv, Ukraine, 2013

[39] G. DeGrandi-Hoffman, Y. Chen, E. Huang und M. Huang, „The effect of diet on protein concentration, hypopharyngeal gland development and virus load in worker honey bees (*Apis mellifera* L.)”, *Journal of Insect Physiology 56,* pp. 1184-1191, 2010

Dass oftmals Rückschlüsse aus der Kistenhaltung auf die natürliche Lebensweise getroffen werden, zeigt, wie unreflektiert die imkerlichen Betriebsweisen und „Wahrheiten" aufgenommen werden und wie beschränkt der daraus resultierende Fokus tatsächlich ist.

Die Re-Invasion

Eine Re-Invasion bezeichnet den Vorgang der Übertragung von Varroamilben über Phoresie (Milben fliegen auf den Bienen mit) in andere Bienenvölker. Der Imker spricht dann von einer Re-Invasion, wenn das raubende Volk bereits vorher einer Milbenbehandlung unterzogen wurde und der Parasitendruck unter das Schadmaß gesunken war, jedoch nachfolgend durch Stockflucht oder Räuberei in kürzester Zeit wieder eine hohe Milbenbelastung entsteht.

Die Gründe dafür werden in der imkerlichen Literatur nur einseitig dargestellt. So ist es eine gängige Auffassung, dass Bienen der unter dem Milbendruck zusammenbrechenden Völker ausfliegen, um in andere Kolonien umzusiedeln. Da die Fluglöcher stets gegen stockfremde Bienen verteidigt werden, wird eine Ausnahme in der Regel nur dann zugelassen, wenn die ankommende Biene etwas anzubieten hat, etwa Nektar und Pollen. Daher bezeichnet man dieses Verhalten auch als Anbetteln beziehungsweise Stockflucht oder Verflug. Das betrifft jedoch nur einen geringen Anteil der Bienen und kommt meist dann verstärkt vor, wenn Bienenvölker eng zusammenstehen[40].

Ein viel häufigerer Übertragungsweg entsteht durch die Räuberei. Die milbenbelasteten, schwächer werdenden Völker besitzen kaum noch Brut und eine schwindende Anzahl von Bienen. Daher konzentrieren sich die Varroamilben auf den verbleibenden Arbeiterinnen sowie in den verdeckelten Zellen der Nachkommen. So ist es keine Seltenheit, dass gleich mehrere Milben auf der Suche nach einer geeigneten Brutzelle über die Waben laufen beziehungsweise in einer Brutzelle zu finden sind. In dieser Phase können meist mehrere Parasiten auf nur einer Biene angetroffen werden. Da sich solche Bienenvölker nicht mehr effektiv verteidigen können, werden sie oftmals von anderen ausgeraubt. Hierbei erklimmen die Milben die räuberischen Bienen, während die über die Waben laufen oder den Honigvorrat plündern. So werden die Varroamilben schließlich in das raubende Volk mit eingeschleppt.

Ein weiterer wichtiger und wenig beachteter Aspekt ist die Stockflucht während der Ameisensäurebehandlungen. Jene wird so gut wie nie erwähnt. Zahlreiche Internetforen sind Zeugnis dieses recht häufigen Phänomens. So ist zu lesen,

---

40 Seeley T. D., Smith M. L. (2015) Crowding honeybee colonies in apiaries can increase their vulnerability to the deadly ectoparasite Varroa destructor. Apidiologie 46: 716–727

dass die Stöcke nach den Ameisensäurebehandlungen plötzlich fast bienenleer sind. Viele Arbeiterinnen, die diesem „Standardverfahren“ unterzogen werden, verlassen den Bienenstock und betteln bei anderen Völkern an. Ausgelöst wird das Verhalten offenbar von den Säuredämpfen selbst. Auf diese Art wandern zahlreiche Bienen in andere Stöcke ab und nehmen dabei die auf ihnen sitzenden Parasiten mit. Bei der Verwendung von 80-prozentiger Ameisensäure tritt das Phänomenen verstärkt auf. Der Einsatz dieser Konzentration ist nach heutiger Gesetzeslage zudem illegal.

Ein zusammenbrechendes Volk aus einer Großraumbeute hat also das Potenzial, Tausende Milben und andere Krankheiten auf umliegende Völker zu verteilen. Die übermäßige Anzahl der Varroamilben ist dabei direkt auf die imkerliche Betriebsweise zurückzuführen. Bereits aus physikalischen Gründen kann – im Gegensatz zu Wirtschaftskolonien – eine solche Menge an Parasiten unter natürlichen Bedingungen gar nicht erst entstehen: Die Brutfelder und Volksstärken sind im Vergleich zur Imkerei klein, die Milbenbelastungen schon allein aufgrund der Schwärme regelhaft niedrig. Zudem bekämpfen die Bienen unter artgerechten Bedingungen die Milben in einem viel stärkeren Ausmaß als ihre Artgenossen in der Bewirtschaftung dies tun.

Selbst wenn ein solches Bienenvolk zusammenbricht oder ausgeraubt wird, ist die Gefahr einer bedeutenden Re-Invasion für andere Völker daher nahezu ausgeschlossen.

Amerikanische Faulbrut

Die Amerikanische Faulbrut gehört zu den gefährlichsten Bienenseuchen überhaupt. Es handelt sich hierbei um eine hochansteckende bakterielle Infektion, die der Meldepflicht unterliegt. Die Sporen des Bakteriums kontaminieren selbst den in den Waben eingelagerten Honig und sammeln sich zudem im Wachs an. Die Ammenbienen übertragen diese Krankheitserreger über das Larvenfutter letztendlich auf die Brut, welche von den Krankheitserregern getötet und zersetzt wird. Hierbei werden bis zu 2,5 Milliarden neuer Sporen pro Larve gebildet! Die aufgrund der fehlenden Nachkommenschaft zusammenbrechenden Völker werden häufig von benachbarten Bienenkolonien ausgeräubert, wodurch sich die Seuche schnell verbreitet.

In zahlreichen historischen Artikeln ist vermerkt, dass sich die Erkrankung zeitgleich mit der Umstellung der Imkerei von der naturorientierten Bienenhaltung in Körben, Klotzbeuten o. Ä. auf Rähmchen und Kisten in besorgniserregender Weise ausbreitete. Die Gründe dafür sind allerdings nicht nur die artfremden Lebensbedingungen, mit denen Bienen in Kisten konfrontiert werden, sondern auch die Mobilität der Rähmchen und der damit einhergehende Fakt, dass Waben zwischen den Völkern hin- und hergetauscht werden können. Außerdem hat der Handel mit Bienenprodukten wie Honig oder Wachs, Gerätschaften, ganzen Bienenvölkern oder Bienenköniginnen erheblich zugenommen, sodass mit Sporen kontaminiertes Material innerhalb kürzester Zeit über weite Strecken hinweg verteilt werden kann.

Aus diesem Grund legt man beim Auftreten der Erkrankung behördliche Sperrgebiete fest, in denen alle Bienenvölker behördlich auf Krankheitssymptome überprüft werden. Das Veterinäramt kann die Vernichtung der befallenen Völker oder eine Sanierung des Bienenstandes anordnen. Hierbei sind strengste Auflagen zu beachten. Sämtliche Materialien müssen vorschriftsmäßig desinfiziert und die verseuchten Waben verbrannt werden.

Die Angst vor dieser ernsthaften, in manchen Fällen existenzbedrohenden Seuche ist verständlicherweise sehr verbreitet. Entsprechend hoch sind die Vorbehalte in der Imkerschaft gegenüber wildlebenden Bienenvölkern. Das war historisch gesehen jedoch noch nie anders (siehe Michigan 1926, S. 190). Selbstverständlich werden Bienenvölker in SchifferTrees ebenfalls unter diesem Aspekt argwöhnisch beäugt, obwohl auch hier Kontrollen prinzipiell möglich ist.

In der Imkerei werden zur Vorbeugung standardmäßig sogenannte Futterkranzproben (Wachs und Honig) aus den Bienenstöcken entnommen und im Labor auf Faulbrutsporen untersucht. Sind letztere feststellbar, kann der Imker durch gezielte Maßnahmen einem Ausbruch der Erkrankung vorbeugen. Trotz all dieser Maßnahmen kommt es jedoch jedes Jahr zu zahlreichen Ausbrüchen und Sperrgebieten. Dies liegt insbesondere daran, dass es sich um eine symptomatische Erkrankung handelt, die erst durch die nicht artgerechten Haltungsbedingungen der Imkerei entsteht und ihre Verbreitung findet. Diese erschütternde Tatsache wird durch zahlreiche historische, aber auch aktuelle wissenschaftliche Untersuchungen belegt.

Eine aktuellere Studie über alle bis dato bekannten Fälle von Faulbruterkrankungen in den Imkereien und die Zusammenhänge zu wildlebenden Bienenvölkern führte zu der Erkenntnis, dass insbesondere die Haltungsbedingungen für die Erkrankungen verantwortlich zu machen sind. Sie zeigt anhand der eindeutigen Datenlage überzeugend auf, dass eine Gefährdung der Wirtschaftsvölker durch wildlebende Kolonien mehr als unwahrscheinlich ist[41]. Hierfür wurden

---

[41] R. Goodwin, A. Ten Houten, H. Perry: Incidence of American foulbrood infections in feral honey bee colonies in New Zealand (1994). *New Zealand Journal of Zoology Vol. 21*, S. 285–287.

historische und aktuelle Untersuchungen zusammengefasst. Einige werden hier exemplarisch aufgeführt.

Im US-Staat Michigan wurde 1929 aufgrund einer persistierenden Faulbrutepidemie ein drastisches Bienenseuchengesetz verabschiedet und umgesetzt, das die damals in diesem Gebiet zahlreichen wildlebenden Bienenvölker als illegal erklärte. Daraufhin tötete man eine große Anzahl (annähernd 300) dieser Völker ab. Bemerkenswerterweise konnte in keinem einzigen die Amerikanische Faulbrut nachgewiesen werden, während 13,3 % der imkerlichen Völker im selben Gebiet infiziert waren …[42]

In Sussex, England hat G. Wakeford Mitte des letzten Jahrhunderts 100 wildlebende Bienenkolonien über mehrere Jahre auf Amerikanische Faulbrut untersucht. Auch hier konnte kein einziger Fall festgestellt werden, obwohl die Krankheit in den umliegenden Imkereien vorhanden war[43].

Eine neuere Studie aus Neuseeland konnte in 12,5 % aller getesteten Bienenvölker von Imkereien (mit weniger als 50 Völkern) den Faulbruterreger feststellen. Bei wildlebenden Völkern aus derselben Region wurde der Keim jedoch nur bei sieben der untersuchten 109 Völker nachgewiesen. Die Sporenbelastung war im Gegensatz zu der in imkerlich gehaltenen Völkern jedoch sehr gering. Erst eine entsprechende Anzahl der Keime verursacht klinische Symptome, also eine Erkrankung.

Diese Beispiele lassen den Schluss zu, dass die wildlebenden Völker durch die imkerlichen Bienenkolonien gefährdet sind und nicht umgekehrt.

Tausende Fälle von Faulbruterkrankungen in der Imkerei stehen nur drei jemals dokumentierten Fällen dieser Seuche bei wildlebenden Völkern gegenüber: zwei davon in England, einer in Australien. Ein abgestorbenes Bienenvolk wurde 1957 in einem Dach in Dorset (England) entdeckt. Aufzeichnungen aus dem National Agricultural Advisory Service verzeichneten in der gleichen Region 38 gemeldete Fälle der Amerikanischen Faulbrut zwischen 1950/51, 16 davon befanden sich in der Nähe der tot aufgefundenen Bienenkolonie.

Ein weiteres infiziertes Volk wurde 1954 wiederum in einem Dach bei Dorset (England) entdeckt, und auch hier zeigt die Datenerfassung des National Advisory Services, dass 18 Fälle in der Imkerei des Dorfes während dieser Zeit festgestellt wurden.

---

[42] M. E. Miller: Natural comb building (1935). Canadian Bee Journal 43 (8), S. 216–217.
[43] L. Bailey: Wild Honeybees and Disease (1958). *Bee World.* 39, S. 92–95.

Im Jahr 2002 untersuchte Thomas Seeley wildlebende Bienenvölker im US-amerikanischen Cornell im Arnot Forest (Quelle: Vortrag von Seeley in Berlin: Learning from the Bees (2019)). Dabei wurden Schwarmfallen aufgestellt. Elf Bienenkolonien zogen in die zur Verfügung gestellten Behausungen ein. 100 Prozent der Völker wiesen Varroamilben auf, aber in keinem konnte Amerikanische oder Europäische Faulbrut nachgewiesen werden.

Diese Datenlage sollte Anlass genug sein, die etablierten Haltungsbedingungen neu zu überdenken und bienengerechter zu gestalten. Die Evidenz, dass Bienenvölker aufgrund der ihnen aufgezwungenen Haltungsweisen erkranken ist erdrückend und mehr als eindeutig.

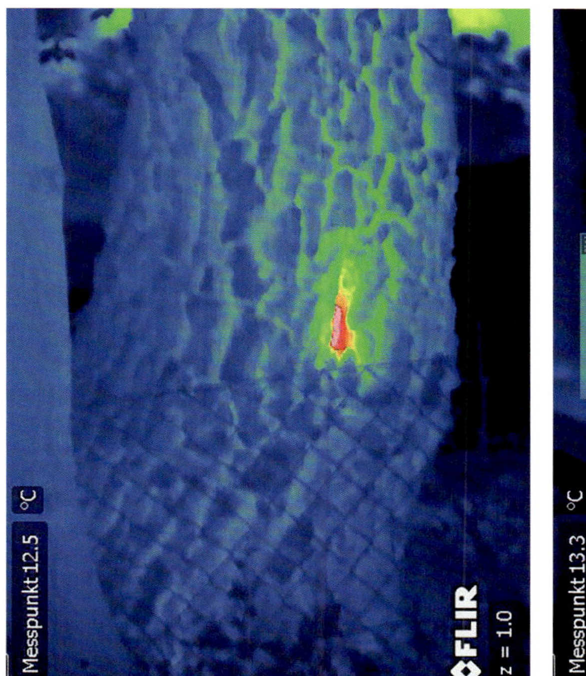

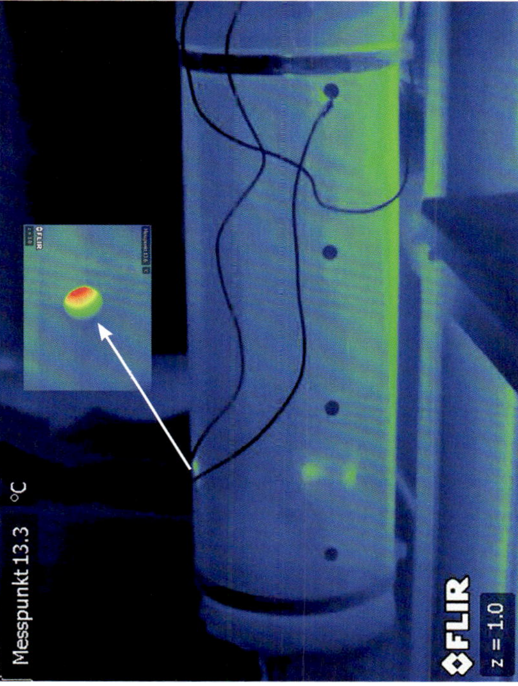

Die Wärmebildaufnahmen einer natürlichen honigbienenbesetzten Baumhöhle (links) im Vergleich zum SchifferTree (rechts). Der rote Bereich zeigt jeweils das Flugloch. Das Bienenvolk im SchifferTree (Forschungsstation in Aura an der Saale) verbrauchte vom 16.11.2019 bis 12.01.2020 nur 541 g an Winterfutter. Das ergibt einen Tagesverbrauch von 8,45 g pro Tag. Hingegen benötigten die Tiere in den Standardbeuten (Schwerin bei vergleichbaren Wetterbedingungen) in derselben Zeit bereits mehrere Kilogramm an Winterfutter bzw. bis zu 100 g pro Tag.

DIE AKTUELLE GESETZGEBUNG

Wichtig in diesem Zusammenhang sind die Bundesartenschutzverordnung und die Bienenseuchen-Verordnung.

Die Bienenseuchen-Verordnung

Diese Verordnung wurde vom Bundesminister für Ernährung, Landwirtschaft und Forsten im Jahre 1969 erlassen. In jener Zeit gab es in unseren Breiten zwar noch keine Varroamilben, jedoch hatten wir bereits regelmäßig mit den typischen symptomatischen Erkrankungen der modernen Bienenhaltung zu kämpfen, insbesondere mit der Amerikanischen Faulbrut. Der Inhalt dieser Verordnung ist allerdings nicht eindeutig. So sind im ersten Paragrafen die Begriffsbestimmungen definiert, unter Punkt 1 ist zu lesen: *Bienenvolk im Sinne der Verordnung sind die in einer Bienenwohnung lebenden Bienen mit ihrer Brut und ihren Waben.*

Wenn ein Bienenschwarm in die Zwischenwand eines Hauses, in eine Baumhöhlensimulation, die nicht explizit für Bienen konzipiert wurde, oder in einen Fledermauskasten o. Ä. einzieht, sind diese Behausungen streng genommen keine „Bienenwohnungen". Somit ist es fraglich, ob solche Völker überhaupt von dieser Verordnung betroffen sind. Derzeit gibt es keine Präzedenzfälle, welche diese Fragestellung abschließend klären.

Konventionell gehaltene Bienenvölker in den für Bienen entwickelten Kisten unterliegen jedenfalls dieser Gesetzgebung. Es ist demnach Vorschrift, Bienenvölker, die in einer Bienenwohnung leben, der Behörde zu melden und den Standort anzuzeigen. Zusätzlich ist in Paragraf 4 zu lesen, dass der „Besitzer" von Bienenvölkern und Bienenständen oder sein Vertreter verpflichtet ist, zur Durchführung von Untersuchungen (von Amtsseite) die erforderliche Hilfe zu leisten.

Im Paragraf 6 steht geschrieben: *Von Bienen nicht mehr besetzte Bienenwohnungen sind vom Besitzer der Bienen stets bienendicht verschlossen zu halten.*

Auch dieser Abschnitt trifft nur auf „Bienenwohnungen" zu.

In den folgenden Abschnitten werden die Schutzmaßnahmen gegen die regelhaft in der heutigen Bienenhaltung auftretenden Seuchen und Erkrankungen der Völker aufgeführt, welche unter natürlichen Bedingungen so nachweislich gar nicht auftreten.

Im Paragraf 15 sind die Schutzmaßregeln gegen die Varroatose beschrieben:

(1) Ist ein Bienenstand mit Varroamilben befallen, so hat der Besitzer alle Bienenvölker des Bienenstandes jährlich gegen Varroatose zu behandeln, soweit nicht eine Behandlung nach Absatz 2 angeordnet worden ist.

(2) Die zuständige Behörde kann, soweit es zum Schutz gegen die Varroatose erforderlich ist, anordnen, dass in einem von ihr bestimmten Gebiet innerhalb einer von ihr bestimmten Frist alle Bienenvölker gegen Varroamilben zu behandeln sind; sie kann dabei die Art der Behandlung bestimmen.

Diese Gesetzgebung hat in der heutigen Form der Imkerei durchaus Sinn, da wir insbesondere durch die imkerlichen Praktiken eine Überpopulation an Varroamilben erzeugen, die unbehandelt in den meisten Fällen zum sicheren Tod der Völker führt. Würde man diese Vorschrift auch auf die wildlebenden Bienenvölker übertragen, so käme das einem gesetzlichen Verbot zur natürlichen Selektion und Anpassung gleich! Die Verordnung wurde zu einem Zeitpunkt erstellt, an dem man so gut wie keine wissenschaftlichen Erkenntnisse über die Anpassungsfähigkeit der Honigbienen gegenüber den Varroamilben erfasst hatte. Heutzutage ist die Datenlage jedoch eindeutig und wir wissen, dass sich die Bienenvölker an die Varroamilben anpassen können und in unseren Wäldern auch bereits angepasst haben.

Streng genommen handelt es sich beim Zurverfügungstellen von Lebensraum für wildlebende Honigbienen nicht um eine Form der „Tierhaltung", die sich gesetzlich gesehen in die drei Kategorien der Nutztierhaltung, Heimtierhaltung und Wildtierhaltung aufteilt. Der noch am ehesten zutreffende Begriff der Wildtierhaltung ist jedoch ebenfalls dadurch definiert, dass Wildtiere in Gehegen, Aquarien oder Zoos gehalten werden, wodurch stets eine Form menschlicher „Nutzung" zugrunde liegt. Analog gesprochen: Wenn man Fledermäusen eine Fledermauskiste aufhängt, wird man dadurch nicht zum Halter dieser Tiere. Das Gleiche gilt für Vogelhäuser, Hornissenkästen und Insektenhotels (insbesondere für Wildbienen), da diese Tiere keiner menschlichen Nutzung oder Zucht unterliegen. Wenn Vogelkästen für Wildvögel aufgehängt werden, ist der Besitzer im Falle einer grassierenden Vogelgrippe auch nicht dazu verpflichtet, die Tiere einzusperren und dem Veterinäramt zu melden. Und auch kein Veterinär würde versuchen, mit einer Spritze in der Hand auf den Baum zu klettern, um Wildvögeln Medikamente zu verabreichen.

Abschließend lässt sich sagen, dass die Bienenseuchen-Verordnung zwar für die moderne Wirtschaftsimkerei unerlässlich ist, um das Umsichgreifen von Bienenseuchen und anderen Krankheiten einzudämmen. Jedoch ist sie für die wildlebenden Bienenvölker in Baumhöhlen oder jene, die in artgerechten Bedingungen und frei von jeder Bewirtschaftung leben, nicht anwendbar beziehungsweise zu großen Teilen sinnlos. Es existieren eindeutige wissenschaftliche Belege dafür, dass die Ursächlichkeit der gegenwärtigen Erkrankungen in der Haltungsform liegt. Diese Tatsache wird jedoch in keinster Weise in der Verordnung berücksichtigt. Daher muss sie in den kommenden Jahren dem aktuellen Stand des Wissens angepasst – oder von vorneherein für freilebende Bienenvölker ausgeklammert werden.

Die Bundesartenschutzverordnung

Die Gesetzgebung ist hier widersprüchlich und inhaltlich-sachlich nicht korrekt. Zum einen sind Arten der Überfamilie der „Apoidea" – zu der auch die Honigbienen gehören – in der Bundesartenschutzverordnung als besonders geschützte Arten aufgeführt. Zum anderen wird die Honigbiene „*Apis mellifera*" als angeblich domestiziertes Tier in Abschnitt 1 § 3 vom Schutz ausgenommen:

Auszug aus der BArtSchV Abschnitt 1 § 1

Die in Anlage 1 Spalte 2 mit einem Kreuz (+) bezeichneten Tier- und Pflanzenarten werden unter besonderen Schutz gestellt. Die in Anlage 1 Spalte 3 mit einem Kreuz (+) bezeichneten Tier- und Pflanzenarten werden unter strengen Schutz gestellt.[44]

Schutzstatus wildlebender Tier- und Pflanzenarten, Erläuterungen zur Anlage 1 BArtSchV 2005

Die in Anlage 1 aufgeführten Arten werden bezeichnet

a) mit dem Namen der Art oder
b) als Gesamtheit der einem höheren Taxon (Ordnungsstufe des Tier- bzw. Pflanzenreiches) oder einem bestimmten Teil derselben angehörenden Arten.
    1. Die Abkürzung „spp." wird zur Bezeichnung aller Arten eines höheren Taxons verwendet.
    2. Sonstige Bezugnahmen auf höhere Taxa als Arten dienen nur der Information oder Klassifikation.
    3. Durch Aufnahme einer Art in Anlage 1 werden auch Bastarde dieser Art mit anderen Arten erfasst. Sind beide an der Bastardierung beteiligten Ausgangsarten geschützt, so richtet sich der Schutz nach den für die am strengsten geschützte Art geltenden Vorschriften.

[44] https://www.gesetze-im-internet.de/bartschv_2005/BJNR025810005.html

4. Domestizierte Formen werden durch die Aufnahme einer Art in Anlage 1 nicht erfasst. Als domestizierte Form gilt insbesondere *Apis mellifera* – Honigbiene.
5. „Europäisch“ ist eine wildlebende Tier- oder Pflanzenart, die ihr Verbreitungsgebiet oder regelmäßiges Wanderungsgebiet ganz oder teilweise
   a) in Europa hat oder in geschichtlicher Zeit hatte oder
   b) auf natürliche Weise nach Europa ausdehnt.[45]

Wissenschaftliche Bezeichnung	Deutscher Name	Besonders geschützte Arten zu § 1 Satz 1	Streng geschützte Arten zu § 1
Spalte 1		Spalte 2	Spalte 3
Apoidea spp.	Bienen und Hummeln – alle einheimischen Arten	+	

Auszug aus der **BArtSchV** 2005 Anlage 1 (§ 1), Schutzstatus wildlebender Tier- und Pflanzenarten

Diese Ausnahme beruht auf der Annahme, dass es keine überlebensfähigen, wildlebenden Honigbienen geben würde, was jedoch nachweislich falsch ist. Wir monitoren derzeit mehrere Dutzend wildlebende und mehrjährig überlebende Honigbienenvölker.

Diese waren bis 2017 wiederum von dem § 7 (2) Punkt 7 „heimische Art“ BNatSchG unter Schutz gestellt, hier war zu lesen:

Eine wildlebende Tier- oder Pflanzenart, die ihr Verbreitungsgebiet oder regelmäßiges Wanderungsgebiet ganz oder teilweise

a) im Inland hat oder in geschichtlicher Zeit hatte oder
b) auf natürliche Weise in das Inland ausdehnt;

Als „heimisch gilt eine wildlebende Tier- oder Pflanzenart auch, wenn sich verwilderte oder durch menschlichen Einfluss eingebürgerte Tiere oder Pflanzen der betreffenden Art im Inland in freier Natur und ohne menschliche Hilfe über mehrere Generationen als Population erhalten“.[46]

---

[45] http://www.bgbl.de/xaver/bgbl/start.xav?startbk=Bundesanzeiger_BGBl&jumpTo=bgbl105s0258.pdf
[46] http://www.bgbl.de/xaver/bgbl/start.xav?startbk=Bundesanzeiger_BGBl&jumpTo=bgbl105s0258.pdf

Dieser Paragraf traf zweifellos auf die wildlebenden Honigbienenvölker zu und wäre sehr hilfreich gewesen, um die Ausklammerung der Honigbienen aus dem Bundesartenschutzgesetz zu revidieren. Interessanterweise wurde der gesamte Punkt 7 „heimische Art" § 7 (2) BNatSchG ersatzlos gestrichen. An dieser Stelle ist nun in Klammern der lapidare Eintrag „weggefallen" aufgeführt. Die Änderung erfolgte im Jahr 2017.[47] Eine Erklärung erhielt ich trotz mehrfacher Anfrage bei der zuständigen Behörde jedoch nicht.

Wir können also festhalten, dass es zum einen die domestizierten, zum anderen aber auch die wildlebenden beziehungsweise verwilderten Honigbienen gibt. Hier muss man sich unweigerlich die Frage stellen, woher denn die Honigbienen in der Imkerei kommen? Die Antwort ist einfach: Nicht der Mensch hat die Honigbienen erschaffen, sondern Mutter Natur selbst. Die gezielte Zucht und Selektion hin zu vom Menschen gewünschten Eigenschaften ist historisch betrachtet weniger als ein Wimpernschlag in der Geschichte der Honigbienen – und gerade einmal um die 150 Jahre alt. Die Spezies existiert jedoch 300 000 Mal länger als die an ihr verübte Manipulation. Der natürliche Anteil überwiegt daher entsprechend. Mit welchem Recht sprechen wir nun dieser uralten Art ihre Daseinsberechtigung ab, indem wir sie auf die von uns in einem Bruchteil ihrer Geschichte eingebrachte Zucht reduzieren? Als hätten wir die Tiere selbst kreiert, entfacht nun vielfach bei den wildlebenden Völkern die Diskussion darüber, welche Zuchtlinien denn in diesen Bienen stecken würden und ob diese freilebenden Völker überhaupt geschützt werden sollten, da es sich ja um „Zuchtbienen", also quasi um ein „Kunstprodukt", und kein natürliches Tier handele. Diese Auseinandersetzungen sind ebenso fraglich wie die Versuche, die Schwarze Biene *(Apis mellifera mellifera)* mithilfe von Reinzuchtverfahren zu erhalten. Der Genpool unterlag seit Anbeginn einem stetigen Fluss der Wandlung und Anpassung durch die natürliche Selektion. Das Einzige, was zählt, ist die Tatsache, dass es heutzutage noch vom Menschen unabhängig überlebensfähige Bienenvölker in unseren Wäldern gibt, die ihre naturgegebene Aufgabe erfüllen. Der künstliche Erhalt altertümlicher Rassen stellt für mich buchstäblich den Versuch dar, das Mammut wiederzubeleben.

Hierzu ein Beispiel, das den erwähnten stetigen Fluss der Wandlung und Anpassung durch die natürliche Selektion bestätigt: Thomas Seeley konnte in seinen jüngeren wissenschaftlichen Analysen nachweisen, dass sich die wildlebenden Honigbienen nach der Ankunft der Varroamilben genetisch veränderten (Quelle: Thomas Seeley: The Lives of Bees. The Untold Story of the Honeybees in the Wild (2019)). Die Spezies wurde somit abermals durch die natürliche

[47] https://www.buzer.de/gesetz/8972/v209634-2017-09-16.htm

Selektion an die bestehenden Umweltbedingungen adaptiert. Die heutzutage in den Wäldern rund um Cornell lebenden Honigbienen sind jedoch nicht nur vom Genotyp und Verhalten her unterschiedlich, sondern haben sich auch phänotypisch (das Aussehen betreffend) und somit in ihrer Morphologie verändert: Die Arbeiterinnen weisen einen geringeren Kopfumfang und Thoraxdurchmesser (Mittelkörper) sowie eine andere Flügelform auf als jene, die vor der Ankunft der Varroamilbe dort lebten. Nun sollte man zu Recht annehmen, dass niemand auf die kurzsichtige Idee käme, die der natürlichen Selektion zum Opfer gefallenen „alten" Honigbienen durch geschützte Reinzuchtverfahren am Leben zu erhalten, um sie vor dem Aussterben zu bewahren. Genau dies wird aber irrsinnigerweise tatsächlich praktiziert. An dieser Stelle möchte ich noch einmal auf die „starren", aus biologischer und ethischer Perspektive nicht nachvollziehbaren Zuchtkriterien einiger Reinzuchtvereine eingehen, die allein durch ihre genau definierten Kriterien zum Aussehen einer Biene genau solche Anpassungen gar nicht zulassen.

Der Genpool muss jedoch beständig im Fluss sein, um überlebensfähig zu bleiben, und darf keinesfalls in großem Maßstab durch die restriktiven Reinzuchtverfahren blockiert werden. Insbesondere deshalb, weil sich heutzutage der größte Teil des Genpools der Honigbienen in menschlichen Händen befindet.

Die von Menschen verdichteten Merkmale werden auf genetischer Ebene zwar noch in Tausenden von Jahren nachweisbar sein, jedoch machen diese im Gesamtspektrum nur einen verschwindend geringen Anteil aus. Sie können daher keinesfalls als eine Art „Besitzanspruch" auf die Spezies geltend gemacht werden. Die verbreitete, einseitige Betrachtung der sogenannten Reinzucht wird der Realität und den tatsächlichen vorherrschenden Verhältnissen in keinster Weise gerecht und muss zwingend neu überdacht werden.

KOOPERATIONSPARTNER UND INSTITUTIONEN

In den vergangenen Jahren haben sich zahlreiche Kooperationen mit gleichgesinnten Institutionen und Kooperationspartnern ergeben.

„FreeTheBees"

Zu meinen wichtigen Gleichgesinnten gehört unter anderem André Wermelinger mit seiner Organisation „FreeTheBees", die bei der kritischen Auseinandersetzung mit dem Establishment der modernen Imkerei Pionierarbeit leistet(e) und sich darüber hinaus für eine Ausbildungsvielfalt in der Imkerei einsetzt. Zu diesem Zweck wurde etwa das Manuskript der Imkermethodik entworfen, die ein gutes, umsetzbares Beispiel für unterschiedliche Fachrichtungen in der imkerlichen Ausbildung (von natürlich bis intensiv) aufzeigt. Dieses Grundlagenpapier ist seiner Zeit weit voraus und wird hoffentlich zukünftig zu einem realen Basiskonzept in den entsprechenden Ausbildungsstätten werden. „FreeTheBees" leistet bei der Umsetzung des Artenschutzprogramms „Beekeeping (R)evolution" seit Anbeginn tatkräftige Unterstützung und ist ein wichtiger Bündnispartner im Kampf zum wirtschaftsbefreiten Erhalt der Honigbienen in Europa (weitere Informationen: www.freethebees.ch).

Die Bienenbotschaft

Im Jahr 2017 begann eine weitere, intensive Zusammenarbeit mit der Bienenbotschaft in Karben. Antonio Gurliaccio und Moses M. Mrohs wurden durch den Film „More than honey" auf die missliche Lage der Honigbienen aufmerksam, was sie motivierte, sich für die Spezies einzusetzen. Antonio Gurliaccio erlernte und perfektionierte die Fertigung von Klotzbeuten nach Zeidlerart, um den Bienen ein möglichst naturnahes Habitat zu bieten. Klotzbeuten haben jedoch einige entscheidende physikalische Nachteile, die sich ebenfalls negativ auf die Bienengesundheit auswirken. Die Beuten wurden bereits im Mittelalter konzipiert und dabei auf zeidlerische (imkerliche) Praktiken abgestimmt. So besitzen sie in der Regel ein – viereckiges – obenliegendes Flugloch, weil ab dieser Höhe die Waben geschnitten wurden. Da hier jedoch auch ein Großteil der Wärmeenergie ausströmt, erleiden die Bienen einen unnötig großen Energieverlust, auch wenn ein schützendes Wabenwerk errichtet werden kann. Darüber hinaus entspricht die Wartungsöffnung der gesamten Höhlenlänge einer durchgehenden Kältebrücke, was zumindest teilweise zum Verlust der Nestduftwärmebindung führt (wie bei unserem in Kapitel „Nestduftwärmebindung", S. 57, beschriebenen Eichvolk). Somit wird der Entstehung von Schimmel und anderen Pathogenen Vorschub geleistet. Zusätzlich weisen viele Klotzbeuten Volumina auf, welche jenseits der 60 Liter liegen. Hier zeigt sich, dass bereits im Mittelalter die Menschen damit begonnen haben, die „Beuten" zum wirtschaftlichen Vorteil anzupassen. Eine Klotzbeute ist daher kein optimales Habitat für Bienen, sondern eine nach Nutzungskriterien erschaffene Kavität in einem Baumstamm.

Zweifelsohne ist es eine naturorientiertere Haltung und viel weniger manipulativ, aber das Optimum aus biologischer Sicht ist sie eben auch nicht. In der Kooperation mit der Bienenbotschaft kamen nun Wissenschaft und Handwerk zusammen. Auf Grundlage der wissenschaftlichen Erkenntnisse aus der Baumhöhlen- und Bienenforschung wurde eine Bauzeichnung erstellt, in die alle bekannten Kriterien der natürlichen Bedürfnisse der Bienen mit eingeflossen sind. Diese dient seither als Grundlage für die Erschaffung eines möglichst optimalen Habitats für Honigbienen. Antonio Gurliaccio bietet zudem regelmäßige Workshops an, in denen das Handwerk erlernt und diese Baumhöhlensimulationen gefertigt werden kann. Die Bienenbotschaft ist derzeit die einzige Institution in Deutschland, die keine mittelalterlichen „Klotzbeuten" mehr fertigt, sondern an die Ansprüche der Bienen angepasste künstliche Baumhöhlen.

Zusätzlich wurden die klimatischen Unterschiede zwischen den historischen Klotzbeuten sowie den Baumhöhlensimulationen in Frankfurt gemessen, miteinander verglichen und ausgewertet. Es zeigte sich, dass die neue Geometrie eine höhere Klimastabilität erreicht, wodurch der Energieverbrauch und somit der Grundumsatz sinkt. Die Bienenbotschaft führte die dafür notwendigen Messungen anhand mobiler autonomer Messgeräte an den Bienenbehausungen durch und unterstützte hierbei die Datengewinnung.

Natural Beekeeping Trust

Seit 2017 entwickelte sich eine ganz besondere Kooperation mit dem Natural Beekeeping Trust aus England, insbesondere zwischen Heidi Hermann, Jonathan Powell und mir. 2018 fand die weltweit erste internationale Konferenz unter dem Leitgedanken „Learning from the bees" in den Niederlanden statt. Hier fanden sich Menschen aus allen Regionen dieser Erde ein, um gemeinsam ihr Wissen zu teilen. Es ging dabei nicht etwa um imkerliche Praktiken oder Honigertrag, sondern ausschließlich um die Spezies der Honigbienen und ihren Erhalt in der Natur. Hochrangige Wissenschaftler – unter anderem auch Thomas Seeley –, Aktivisten und Artenschützer reichten sich hier die Hände. Noch nie zuvor hatte es eine solche bienenzentrierte Konferenz gegeben. Die Begegnung mit derart vielen besonderen Persönlichkeiten, die (bis auf wenige Ausnahmen) die gleiche Mission im Herzen tragen, wurde ein Erlebnis, auf das ich nicht vorbereitet war. Zu sehen, wie viele Menschen aus buchstäblich allen Kontinenten der Erde für den Erhalt dieser wundervollen Spezies kämpfen, gab mir zum ersten Mal das Gefühl, nicht mehr alleine auf weiter Flur zu sein. Was für eine Erleichterung! All die Jahre, in denen ich Vorträge vor kritischen Imkern und Imkerinnen hielt, die andauernde öffentliche Kritik, der

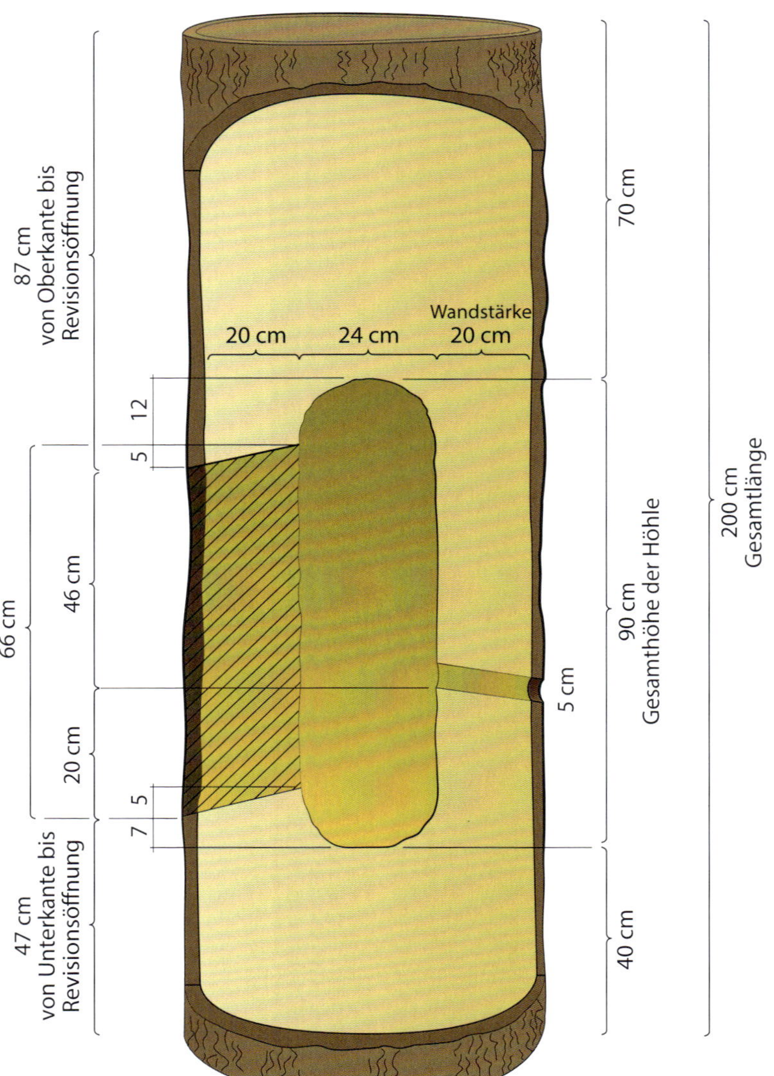

Die Bauzeichnung zur Erschaffung einer den natürlichen Bedürfnissen der Bienen angepassten Baumhöhlensimulation: Die zylindrisch-ovale Höhle befindet sich mittig im Baumstamm. Die Revisionsöffnung ist angeschrägt (schwarz schraffiert), sodass kein Wasser eindringen kann, und zudem kürzer als die Höhle selbst. So wird die Kältebrücke verringert und der Wärmeverlust vermindert. Genau gegenüber liegt das runde, leicht abgeschrägte Flugloch mit einer Größe von 50 Millimeter: So wird der Flugbetrieb nicht gestört, wenn man hinten hineinblickt. Die unten liegende Mulde der Kavität wird mit Totholz und Rindenstücken aufgefüllt. Das Gesamtvolumen beträgt weniger als 40 Liter (ca. 37 Liter). Ober- und unterhalb der Höhle bleibt eine bedeutende Holzmasse bestehen, die zum einen Wasser einpuffert, zum anderen die Temperaturspeicherkapazität erhöht und somit das Innenklima stabilisiert. Diese Zeichnung mag als Vorlage für auf die natürlichen Bedürfnisse der Bienen angepasste, artgerechte „Klotzbeuten“ beziehungsweise Habitate dienen. Bienenvölker in solchen Geometrien bleiben unbehandelt.

ich ausgesetzt war – auch von einigen Bienenforschungsinstituten, die Drohungen, die ich regelmäßig erhielt, und die Trittbrettfahrer, die sich mit meinen Arbeiten zu profilieren versuchten, hatten mir offenbar mehr zugesetzt als mir bewusst war. Seitdem hat sich vieles verändert und zum Besseren gewendet. Die Zusammenarbeit ist zu echten Freundschaften gewachsen und wir konnten gemeinsam bereits weitere wichtige Erfolge erzielen, unter anderem auf dem Weimarer Bienensymposium 2018 und der „Learning from the bees"-Konferenz in Berlin 2019, auf der auch Thomas Seeley seine Zusammenarbeit mit mir erneuerte. Der Natural Beekeeping Trust wurde im Jahr 2009 gegründet und ist zu der bedeutendsten international vernetzten Organisation geworden, die sich dem Schutz und dem Erhalt der Honigbienen verschrieben hat.

Nova-Ruder GmbH

Auch die Zusammenarbeit mit Willi Herzog, Geschäftsführer der Nova-Ruder GmbH (Schweiz), gebührt mein Dank und meine Anerkennung. Hier wurde der SchifferTree vom Reißbrett in die Praxis überführt. Herr Herzog leistete dabei hochqualitative Arbeit und war auch an der Umsetzung und Weiterentwicklung der Entwürfe beteiligt. (Weitere Informationen: www.SchifferTree.ch/ www.nova-ruder.ch)

Bild rechts: Das SchifferTree-Habitat in der Schweizer Werkstatt. Diese massive ungeteilte Baumhöhlensimulation eignet sich hervorragend, um den durch Abholzung verlorengegangenen Lebensraum in unseren Wäldern zu substituieren. Die am Deckel befindlichen Ösen erleichtern das Aufhängen in Bäumen. Ab 2020 wird dieser Typ u. a. auf Demeterplantagen aufgehängt. Auch leere Trees werden für die abgehenden Schwärme oder andere bedrohte Tierarten als bezugsfähiger, artgerechter Lebensraum bereitgestellt und gemonitort. Hierdurch entsteht eine echte Win-Win Situation: Die Bienen bekommen unbelasteten Nektar und Lebensraum, die Landwirte ihre Bestäubung und die Wissenschaft ihre Daten. Das System ist komplett wartungs- und behandlungsfrei.

Bild oben: Die eingesetzten Stirnholzklötze werden zukünftig domförmig ausgefräst, um den rechten Winkel zu brechen (eine Baumhöhle hat keine rechten Winkel).

FAZIT UND AUSBLICK

Während in allen Bereichen der Nutztierhaltung bereits klare Kriterien zum Tierwohl definiert wurden und so die verschiedenen Betriebsweisen in einer Spanne von der Massentierhaltung bis hin zu artgerechten Haltungsformen unterscheidbar sind, wurde dies bei den Honigbienen bislang verpasst. Zum einen fehlten die dafür notwendigen Daten aus Baumhöhlen, zum anderen haben Bienen keine Stimme und verraten uns auch durch ihr Äußeres in der Regel nicht, welche Belastungen sie auf beziehungsweise in sich tragen.

Die moderne Imkerei hat tatsächlich nichts mehr mit dem alten Image des Imkers als Freund der Bienen und der Natur, der für seine emsige Fürsorge mit Honig belohnt wird, zu tun. Diese Tatsachen anzusprechen, birgt aber auch eine Menge an Konfliktpotenzial und wirbelt bereits jetzt viel Staub auf.

Darüber hinaus sorgt das fehlende Wissen über die Entstehung der Krankheiten und Seuchen dafür, dass diese Nebenwirkungen und Probleme zu Unrecht auf alle anderen Haltungsformen übertragen werden. Dass in der Imkerei die Symptome der eigenen Haltungsform bekämpft werden, ist offenbar selbst vielen Imkern nicht bewusst. Denn wir haben es ja schon immer so gemacht (...).

Es geht mir jedoch nicht darum, eine bestimmte Form der Imkerei zu verurteilen, sondern vielmehr um eine sachliche, faktengestützte Beurteilung des Ist-Zustandes.

Meine Intention liegt also nicht darin, mit dem moralischen Zeigefinger auf die Imker zu zeigen. Mir ist völlig klar, wie Bienen heutzutage gehalten werden. Genauso weiß ich aber auch, dass diejenigen, welche die Imkerei erlernt haben oder erlernen, keine Wahlfreiheit hatten, sich für eine bestimmte Haltungsform zu entscheiden.

Gute Entscheidungen können nur auf der Grundlage guter Informationen getroffen werden! Nur wenn wir die Zusammenhänge in ihrer Vielschichtigkeit verstehen und nachvollziehen können, haben wir auch die Möglichkeit, uns für Alternativen zu entscheiden. Durch ein Schönreden des jetzigen Zustandes werden wir keine positiven Veränderungen herbeiführen können. Aus den gewonnenen Erkenntnissen dürfte sich jedoch zeitnah ein ganz neuer Ansatz entwickeln: einer, der darauf abzielt, den Wärmeenergieverlust moderner Beuten zu minimieren, um ihn „ins Glas umzuleiten“. Auch wenn mir die Vorstellung einer noch effizienteren Ausnutzung der Honigbienen absolut widerstrebt, birgt sie dennoch die Chance, dass die Lebensbedingungen der Bienen in der wirtschaftlichen Nutzung durch warmhaltigere, propolisierte Beuten verbessert werden und das Bewusstsein gegenüber den Bedürfnissen der Bienen wächst. Einige kritische Punkte – wie offene Böden, großflächige Fluglöcher, ungeeignete Standorte und fehlende Isolationen – dürften dann bald der Vergangenheit angehören. Dem Fortbestand der Spezies selbst wäre damit allerdings nicht viel geholfen, denn die Völker blieben weiterhin in ihrer Arbeitskapazität gebunden und den imkerlichen Eingriffen unterworfen.

Da sich die heutige imkerliche Ausbildung überwiegend mit der Betriebsweise – also mit den Kriterien der wirtschaftlichen Nutzung – beschäftigt, bleiben nicht nur die natürlichen Bedürfnisse der Bienen auf der Strecke, sondern auch mehrheitlich die der Imker und Jungimker selbst. Eigene Umfragen ergaben, dass etwa 70 Prozent der Imkerschaft eine artgerechte Bienenhaltung bevorzugen würden und ihnen der Honig gar nicht so wichtig ist.

Dabei werden diese wichtigen Aspekte in den Ausbildungsstätten bislang kaum berücksichtigt. Denn in der Ausbildung geht es nicht um die idealistische Mehrheit, die den Bienen und der Natur etwas Gutes tun möchte, oder etwa um die vom Menschen unabhängige Überlebensfähigkeit der Spezies selbst. Hier geht es primär um Leistung – es geht um Umsatz – es geht darum, die Arbeitskraft der Bienen für unsere Zwecke maximal zu bündeln und auszunutzen.

Hierbei werden gleich alle Fünf Freiheiten der Tiere (Five Freedoms)[48], die international anerkannte Parameter des Tierwohls in menschlicher Haltung definieren, gebrochen:

1. **Freiheit von Hunger, Durst und Fehlernährung:** Wird unter anderem gebrochen durch
   - monokulturelle Mangelernährung;
   - Zuckerwasser als Honigsubstitut.

2. **Freiheit von Unbehagen:** Tiere müssen geeignet untergebracht sein. Wird unter anderem gebrochen durch artfremde Lebensbedingungen in modernen Beutensystemen.

3. **Freiheit von Schmerz, Verletzung oder Krankheit:** Wird unter anderem gebrochen durch
   - das regelmäßige Verletzen und Zerquetschen von Bienen bei der imkerlichen Tätigkeit;
   - die Lebensbedingungen, die Krankheiten und Seuchen begünstigen;

[48] https://welttierschutz.org/themen/tierschutz-im-weltzukunftsvertrag-verankern/die-fuenf-freiheiten-der-tiere/

- die Raumerweiterungen und Manipulationen am Brutfeld und die Schwarmverhinderung, die eine unnatürlich große Menge an Varroamilben entstehen lassen;
- die Verwendung von ätzenden Säuren und sonstigen Mitteln, die dazu dienen, die Varroamilbenüberpopulation wieder eindämmen;
- das Herausschneiden der Drohnenbrut und damit der Tötung Tausender Bienen als Maßnahme der Varroadezimierung;
- das Abdrücken (Abtöten) von Schwarmzellen mit den sich darin entwickelnden Neuköniginnen.

4. **Freiheit von Angst und Leiden:** Wird unter anderem gebrochen durch
   - das Halten der Bienen im künstlichen Dauernotstand (der Vorrat ist nicht voll);
   - die regelmäßigen manipulativen Eingriffe;
   - die Verwendung von chemischen Mitteln und Säuren (Bienen reißen sich die Fühler vom Kopf, Jungbienen hängen sterbend beziehungsweise tot aus den Waben).

5. **Freiheit zum Ausleben normalen Verhaltens:** Wird durch alle menschlichen Eingriffe am Volk gestört beziehungsweise verhindert (Kompensationsverhalten versus natürliche Verhaltensweisen).

Daraus ergibt sich der notwendige und logische Schritt, die Ausbildungsinhalte der Imkerschulen zu reformieren und an die Bedürfnisse der Mehrheit anzupassen. Nicht nur das imkerliche Handwerk, sondern auch die dadurch entstehenden Auswirkungen auf die Bienen selbst müssen gleichermaßen vermittelt werden. Zeitgleich gilt es, alternative, bienenzentrierte Haltungsformen in das Kerncurrikulum mit aufzunehmen, um so einen längst überfälligen und notwendigen Ausgleich zum jetzigen System zu schaffen.

Vor dieser Reform sollte sich niemand fürchten. Wir Menschen müssen uns nicht streiten, denn es geht nicht darum, gegenseitige Schuldzuweisungen auszusprechen, sondern darum, die Spezies der Honigbienen zu schützen und sie so als Teil unseres Ökosystems zu erhalten. Ein „weiter wie bisher" wäre jedoch äußerst kontraproduktiv. Das schließt einige Institute und Wissenschaftler mit ein, welche ernsthaft behaupten, es gäbe kein Problem mit den Honigbienen, da sich der Imker ja um sie kümmere (…). Analog gesprochen wäre das so, als hätte man kein Problem mit aussterbenden Tieren (z. B. Eisbären, Nashörnern oder Tigern), solange wir diese noch im Zoo nachzüchten. Diese eingeschränkte Sichtweise geht weit an den Zielen und Forderungen der Beekeeping (R)evolution vorbei. Wir sprechen nicht davon, die Honigbienen mithilfe von manipulativen Eingriffen und Chemikalien in Kisten am Leben zu erhalten, um sie wirtschaftlich zu nutzen ... Sondern wir wollen den überwiegenden Teil des Genpools der *Apis mellifera* wieder der natürlichen Selektion übergeben und so die verlorengegangene Balance zur menschlichen Zucht und Selektion wiederherstellen. So kann die vom Menschen verursachte Generosion zurück ins Gleichgewicht finden. Das sich auf diese Weise wieder füllende Reservoir der Natur, in dem seit Urzeiten durch natürliche Prozesse vitales Erbgut entsteht, wird letztendlich auch die Imkerei erhalten.

Die Ansätze widersprechen sich also gar nicht, sondern begünstigen sich gegenseitig. Alle bekannten Haltungsformen haben ihre Begründungen und Berechtigungen und benötigen die gleiche Akzeptanz (siehe auch www.freethebees.ch/imkermethoden/)

Eine sinnvolle Alternative könnten zukünftig auch Ausgleichsmaßnahmen nach § 14 des Bundesnaturschutzgesetzes darstellen. Es wäre etwa denkbar, dass für jedes bewirtschaftete Volk auch jeweils ein oder mehrere artgerechte Geometrien (z. B. Baumhöhlensimulationen) aufgestellt werden und dort einziehende Schwärme unangetastet bleiben. Da wir nicht erst viele Jahrzehnte beziehungsweise Jahrhunderte auf die Entstehung neuer natürlicher Baumhöhlen warten können, müssen wir den durch Abholzung und Baumaßnahmen dezimierten Lebensraum durch geeignete Geometrien kompensieren. Nur natürliche (artgerechte) Bedingungen ermöglichen auch eine natürliche Selektion und Anpassung. Der SchifferTree mag hier ein gutes Beispiel liefern. Auch in der Forstwirtschaft könnten Ausgleichmaßnahmen dazu führen, dass für jeden gefällten Höhlenbaum auch eine künstliche Baumhöhle aufgehängt werden muss, um ein weiteres Schwinden des Habitats aufzuhalten.

Monitoring der Wildpopulation

Die wildlebenden Bienenvölker in unseren Wäldern müssen zukünftig erfasst und beobachtet werden. Insbesondere aufgrund der Tatsache, dass sie bereits seit Jahrzehnten als ausgestorben galten, was jedoch durch das aktuelle Monitoring bereits widerlegt wird. Diese vom Menschen unabhängig überlebenden Kolonien sind für den Fortbestand der gesamten Spezies von unschätzbarem Wert und bedürfen einer besonderen Schutzregelung. Das Konzept der Beekeeping (R)evolution zielt darauf ab, in den kommenden Jahren das flächendeckende Erfassen und Beobachten dieser Völker mithilfe bieneninteressierter Naturfreunde aus der Bevölkerung weiter auszubauen. Auf diese Weise kann das Monitoring stetig wachsen, ohne dabei an zeitliche, personelle oder finanzielle Grenzen zu stoßen. Das Konzept sollte nicht nur auf Deutschland beschränkt bleiben, sondern auch auf alle anderen Länder, in denen die Honigbienen in der Natur als ausgestorben oder bedroht gelten, ausgeweitet werden.

Die so gewonnenen Daten werden letztendlich die Vorlage für die Reformierung des Bundesartenschutzgesetzes liefern, sodass der gesetzliche Schutzstatus auf wildlebende Honigbienen erweitert werden kann. Nach diesem Schritt wären auch Schutzgebiete oder gesetzlich definierte Ausgleichsmaßnahmen denkbar.

Kurse zur artgerechten Bienenhaltung

Um die stetig wachsende Nachfrage zu erfüllen, werden wir ab dem Jahr 2020 regelmäßige Lehrgänge zur artgerechten Bienenhaltung durchführen. Einige Vereine werden diese Konzeption fest in ihre Ausbildung integrieren, sodass für die auszubildenden Jungimker erstmalig eine echte Wahlmöglichkeit zur Verfügung steht. Darüber hinaus werde ich mich insbesondere im Raum Hamburg dafür einsetzen, dass die in einigen allgemeinbildenden Schulen betriebene konventionelle Bienenhaltung durch eine artgerechte Haltungsweise ersetzt wird.

Informationen zu Kursen: www.beenature-project.com; www.beekeeping-revolution.com

Ich habe eine Vision ...

Ab 2020 ist ein weiteres, zuvor noch nie dagewesenes Projekt zum Schutze der Honigbienen auf der Insel Kaninchenwerder im Schweriner See geplant, sofern die Stadt sowie alle maßgeblichen Behörden uns die Erlaubnis erteilen, auf dieser unter Naturschutz stehenden 37 Hektar großen Insel Baumhöhlensimulationen aufzuhängen und Wildvölker zu monitoren. In einem Gebäude

Kaninchenwerder, eine Insel für das Artenschutzprogramm „Beekeeping (R)evolution"?

dort soll ein Bildungs-, Forschungs- und Schulungszentrum entstehen, das die umliegenden Schulen mit einschließt. Auch eine Dauerausstellung zum Thema „Arterhalt der Honigbienen" ist geplant. Die Insel wird damit zu einem festen außerschulischen Lernort, an dem nachhaltige Umweltbildung gelebt und vermittelt wird. Die Bienenvölker werden zudem technisch überwacht, die Daten können sogar aus dem Klassenzimmer und von Zuhause abgerufen werden. Auch Fortbildungen zum Thema der artgerechten Bienenhaltung sollen auf der Insel durchgeführt werden. Den Bienenvölkern werden keine Medikamente verabreicht, sie unterstehen der natürlichen Selektion. Dieses Pilotprojekt wäre seiner Zeit weit voraus und wird mit etwas Glück in den kommenden Jahren zu einem grenzüberschreitenden Leuchtfeuer für den Artenschutz der Honigbienen in der Welt.

„Frage nicht, was die Bienen für dich tun können, sondern frage dich, was du für das Überleben der Bienen tun kannst!"

Die kommenden Jahrzehnte werden darüber entscheiden, ob wir es schaffen, das Ökosystem, in dem wir leben, in seinen wesentlichen Bestandteilen zu erhalten. Was wäre, wenn bereits unsere Großeltern diese Verantwortung hätten tragen müssen – unter welchen Umweltbedingungen würden wir dann leben?

Links der Autor beim Aufstellen einer Zuckerwasserschale auf Kaninchenwerder. Diese Futterschalen locken zuverlässig Bienen an. Mitte: der Inselwart Mario Hanel, rechts: Der Fernsehjournalist Tim Böhme („Unsere Bienen – Rettung in Sicht?") begleitete den ersten Ausflug auf die Insel. Wenn alles nach Plan läuft, werden wir hier ein weltweit einzigartiges Schutzkonzept für Honigbienen umsetzen.

Torben Schiffer beim Aufstellen einer weiteren Futterschale zum Anlocken von wildlebenden Honigbienen auf der Insel.

Der Autor begutachtet ein gigantisches natürliches Insektenhotel. Die Mengen an Totholz auf der Insel sind bemerkenswert – beste Voraussetzungen für die ursprünglich aus dem Wald stammenden Honigbienen.

SERVICE

ÜBER DEN AUTOR

Der Biologe Torben Schiffer hat das weltweit erste Artenschutzprogramm für Honigbienen, die Beekeeping (R)evolution (Imkerei(R)evolution) begründet. Er ist wissenschaftlicher Mitarbeiter an der Universität Würzburg im Team HOBOS (HOneyBee Online Studies) unter der Leitung von Professor Jürgen Tautz.

BILDQUELLEN

Alle Abbildungen und das Coverfoto stammen vom Autor bis auf:

Helmuth Flubacher: Seite 200

Siegfried Lokau: Schmuckgrafik Biene

Jens Helbig: Baupläne Seiten 210–217

Jonathan Powell: Seite 153 (2)

Ralph Büchler: Seite 175

Willi Herzog: Seite 201 (2)

Wolfgang Weitschat, aus: Weitschat, W. 2009. Jäger, Gejagte, Parasiten und blinde Passagiere – Momentaufnahmen aus dem Bernsteinwald. In: Berning, B. & Podenas, S., Amber – Archive of Deep Time. Denisia 26: 243–256. Herausgeber: Land Oberösterreich, Oberösterreichisches Landesmuseum, Linz: Seite 103

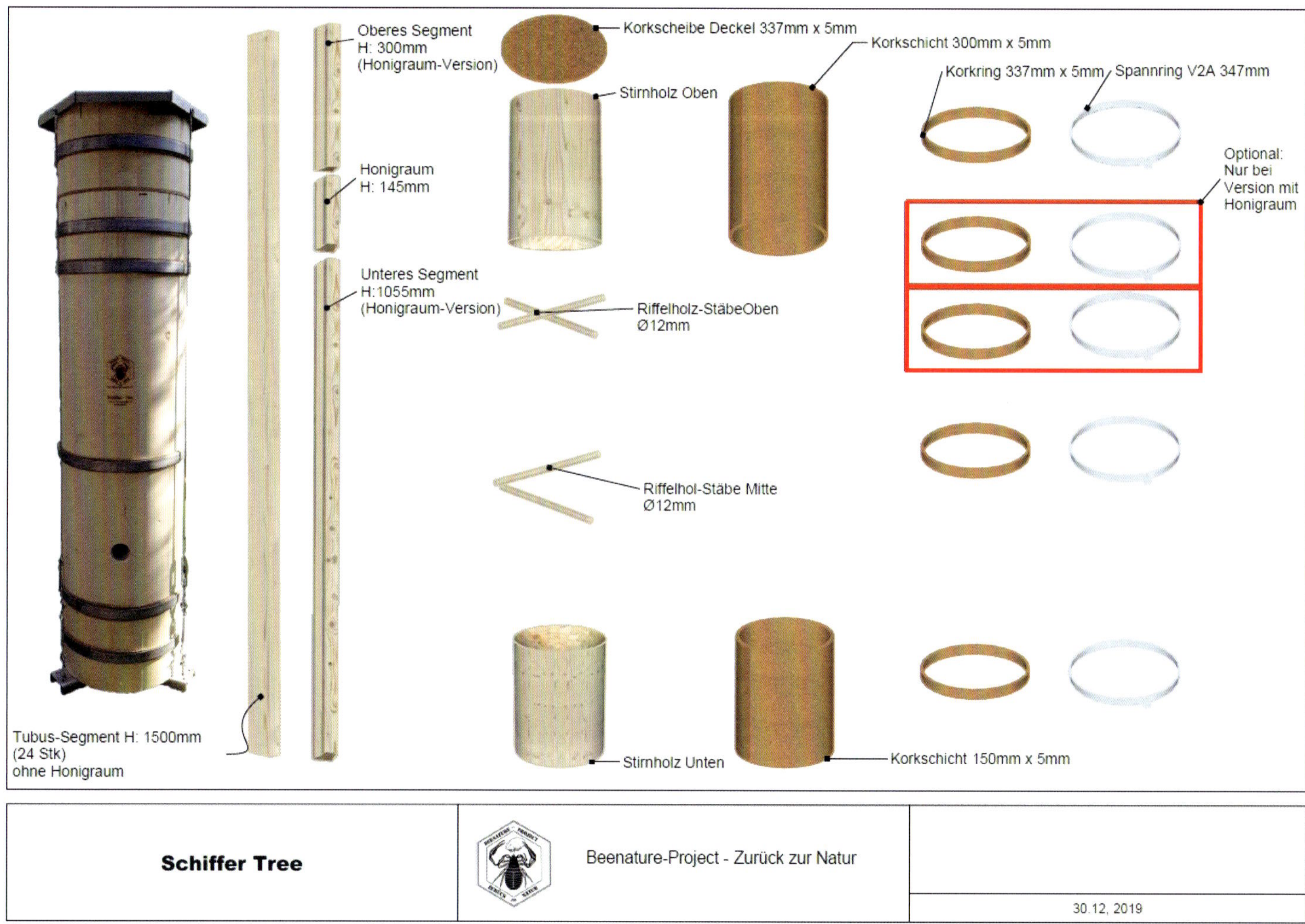
Oberes Segment
H: 300mm
(Honigraum-Version)
Korkscheibe Deckel 337mm x 5mm
Korkschicht 300mm x 5mm
Korkring 337mm x 5mm
Spannring V2A 347mm
Stirnholz Oben
Optional:
Nur bei
Version mit
Honigraum
Honigraum
H: 145mm
Unteres Segment
H:1055mm
(Honigraum-Version)
Riffelholz-StäbeOben
Ø12mm
Riffelhol-Stäbe Mitte
Ø12mm
Tubus-Segment H: 1500mm
(24 Stk)
ohne Honigraum
Stirnholz Unten
Korkschicht 150mm x 5mm
Schiffer Tree
Beenature-Project - Zurück zur Natur
30.12. 2019

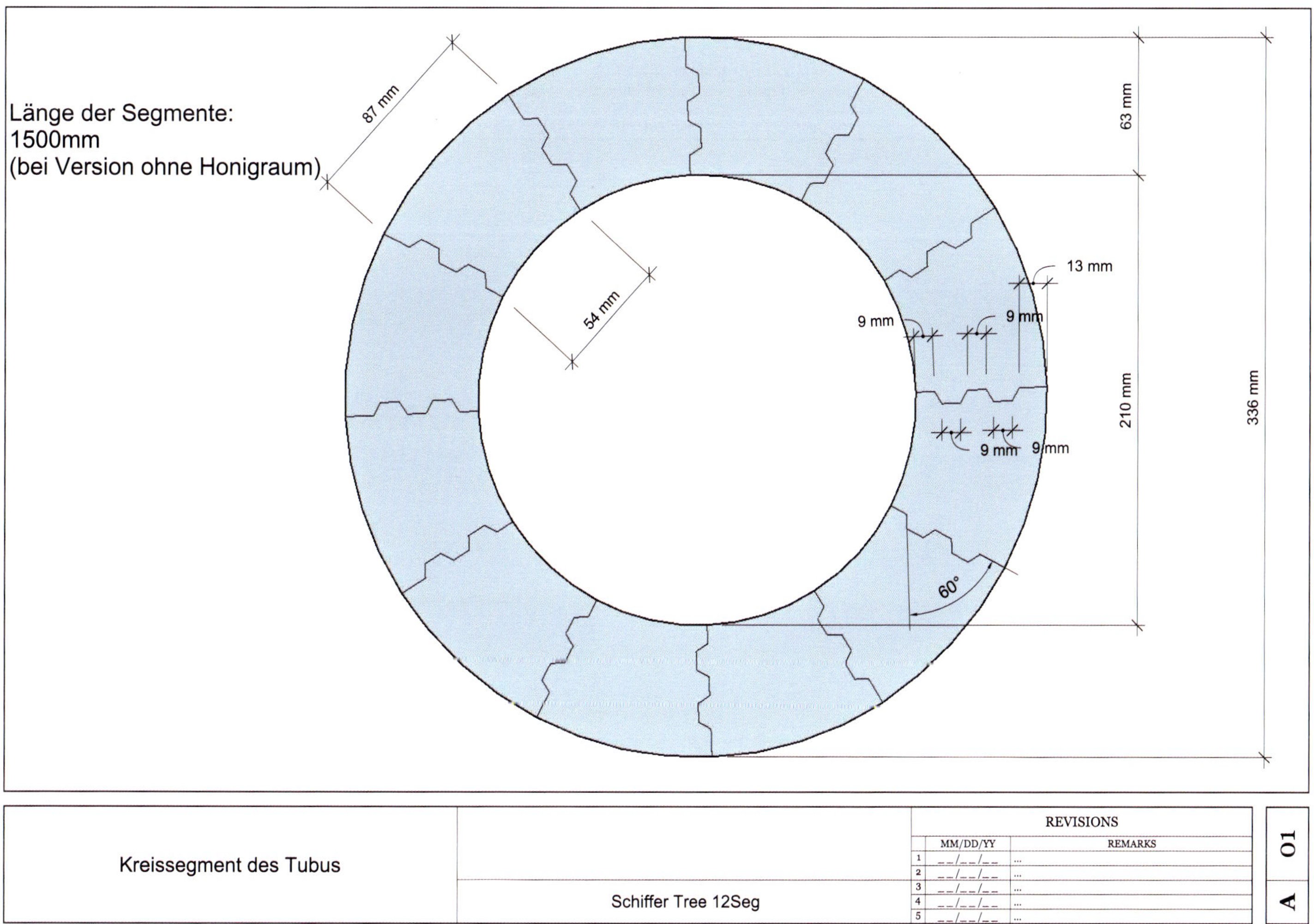
Länge der Segmente:
1500mm
(bei Version ohne Honigraum)
87 mm
54 mm
63 mm
210 mm
336 mm
13 mm
9 mm
9 mm
9 mm
9 mm
60°
Kreissegment des Tubus
Schiffer Tree 12Seg
REVISIONS
MM/DD/YY
REMARKS
1
2
3
4
5
O1
A

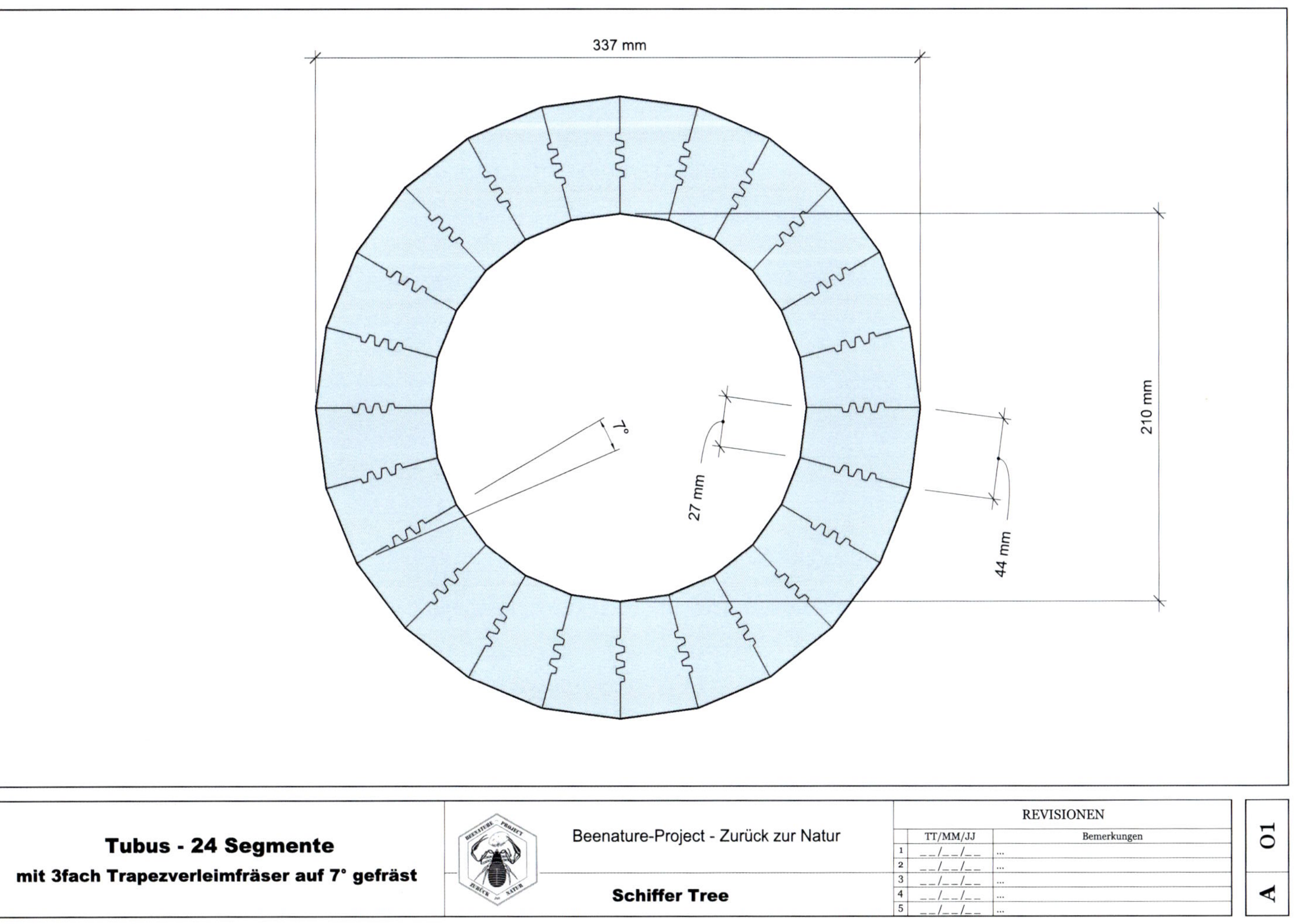

337 mm
210 mm
7°
27 mm
44 mm
Tubus - 24 Segmente
mit 3fach Trapezverleimfräser auf 7° gefräst
Beenature-Project - Zurück zur Natur
Schiffer Tree
REVISIONEN
TT/MM/JJ
Bemerkungen
01
A

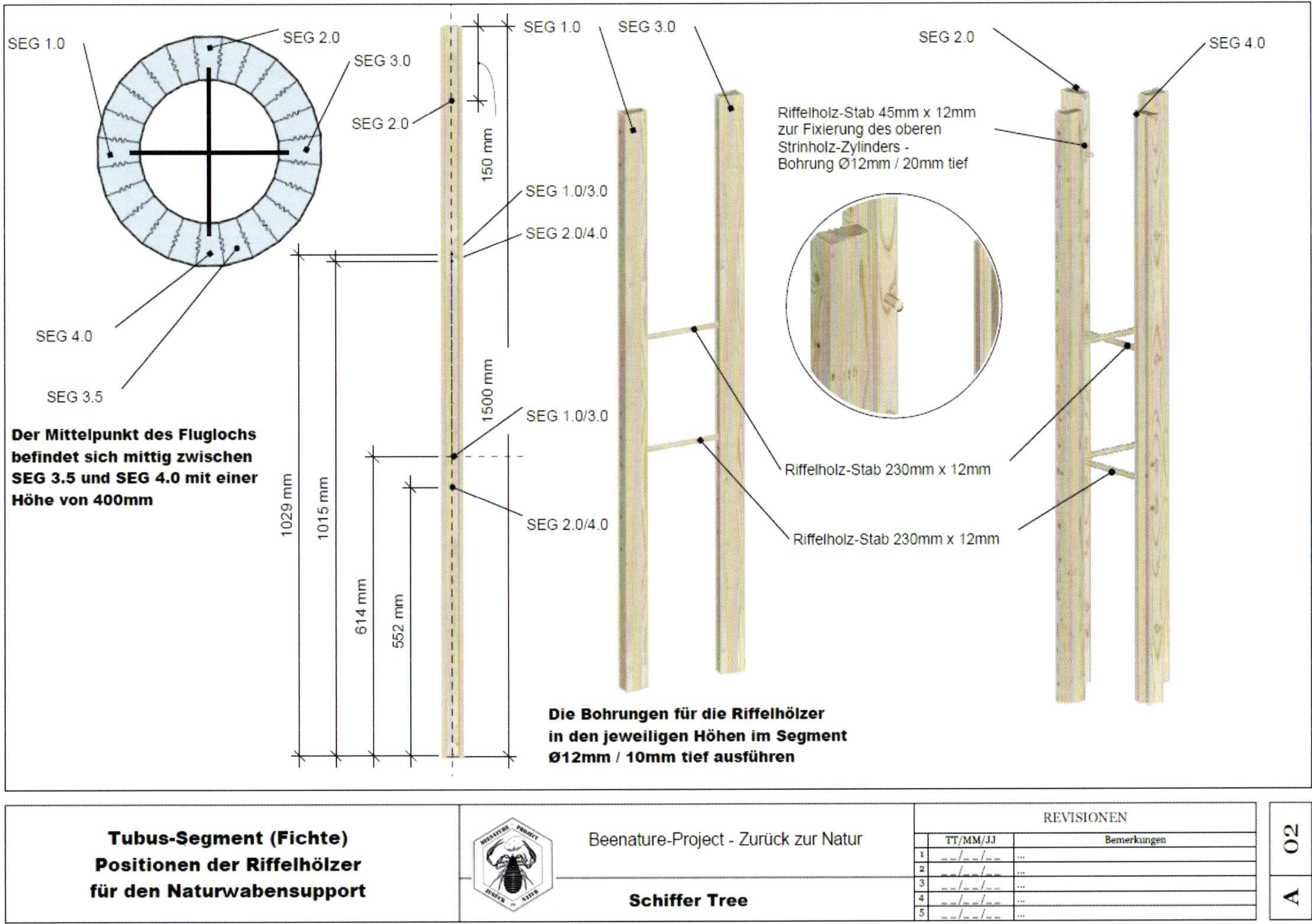
SEG 1.0
SEG 2.0
SEG 3.0
SEG 4.0
SEG 3.5
Der Mittelpunkt des Fluglochs befindet sich mittig zwischen SEG 3.5 und SEG 4.0 mit einer Höhe von 400mm
SEG 2.0
150 mm
SEG 1.0
SEG 1.0/3.0
SEG 2.0/4.0
1500 mm
SEG 1.0/3.0
SEG 2.0/4.0
1029 mm
1015 mm
614 mm
552 mm
SEG 1.0
SEG 3.0
SEG 2.0
SEG 4.0
Riffelholz-Stab 45mm x 12mm zur Fixierung des oberen Strinholz-Zylinders - Bohrung Ø12mm / 20mm tief
Riffelholz-Stab 230mm x 12mm
Riffelholz-Stab 230mm x 12mm
Die Bohrungen für die Riffelhölzer in den jeweiligen Höhen im Segment Ø12mm / 10mm tief ausführen
Tubus-Segment (Fichte)
Positionen der Riffelhölzer
für den Naturwabensupport
Beenature-Project - Zurück zur Natur
Schiffer Tree
REVISIONEN
TT/MM/JJ
Bemerkungen
02
A

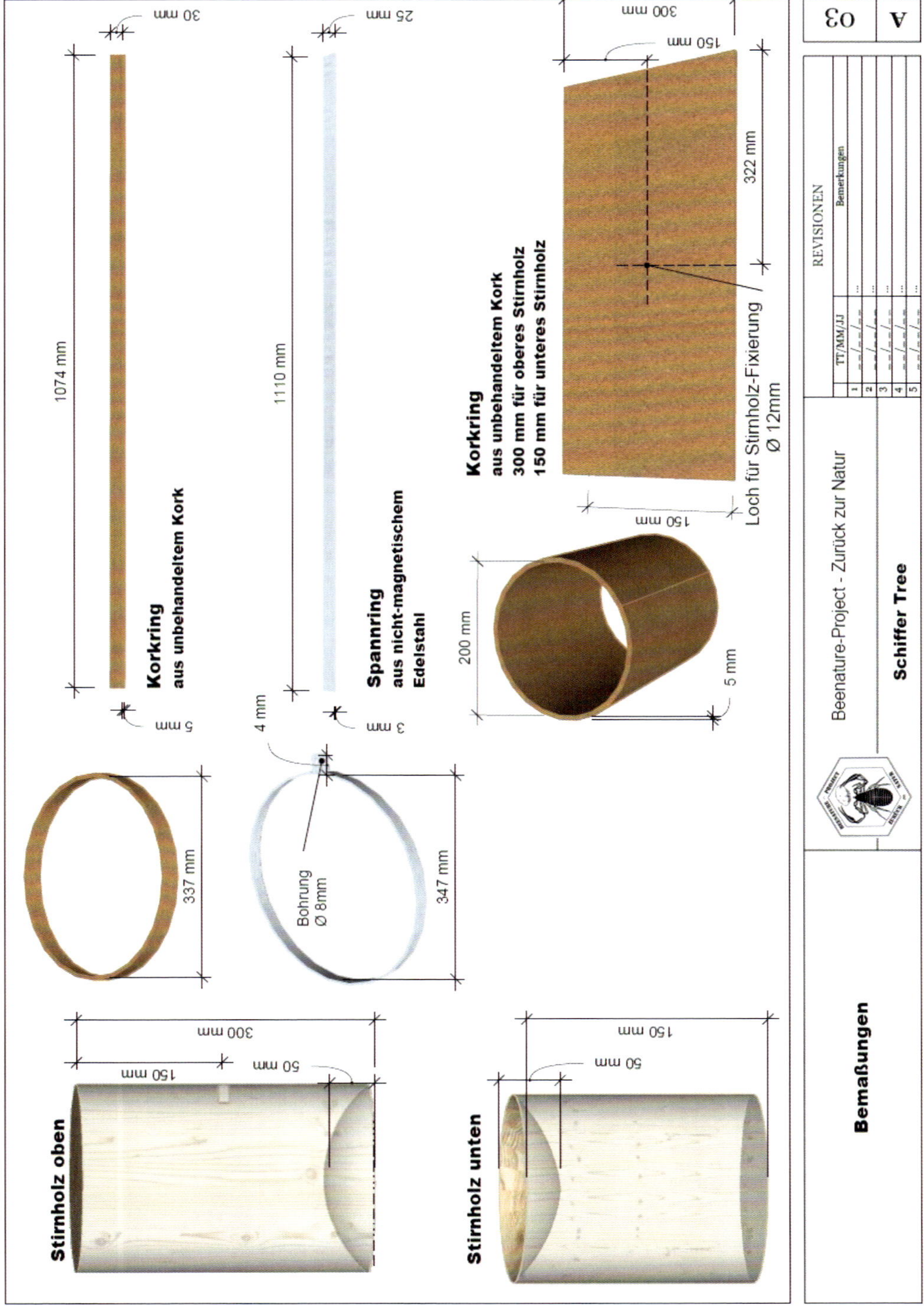
Stirnholz oben
150 mm
300 mm
50 mm
Stirnholz unten
150 mm
50 mm
337 mm
Bohrung
Ø 8mm
347 mm
4 mm
Korkring
aus unbehandeltem Kork
1074 mm
5 mm
30 mm
Spannring
aus nicht-magnetischem
Edelstahl
1110 mm
3 mm
25 mm
200 mm
5 mm
Korkring
aus unbehandeltem Kork
300 mm für oberes Stirnholz
150 mm für unteres Stirnholz
150 mm
300 mm
322 mm
Loch für Stirnholz-Fixierung
Ø 12mm
150 mm
Bemaßungen
Beenature-Project - Zurück zur Natur
Schiffer Tree
REVISIONEN
TT/MM/JJ
Bemerkungen
03
A

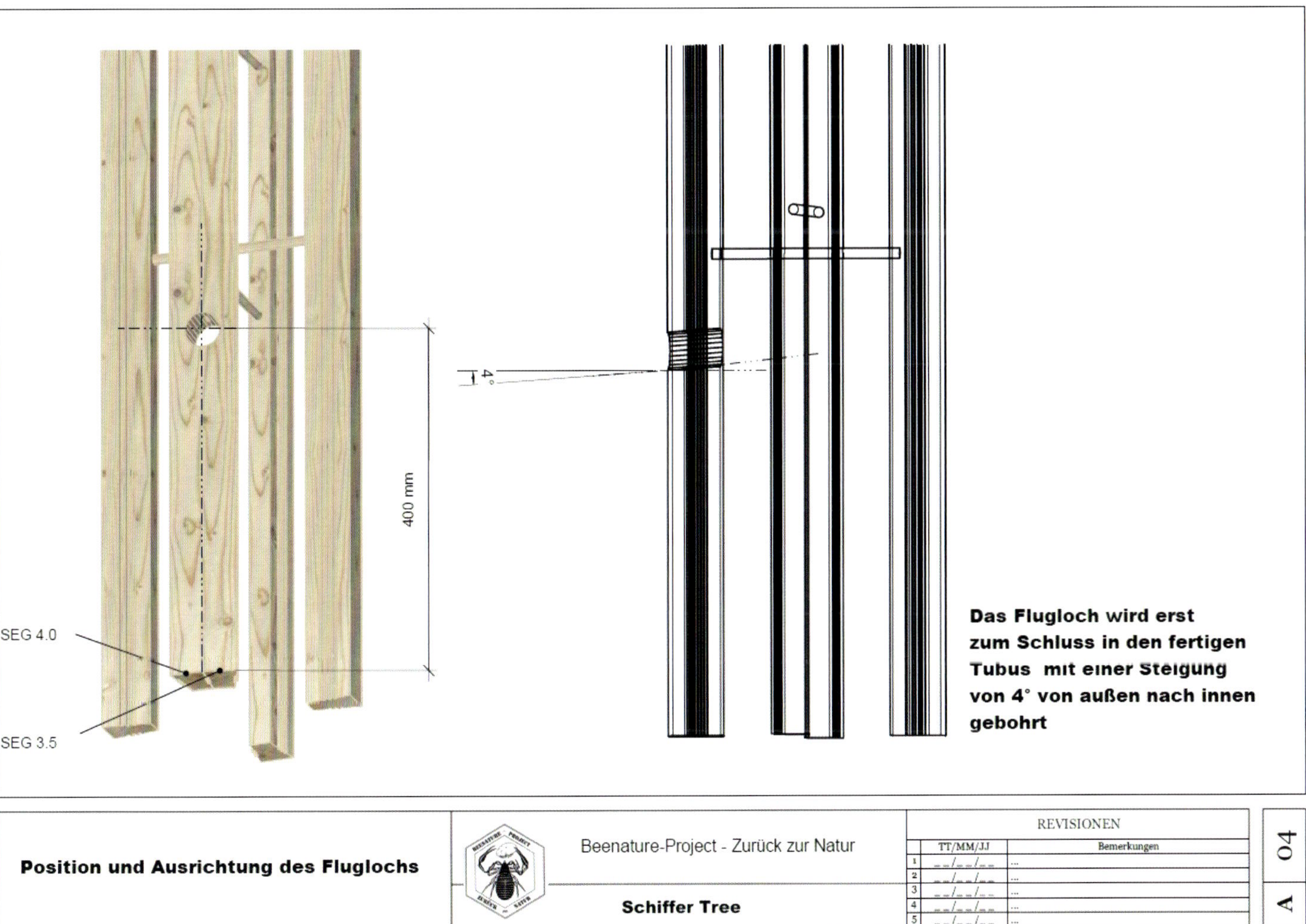
SEG 4.0
SEG 3.5
400 mm
4°
Das Flugloch wird erst
zum Schluss in den fertigen
Tubus mit einer Steigung
von 4° von außen nach innen
gebohrt
Position und Ausrichtung des Fluglochs
Beenature-Project - Zurück zur Natur
Schiffer Tree
REVISIONEN
TT/MM/JJ
Bemerkungen
04
A

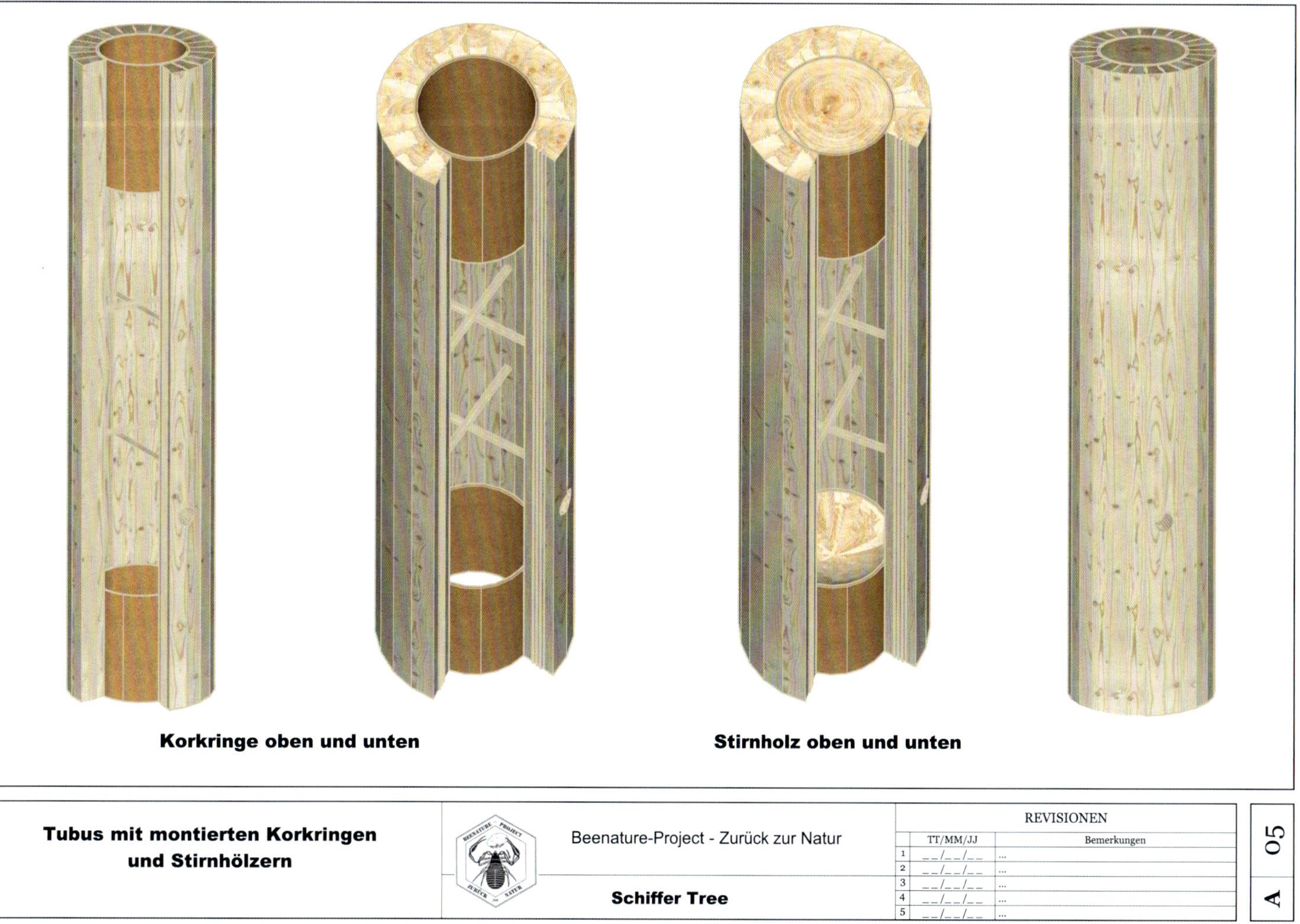
Korkringe oben und unten
Stirnholz oben und unten
Tubus mit montierten Korkringen und Stirnhölzern
Beenature-Project - Zurück zur Natur
Schiffer Tree
REVISIONEN
TT/MM/JJ
Bemerkungen
1 __/__/__ ...
2 __/__/__ ...
3 __/__/__ ...
4 __/__/__ ...
5 __/__/__ ...
A
05

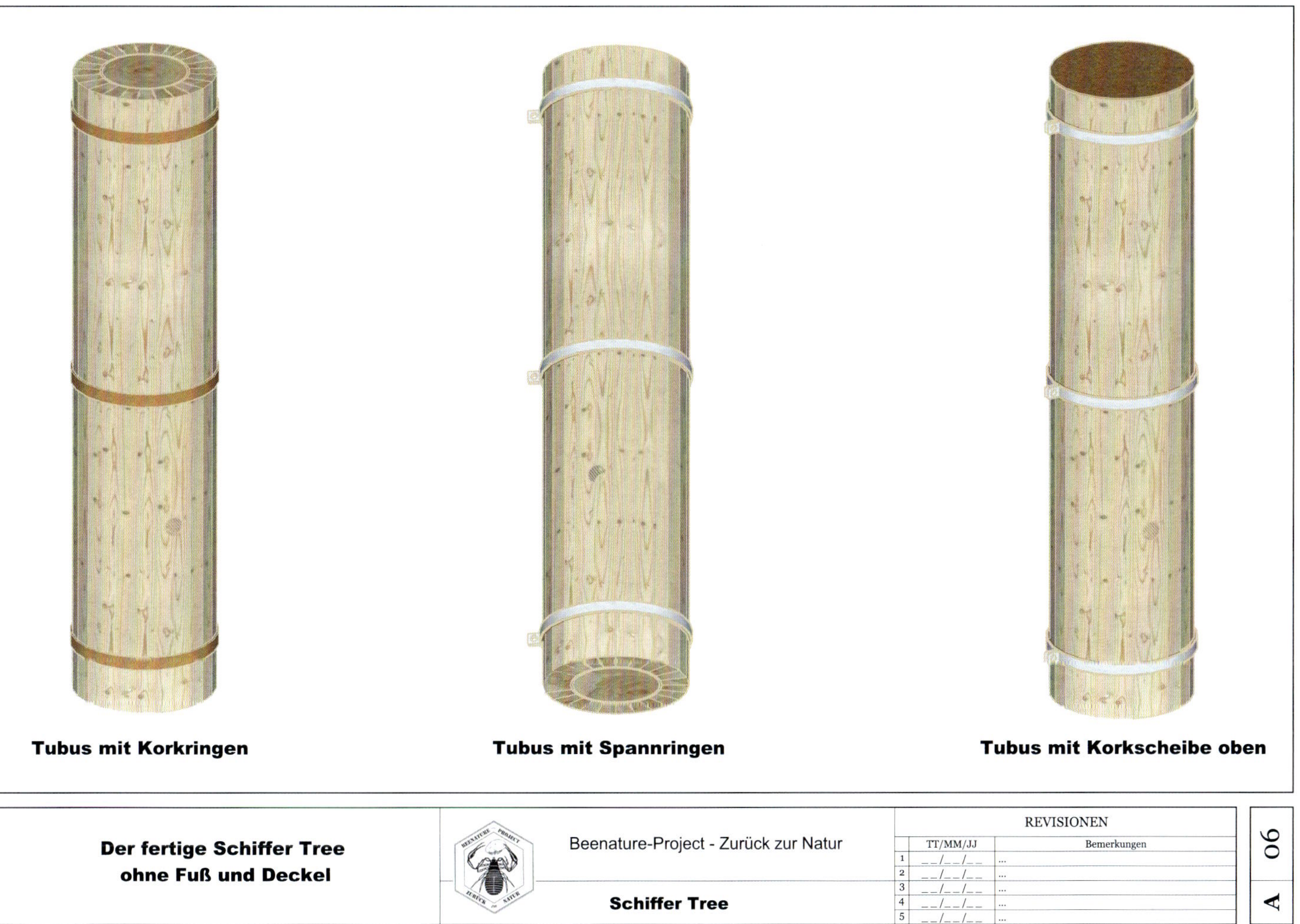
Tubus mit Korkringen
Tubus mit Spannringen
Tubus mit Korkscheibe oben
Der fertige Schiffer Tree
ohne Fuß und Deckel
Beenature-Project - Zurück zur Natur
Schiffer Tree
REVISIONEN
TT/MM/JJ
Bemerkungen
A
06

REGISTER

A

Abiotische Faktoren 25, 27, 28, 101, 138, 140
Ableger 26, 170
Aethina tumida 133
Ameisensäure 8, 118, 187
Antennen 9, 10, 11
Antibiotika 22
Arbeitskapazität 13, 32, 80, 81, 141, 144, 154, 178
Artenschutz 8, 135, 183, 207
Artenschutzprogramm 137, 182, 198, 206
Artgerechte Geometrien 12, 15, 21, 33, 86, 89, 159, 160, 162, 177, 205
Artgerechte Honigbienenhaltung 137, 138, 139, 177, 182, 206
Auffütterung 81

B

Baumhöhle 12, 17, 22, 33, 35, 37, 38, 39, 40, 41, 42, 43, 44, 54, 56, 57, 58, 62, 72, 73, 75, 77, 87, 91, 138, 139, 141, 147, 148, 149, 152, 153, 160, 162, 177
- Besiedlung 145
- Feuchtigkeit 55

Baumhöhlensimulation 16, 65, 82, 91, 136, 139, 140, 145, 146, 160, 164, 182, 200
Beekeeping (R)evolution 16, 136, 182, 198, 205, 206
Behandlungsfreie Bienenhaltung 12, 186
Beier, Dr. Max 94, 116
Bestäubung 8, 137
Beuten 19, 34, 43, 49, 51, 52, 53, 54, 56, 57, 58, 62, 65, 118, 141, 163, 184
- Einraum- 68
- Großraum- 13, 34, 135
- Holz- 60, 69, 71, 73
- Klotz- 188, 198, 200
- Magazin- 81
- Niedrigenergie- 74
- Rahmen- 50
- Standard- 31, 35, 42, 48, 52, 73, 82, 87, 91, 98, 147
- Stroh 54
- Styropor- 68, 69, 70, 71, 109, 143
- Trog- 68
- Warmhaltige 74
- Zander- 81

Beutenkäfer, Kleiner 133
Beutenklimamessung 62, 71, 100
BHKSS 63, 64, 65, 66, 67
Bien, der 50, 100
Bienenbotschaft 198
Bienengesundheit 13, 52, 59, 142
Bienenheizkapazitäts-Simulationssystem (BHKSS) 63
Bienenköniginnen 20, 168, 169, 172, 173, 174, 175, 179, 180, 189
Bienenkrankheiten 43, 184
Bienenschädlinge 82, 132, 133, 138, 141
Bienenscouts 146, 168
Bienenseuchen 20, 51, 184, 188
Bienenseuchen-Verordnung 183, 192, 193
Bienenstock 44, 48, 61, 75, 188
- Mikrofauna 100
- Wasservorrat 56

Biotische Faktoren 25, 27, 28, 101
Brut 9, 49, 65, 74, 75, 129, 133, 152, 153, 175, 177, 187
Brutfeld 13, 85, 153, 154, 177, 188, 204
Brutfeldverkleinerung 168
Brutpause 19, 155, 174, 175, 176
Brutumsatz 141, 142, 154
Brutverlust 155

Bücherskorpion 68, 71, 92, 98, 105, 107, 108, 109, 111, 113, 115, 117, 120, 121, 122, 123, 124, 125, 126, 129, 131, 132, 134, 144
- Aufzucht 127
- Aussehen 107
- Beutetiere 132
- Sammeln 120, 123
- Symbiose 94
- Varroa 99, 110
Büchler, Dr. Ralph 155
Bundesartenschutzverordnung 192, 194, 196, 206

C
Chelifer cancroides 92
Cheridium museorum 125
Chernes cimicoides 99
Citizens Science Project 182

D
Drohnen 11, 168, 173, 174, 177, 179
Drohnenbrut 21, 91, 204
Drohnenflug 30

E
Ellingsenius 94, 99, 132
- *fulleri* 96
- *indicus* 96, 97
- *sculpturatus* 96
Energieumsatz 81, 178
Ernährung 185

F
Faulbrut 20, 189
- Amerikanische 142, 188, 191, 192
- Europäische 142, 191
Flugtätigkeit 83, 154, 155, 185
FreeTheBees 198
Fünf Freiheiten der Tiere 203
Futterabriss 85

G
Genpool 16, 20, 23, 26, 137, 196, 205
Gesetzgebung 136, 192
Glyphosat 83, 84
Gotland 12, 31
Grooming 75, 141, 151, 154, 155, 156, 157, 159, 177, 185
Gurliaccio, Antonio 198, 199

H
Habitat 22, 25, 33, 59, 73, 75, 94, 168, 183, 198, 200
Heizen 50, 62, 63, 75, 177
Hermann, Heidi 199
Hobbyimkerei 139
Hobeln 159
Hochzeitsflug 173
Holz 35, 36, 37, 38, 45, 46, 51, 56, 62, 68, 69, 73, 143, 151, 200
Holzausgleichsfeuchte 38
Holzfeuchte 38
Holzmorphologie 38, 56
Honig 13, 20, 21, 38, 45, 53, 55, 58, 62, 72, 77, 81, 82, 83, 85, 88, 139, 151, 153, 165, 167, 178, 179, 186
Honigbiene 8, 17, 20, 23, 25, 32, 39, 43, 85, 89, 137, 139, 145, 164, 174, 183, 194, 196, 198, 199, 203, 207, 208
- Japanische 164
- Schwarze Biene 196
- Schwarze Nordbiene 155
- Stachellose 96
Honigraum 139, 152, 177
Honigring 150, 151, 152
Hygieneverhalten 49, 154, 159, 178, 184

I
Imkerei 40, 43, 49, 56, 61, 73, 74, 80, 81, 82, 85, 87, 88, 92, 113, 135, 137, 139, 144, 145, 146, 153, 154, 157, 175, 177, 179, 184, 189, 193, 202
- Wesensgemäße 22, 135
- Wirtschafts- 193

Immunsystem 48, 49, 52, 88, 90, 142, 143, 178, 185

K

Kalkbrut 20
Kältebrücke 42, 54, 57, 59, 63, 73, 88, 91, 142, 143, 185, 200
Kältebrückenkondensation 62
Kaninchenwerder, Insel 206, 207
Keime 142, 184, 185
– pathogene 35, 44, 48, 51, 58, 61, 68, 88, 142, 178
Kettenbildung 162, 163, 164, 166, 168
Kistenhaltung 12, 30, 33, 77, 85, 142, 155, 175, 187
Kleinstlebewesen 68, 101, 108, 118, 119, 126
Klima 19, 25, 27, 35, 36, 39, 44, 48, 62, 66, 69, 75, 77, 85, 141, 142, 144, 153, 200
Klimastabilität 35, 36, 42, 43, 76, 89, 141, 143, 149, 164, 199
Kommunikation 19, 143, 163
Kompensationsverhalten 22, 89, 141, 142, 144, 177, 178, 185, 204
Kondensation 35, 40, 44, 48, 49, 51, 54, 55, 56, 57, 58, 60, 70, 88, 90, 91, 142, 143, 160, 178, 185
Kunstschwarm 170

L

Langzeitklimamessung 70, 77
Lasiochernes pilosus 101, 102
Learning from the bees 61, 199, 201
Luftfeuchtigkeit 38, 45, 56, 60, 67, 68, 69, 72, 75, 165, 168

M

Massentierhaltung 12, 15, 20, 22, 81, 135, 202
Medikamente 22, 135, 207
Mikrofauna 35, 68, 71, 97, 100, 101, 118, 119, 138, 139, 141, 142, 144
Mikroklima 43, 79
Milbenbekämpfung 8, 118
Monitoring 21, 30, 33, 182, 205
Moosskorpion 101
Mutation 26

N

Natural Beekeeping Trust 199
Natürliche Geometrien 49, 153, 200
Natürliches Verhalten 8, 12, 22, 26, 76, 141, 154, 177, 204
Naturwabenbau 76, 89, 143, 154
Nektar 33, 60, 80, 82, 83, 149, 151, 165, 167, 171, 187
Nestduftwärmebindung 20, 42, 50, 56, 62, 77, 79, 88, 91, 141, 142, 143, 144, 162, 178, 185, 198
Netzbildung 162, 163, 164
Nosema 20, 142
Notfüttern 81, 84, 85

P

Pestizide 21, 49, 51, 83, 184
Pollen 49, 62, 153, 154, 171, 186, 187
Populationsdynamik 27
Powell, Jonathan 199
Propolis 35, 40, 44, 45, 46, 47, 49, 50, 55, 153, 184
Propoliseffekt 43
Propolisierung 43, 44, 45, 46, 48, 49, 50, 51, 58, 68, 73, 76, 77, 88, 90, 143, 148, 153, 160, 178, 184
Pseudoskorpione 94, 96, 97, 99, 100, 101, 102, 110, 111, 116, 118, 125, 130, 132, 138
Putzverhalten 75, 80

R

Rähmchen 33, 40, 50, 51, 52, 62, 64, 68, 89, 98, 143, 163, 185, 188
Räuberei 152, 187
Raumerweiterung 32, 80, 141, 157, 177, 185, 204

Re-Invasion 186, 187
Reinzucht 20, 23, 174, 180, 196, 197

S
SchifferTree 65, 91, 140, 141, 145, 147, 148, 149, 150, 151, 155, 161, 164, 165, 173, 182, 189, 191, 205
Schimmel 35, 40, 42, 44, 48, 53, 54, 56, 58, 59, 60, 61, 65, 69, 74, 79, 90, 142, 162, 198
– Waben- 49, 52, 53, 54, 55, 57, 59, 69, 70, 88, 142, 143, 178
Schwärme 13, 26, 29, 30, 33, 97, 141, 144, 146, 151, 153, 156, 168, 172, 182, 183, 188
Schwarmintelligenz 165
Seeley, Thomas 12, 29, 33, 41, 56, 58, 146, 191, 196, 199
Selektion 12, 16, 21, 23, 27, 29, 33, 41, 51, 61, 79, 85, 137, 140, 141, 145, 172, 173, 177, 178, 179, 181, 183, 193, 196, 205, 207
Sterzelbienen 169, 171
Stockatmosphäre 42, 52, 56, 73, 88, 90, 151, 178, 185
Strohkorb 75, 77, 78, 86, 89, 162
Stülper 75, 147

T
Thür, Johann 50, 56
Totenfall 87, 157, 178

U
Überwinterung 21, 73, 79, 87, 178

V
van Toor, Ron 97
Varroa, Milbe 8, 12, 19, 29, 82, 92, 96, 97, 98, 99, 107, 110, 116, 132, 137, 141, 142, 144, 151, 155, 157, 158, 159, 171, 174, 175, 177, 178, 185, 186, 187, 193, 196, 204
Varroa, Varroatose 32, 34, 141, 144, 145, 168, 174, 183, 193
Ventilationsbienen 149, 164, 166, 167
Verhonigung des Brutfelds 32
Vitalität 154, 170, 174, 185
Vorrat 21, 35, 49, 52, 54, 62, 80, 83, 85, 91, 141, 153, 154, 159, 162, 167, 177, 178, 187, 204

W
Waben 21, 33, 35, 40, 41, 49, 51, 52, 53, 56, 57, 58, 62, 64, 68, 75, 80, 82, 85, 89, 98, 132, 133, 141, 142, 143, 148, 149, 151, 153, 160, 162, 163, 166, 167, 168, 171, 179, 185, 188, 192, 198
Wachs 80, 89
Wachsmotte 82, 96, 116, 132, 141, 154
Wärmebildaufnahme 72, 73, 76, 78, 81, 147, 191
Wärmeenergie 35, 41, 42, 54, 61, 65, 68, 72, 86, 143, 147, 151, 198, 202
Wärmeverteilung 42, 58, 62, 64, 73, 76, 91, 142, 147
Washboarding 141, 151, 154, 159, 161, 162, 177, 185
Wasser 35, 44, 45, 52, 55, 56, 57, 58, 60, 62, 74, 88, 160, 165, 200
Wasserkreislauf, antibiotischer 55, 142, 184
Weimarer Kongress 56
Wildbienen 8, 84, 178, 193
Wildlebende Völker 12, 14, 21, 29, 30, 33, 39, 96, 132, 139, 146, 154, 165, 182, 189, 193, 194, 196, 205
Wintervorrat 77, 86, 87, 191

Z
Zuckerwasser 21, 88, 89, 178, 185, 203, 207

Die in diesem Buch enthaltenen Empfehlungen und Angaben sind vom Autor mit größter Sorgfalt zusammengestellt und geprüft worden. Eine Garantie für die Richtigkeit der Angaben kann aber nicht gegeben werden. Autor und Verlag übernehmen keine Haftung für Schäden und Unfälle. Bitte setzen Sie bei der Anwendung der in diesem Buch enthaltenen Empfehlungen Ihr persönliches Urteilsvermögen ein.
Der Verlag Eugen Ulmer ist nicht verantwortlich für die Inhalte der im Buch genannten Websites.

Bibliografische Information der Deutschen Nationalbibliothek
Die Deutsche Nationalbibliothek verzeichnet diese Publikation in der Deutschen Nationalbibliografie; detaillierte bibliografische Daten sind im Internet über http://dnb.d-nb.de abrufbar.

Wollgrasweg 41, 70599 Stuttgart (Hohenheim)
E-Mail: info@ulmer.de
Internet: www.ulmer.de
Lektorat: Regina Franke, Antje Munk
Herstellung: Katharina Merz
Gestaltung: Michaela Mayländer, Stuttgart, www.sistermic.de
Umschlagsgestaltung: Michaela Mayländer, Stuttgart, www.sistermic.de, Verlag Eugen Ulmer
Satz: Fotosatz Buck, Kumhausen
Reproduktion: timeRay Visualisierungen, Jettingen
Druck und Bindung: Pustet, Regensburg
Printed in Germany

ISBN 978-3-8186-0924-5

HIER KÖNNEN SIE WEITERLESEN:

Die Wildbienen Deutschlands.
Paul Westrich.
2., aktualisierte Auflage 2019.
824 Seiten, 1700 Farbfotos,
17 Zeichnungen, 14 Tabellen, geb.
ISBN 978-3-8186-0880-4.

Ausführlich beschreibt der Wildbienenexperte Paul Westrich in diesem Werk die Lebensräume der Wildbienen, ihre Brutfürsorge und Nester, ihre Nutznießer und Gegenspieler sowie die Abhängigkeiten zwischen Bienen und Blüten. Außerdem skizziert er die Gefährdung der Wildbienen und ihren Schutz. 565 Steckbriefe enthalten zudem alles Wissenswerte zu Verbreitung, Biologie, Flugzeit sämtlicher heimischer Arten. Über 420 davon sind in Lebendfotos und mit Merkmalen zur Feldbestimmung dargestellt. Viele Arten und Verhaltensweisen sind so zum ersten Mal im Bild zu sehen.

LEBENSRÄUME FÜR BIENEN

Mein Bienengarten.
Bunte Bienenweiden für Hummeln, Honig- und Wildbienen. Elke Schwarzer. 2., erweiterte Auflage 2020. 144 Seiten, 130 Farbfotos, Klappenbroschur.
ISBN 978-3-8186-0948-1.

Für Wildbienen und Hummeln werden unsere Gärten ein immer wichtigerer Zufluchtsort und Nahrungsquell. In diesem Buch erfahren Sie, wie Sie es den nützlichen Fluggästen in Ihrem Garten noch gemütlicher machen können. Kommen Sie mit auf Entdeckungsreise durch den Garten und lernen Sie die häufigsten Wildbienen und Hummeln persönlich kennen. Erfahren Sie, welche Pflanzen Maskenbiene, Gehörnte Mauerbiene, Baumhummel und Co. am liebsten mögen und wie Sie diese in Ihren Garten integrieren. Mit ausführlichen Bienen-, Hummel- und Pflanzenporträts, vielen Tipps für die bienenfreundliche Gartengestaltung und einem Flugzeitenkalender steht einem emsigen Summen und Brummen in Ihrem Garten nichts mehr im Wege.